uni-text

H.-G. Unger / W. Schultz

Elektronische Bauelemente und Netzwerke I

Physikalische Grundlagen
der Bauelemente

Lehrbuch
für Studenten der Elektrotechnik
ab 6. Semester

2., durchgesehene Auflage

Mit 96 Bildern

Friedr. Vieweg + Sohn · Braunschweig

Verlagsredaktion: *Alfred Schubert*

ISBN 3 528 1**3505** 0

1971

Copyright © 1968/1971 by Friedr. Vieweg + Sohn GmbH, Braunschweig
Alle Rechte vorbehalten
Library of Congress Catalog Card No. 68-59124
Die Vervielfältigung und Übertragung einzelner Textabschnitte, Zeichnungen oder Bilder, auch für Zwecke der Unterrichtsgestaltung, gestattet das Urheberrecht nur, wenn sie mit dem Verlag vorher vereinbart wurden. Im Einzelfall muß über die Zahlung einer Gebühr für die Nutzung fremden geistigen Eigentums entschieden werden. Das gilt für die Vervielfältigung durch alle Verfahren einschließlich Speicherung und jede Übertragung auf Papier, Transparente, Filme, Bänder, Platten und andere Medien.
Satz: Friedr. Vieweg + Sohn
Druck: E. Hunold, Braunschweig
Umschlaggestaltung: Peter Kohlhase, Lübeck
Buchbinder: W. Langelüddecke, Braunschweig
Printed in Germany

Vorwort

Dieses Lehrbuch ist die erweiterte Niederschrift der zweisemestrigen Vorlesung „Elektronik", die für Studierende der Elektrotechnik im 6. und 7. Semester an der Technischen Universität Braunschweig gehalten wird. Der erste Band befaßt sich mit den Grundlagen elektronischer Bauelemente. Entsprechend der technischen Bedeutung werden Halbleiter-Bauelemente ausführlicher behandelt als Elektronenröhren.

Voraussetzung zum Verständnis dieser Niederschrift sind diejenigen Grundlagenkenntnisse aus der Halbleiterphysik, die in einer einführenden Physikvorlesung vermittelt werden. An mathematischem Rüstzeug werden die Grundlagen der höheren Mathematik benötigt; weiterhin ist eine sichere Handhabung der praktischen Rechentechnik, wie sie für jeden Ingenieur selbstverständlich sein sollte, unerläßlich.

Der erste Teil der Vorlesung soll einmal dazu dienen, dem Studierenden die wesentlichsten physikalischen Mechanismen, die für die Wirkungsweise komplizierterer elektronischer Bauelemente eine Rolle spielen, anhand von möglichst einfachen Beispielen näherzubringen. Daher wird bewußt auf eine ins einzelne gehende Darstellung der verschiedenen Typen und ihrer technologischen Realisierung verzichtet; in diesem Sinne behandelt die Vorlesung „Grundlagen" elektronischer Bauelemente. Zum anderen ist es für jede Anwendung in Netzwerken erforderlich, die aus dem physikalischen Modell gewonnenen Zusammenhänge für den jeweils vorliegenden Zweck zu vereinfachen und in eine solche Form zu bringen, die eine praktische Handhabung gestattet. Diese Entwicklung von dem jeweiligen Problem angepaßten Ersatzschaltbildern aus den physikalischen Vorstellungen heraus stellt die logische Verbindung her zu den anschließend zu behandelnden elektronischen Netzwerken.

Im zweiten Band der Niederschrift stehen die allgemeinen Methoden der Analyse elektronischer Schaltungen mit linearen und nichtlinearen Elementen im Vordergrund. Die Betonung liegt also mehr auf den Berechnungsverfahren als auf einer Zusammenstellung und Beschreibung praktischer Schaltungen.

Wenn auch beim Entwurf aktiver Netzwerke für bestimmte Funktionen meist auf Grund von Erfahrungen eine bestimmte Schaltung gewählt wird, so müssen dann doch durch Berechnung die einzelnen Größen dieser Schaltung bestimmt werden. Die Methoden der Analyse müssen darum beherrscht werden.

Diese analytischen Methoden werden hier an jeweils typischen elektronischen Schaltungen entwickelt, um möglichst ausführliche Kenntnisse der wichtigsten Arten aller Schaltungen zu vermitteln. Halbleiter-Bauelemente und Elektronenröhren werden als gleiche Partner berücksichtigt, wenn auch wohl die Halbleiter-

Bauelemente mehr Bedeutung für elektronische Schaltungen haben. Das geschieht in erster Linie aus didaktischen Gründen. Die Elektronenröhre verhält sich einfacher als z.B. der Transistor, und die Wirkungsweise vieler Schaltungen ist mit ihr leichter zu verstehen und zu berechnen.

Für ihre Mithilfe bei der Überarbeitung der Manuskripte für die Drucklegung und bei den Korrekturen danken wir den Herren Dr.-Ing. *G. Seifert* und Dipl.-Ing. *W. Schepper*.

Braunschweig, im August 1968 *H.-G. Unger* *W. Schultz*

Inhaltsverzeichnis

Allgemein verwendete Symbole   XI

1. Der homogen dotierte Halbleiter

1.1.	Einzelatom	1
1.2.	Energieniveaus in Halbleitern	2
1.2.1.	Anschauliches Modell der Leitungsmechanismen	2
1.2.2.	Bändermodell	6
1.2.3.	Zustandsdichte und effektive Masse	8
1.3	Besetzungswahrscheinlichkeiten	15
1.4.	Übergänge zwischen verschiedenen Niveaus	20
1.5.	Mechanismen des Ladungstransportes	23
1.5.1.	Stromfluß in Metallen	23
1.5.2.	Stromfluß in Halbleitern	25
1.6.	Ausgangsgleichungen zur Berechnung der Halbleiter-Bauelemente	29
1.7.	Übungsaufgaben	32

2. Der pn-Übergang

2.1.	Stromloser Zustand	36
2.2.	Gleichstromverhalten	42
2.2.1.	Berechnung der Sperrschicht	43
2.2.2.	Berechnung der Bahngebiete	47
2.2.3.	Festlegung des Gültigkeitsbereiches der Kennliniengleichung	51
2.2.4.	Übungsaufgaben	56
2.3.	Wechselstromverhalten	59
2.3.1.	Sperrschichtkapazität	60
2.3.2.	Diffusionskapazität	62
2.3.3.	Kapazitätsdioden	66
2.3.4.	Schaltverhalten	69
2.3.5.	Übungsaufgaben	74
2.4.	Durchbruchsmechanismen	77
2.4.1.	Thermische Instabilität	77
2.4.2.	Ladungsträgermultiplikation	80
2.4.3.	Tunneleffekt	85
2.4.4.	Zenerdioden	86
2.4.5.	Tunneldioden	87
2.4.6.	Rückwärtsdioden	91
2.4.7.	Übungsaufgaben	92
2.5.	Sperrschicht-Photoelemente	93
2.5.1.	Kennlinie	93
2.5.2.	Übungsaufgaben	95

3. Der Transistor

3.1.	Prinzip	97
3.2.	Strom-Spannungsgleichungen	101
3.3.	Gleichstrom-Ersatzschaltbilder	108
3.3.1.	Ersatzschaltbild für Großsignalaussteuerung	109
3.3.2.	Ersatzschaltbild für Kleinsignalaussteuerung	111
3.4.	Transistorschaltungen und Vierpolparameter	113
3.4.1.	Formales Schaltungsprinzip	113
3.4.2.	Zuordnung der h-Parameter	115
3.4.3.	Gegenüberstellung der Grundschaltungen	116
3.5.	Hochfrequenz- und Schaltverhalten	117
3.5.1.	Wechselstrom-Ersatzschaltbilder	117
3.5.2.	Grenzfrequenzen	122
3.5.3.	Schaltverhalten	124
3.6.	Temperatureinfluß und Stabilität	129
3.6.1.	Wahl des Arbeitspunktes	129
3.6.2.	Temperaturabhängigkeit des Kollektorstromes	130
3.6.3.	Stabilisierung des Arbeitspunktes und Gleichspannungsversorgung	131
3.7.	Übungsaufgaben	133

4. Der Thyristor

4.1.	Schematischer Aufbau und Kennlinienfeld	137
4.2.	Physikalisches Prinzip	140
4.3.	Übungsaufgaben	144

5. Der Feldeffekttransistor

5.1.	Prinzip	146
5.2.	Ausgangskennlinienfeld	147
5.3.	Ersatzschaltbild	152
5.4.	Übungsaufgaben	153

6. Die Elektronenröhre

6.1.	Thermische Elektronenquellen	154
6.2.	Diode	158
6.2.1.	Anlaufstrom	158
6.2.2.	Raumladungsstrom	159
6.2.3.	Sättigungsstrom	163
6.3.	Triode	165
6.3.1.	Statische Kennlinien	166
6.3.2.	Differentielle Kennliniendaten	170
6.3.3.	Ersatzschaltbilder	172
6.4.	Mehrgitterröhren	172
6.5.	Übungsaufgaben	174

7. Rauschen

7.1.	Mittelwerte und statistische Schwankungen	176
7.2.	Widerstandsrauschen	179
7.3.	Schrotrauschen	186
7.4.	Diodenrauschen	187
7.5.	Triodenrauschen	188
7.6.	Rauschen in Mehrgitterröhren	190
7.7.	Transistorrauschen	191
7.8.	Übungsaufgaben	193

Literatur 195

Sachwortverzeichnis 196

Inhaltsverzeichnis des Bandes II

1.	**Lineare und nichtlineare Schaltungen**	1
2.	**Systematische Berechnung linearer elektronischer Netzwerke**	2
2.1	Gesteuerte Quellen	2
2.2	Berechnung mit Knotengleichungen	3
2.3	Berechnung mit Maschengleichungen	9
2.4	Vierpolgleichungen	11
3.	**Allgemeine Sätze über elektronische Netzwerke**	15
3.1	Das Überlagerungsgesetz	15
3.2	Der Satz von der Zweipolquelle	15
3.3	Ein Zweiteilungssatz für symmetrische Netzwerke	17
3.4	Ein Substitutionssatz	21
3.5	Ein Reduktionssatz	23
3.6	Ein Teilungssatz für Stromquellen	28
3.7	Das Millersche Theorem	30
4.	**Frequenzcharakteristik elektronischer Schaltungen**	36
4.1	Der Transistorverstärker	37
4.2	Die allgemeine Form der Frequenzcharakteristik	47
4.3	Pole und Nullstellen von Netzfunktionen	48
4.4	Resonanzverstärker	52
4.5	Resonanzverstärker mit mehreren Kreisen	57
4.6	Entzerrung von Basisbandverstärkern	61
5.	**Rückkopplung und Stabilität**	69
5.1	Ein allgemeines Stabilitätskriterium	69
5.2	Rückkopplungs-Oszillatoren	74
5.3	Aufgaben der Gegenkopplung	78
5.4	Stabilität bei Gegenkopplung	81
5.5	Gegenkopplung über mehrere Stufen	84
5.6	Maximale Gegenkopplung	85
5.7	Die Berechnung von rückgekoppelten Systemen	89

6. Rauschen in elektronischen Schaltungen — 99
6.1 Das Rauschen in Vierpolen — 100
6.2 Rauschen in mehrstufigen Verstärkern — 104

7. Die Berechnung nichtlinearer Schaltungen — 108
7.1 Berechnung mit Potenzreihenentwicklung — 110
7.2 Berechnung mit vielfachen Fourierreihen — 115
7.3 Berechnung parametrischer Kreise — 118

8. Leistungsverstärker — 124
8.1 Transistorverstärker im A-Betrieb — 124
8.2 Graphische Bestimmung der Oberschwingungen — 126
8.3 Gegentaktschaltung — 127
8.4 Betriebsarten und Wirkungsgrad — 129

9. Modulation und Gleichrichtung — 138
9.1 Amplitudenmodulation — 138
9.2 Produktbildung und Trägerunterdrückung — 140
9.3 Einseitenbandmodulation und Frequenzumsetzung — 143
9.4 Amplitudenmodulation — 144

10. Nichtlineare Reaktanzen — 152
10.1 Schwingungsanfachung und Verstärkung — 153
10.2 Leistungsverteilungssätze — 155
10.3 Frequenzumsetzer — 158
10.4 Parametrischer Verstärker — 159

11. Impuls- und Digitalschaltungen — 166
11.1 Bistabile Kippschaltung — 168
11.2 Monostabile Kippschaltung — 170
11.3 Astabile Kippschaltung — 172
11.4 Negativ-Impedanz-Konverter und Multivibratoren — 172
11.5 Bistabiler Multivibrator — 178
11.6 Astabiler Multivibrator — 182
11.7 Monostabiler Multivibrator — 184
11.8 Schmitt-Schaltung — 186

A. Anhang
A.1 Komplexe Schreibweise — 196
A.2 Elemente elektronischer Schaltungen — 196
A.3 Ersatzschaltbilder realer Bauelemente — 199
A.4 Stückweise lineare Approximation von Kennlinien — 202
A.5 Vierpolmatrizen und Ersatzschaltbilder — 205
A.6 Übungsaufgaben — 213
A.7 Tabellen — 215

Literatur — 221

Allgemein verwendete Symbole

(Diese Symbole sind in beiden Bänden gültig, soweit hier nicht ein bestimmter Band oder Abschnitt angegeben ist.)

A	Amplitude der Übertragungsfunktion (Band II, Abschnitt 4.1)
A	Fläche
$\tilde{A}, \tilde{A}_{n;p}$	Ionisierungsraten
A'	Richardson-Konstante
a	Länge
a_n	Entwicklungskoeffizienten in einer Potenzreihe (Band II, Abschnitt 7.1)
a_p	Fourierkoeffizient
B	Bandbreite
B	Magnetische Induktion
b	Beschleunigung
b_p	Fourierkoeffizient
C, c	Kapazität (Gleichspannungswert bzw. differentielle Größe)
C_n	Umsetzungskapazität (Band II, Abschnitt 10.3 und 10.4)
c_0	Lichtgeschwindigkeit
c_n	Effektivwert bei einer Oberschwingung der Kreisfrequenz $n\omega$ (Band II, Abschnitt 7.1)
D	Durchgriff
$D, D_{n;p}$	Diffusionskonstanten
D	Elektrischer Verschiebungsfluß
$D, D_{V;L}$	Zustandsdichten
d	Dicke, Plattenabstand beim Kondensator
d_n	Verhältnis zwischen Oberwellenamplitude bei der Kreisfrequenz $n\omega$ und Grundwellenamplitude bei ω (Band II, Abschnitt 7.1)
E	elektrische Feldstärke
F	Rauschzahl (Band II, Abschnitt 6.1 und 6.2)
F	allgemeines Funktionssymbol
F	Rückkopplungsgrad (Band II, Abschnitt 5.4)
F_{mn}	Fourierkoeffizient
$F_r(s)$	Fermiintegral (Band I, Abschnitt 1)
f	Frequenz
$f(\ )$	allgemeines Funktionssymbol
$f, f_{L;V}$	Fermiverteilung
G	Generationsrate (Band I)
G	Leistungsverstärkung P_A/P_{Gm}
G'	Leistungsübertragung P_A/P_E
G_n	Umsetzungsleitwerte (Band II, Abschnitt 7.3)

G, g	Wirkleitwert (Gleichstromwert bzw. differentielle Größe)
$\underline{\underline{G}}, \underline{g}$	Matrizen aus Leitwerten und Steuerkoeffizienten
H	magnetische Feldstärke
$\underline{\underline{H}}$	Spannungsverstärkermatrix
$\underline{\underline{h}}$	Stromverstärkermatrix
$h, \hbar = h/2\pi$	Plancksches Wirkungsquantum
I, I^0	Strom, Strom am Arbeitspunkt
I_0	Sättigungsstrom
I_{c0}	Kollektorreststrom
I_H	Haltestrom
I_{rg}	Stromanteil infolge Rekombination und Generation in der Sperrschicht
i	kleiner Strom, für den das elektronische Netzwerk linearisiert werden darf
$\underline{i}, \underline{i}$	Stromphasor, Spalten- oder Zeilenvektor aus Stromphasoren
$\hat{i}$	Stromamplitude
J	elektrische Stromdichte
J_0	Sättigungsstromdichte
j	imaginäre Einheit
K	allgemeine Proportionalitätskonstante
K	Absorptionskonstante (Band I, Abschnitt 2)
K	Bildkraft (Band I, Abschnitt 6)
K^*	Raumladungskonstante der Triode
k	Boltzmann-Konstante
k	Kopplungsfaktor (Transformator) (Band II, Abschnitt A.3)
k	Spannungsverhältnis am Rückkopplungsnetzwerk (Band II, Abschnitt 5)
k	Wellenzahl
k	Klirrfaktor (Band II, Abschnitt 7.1)
$L, L_{n;p}$	Diffusionslänge
L	Induktivität
$L_{A;D}$	Debye-Länge
l	Länge
M	Gegeninduktivität (Band II; Abschnitt A.3)
M	Multiplikationsfaktor
M	Zahl der unabhängigen Maschen eines Netzwerkes (Band II, Abschnitt 2.3)
m	Modulationsgrad (Band II, Abschnitt 9)
m	Elektronenmasse
$m_{L;V}$	effektive Massen
N	Summationsgrenze
N	Zahl der Knoten eines Netzwerkes (Band II, Abschnitt 2.2 und 2.3)

Allgemein verwendete Symbole XIII

$N, N_{L;V}$	effektive Zustandsdichten
$N, N_{A;D}$	Störstellenkonzentrationen
n	Elektronenkonzentration
n_0	Gleichgewichtskonzentration
$n_{A;D}$	Elektronenkonzentration in Störstellen
P	Leistung
P	Löcher unter der Oberflächeneinheit
p	Löcherkonzentration
p_0	Gleichgewichtskonzentration
p	komplexe Frequenz
$p_{A;D}$	Löcherkonzentration in Störstellen
Q	Ladung
Q	Zahl der Stromquellen eines Netzwerkes (Band II, Abschnitt 2.3)
$-q$	Ladung des Elektrons
R, r	Widerstand (Gleichstromwert bzw. differentielle Größe)
r_{Th}	thermischer Rekombinationsüberschuß
r	Radius (Band I, Abschnitt 6)
r	Reflexionskoeffizient bezüglich Spannungsamplituden
S	Empfindlichkeit (Band II, Abschnitt 5.3 und 5.5)
S	Steilheit
s	Teilchenstromdichte
T	absolute Temperatur
T_0	293 °K
T	Periodendauer (Band II, Abschnitt 10)
t	Zeit
t_{an}	Anstiegszeit
t_{ab}	Abfallzeit
t_S	Speicherzeit
t_v	Verzögerungszeit
U, U^0	Spannung, Spannung am Arbeitspunkt
U_{BO}	break over Spannung
U_{st}	Steuerspannung
u	kleine Spannung, für die das elektronische Netzwerk linearisiert werden darf
$\mathbf{u}, \underline{u}$	Spannungsphasor, Spalten- oder Zeilenvektor aus Spannungsphasoren
$\hat{u}$	Spannungsamplitude
$\ddot{u}$	Übersetzungsverhältnis (Übertrager)
V	Volumen
V_{PO}	pinch off Konstante
v	Verstärkung
v'	Verstärkung bei Rückkopplung

v	Geschwindigkeit (Band I)
W	Energie
$W_{L;V;A;D}$	Energieniveaus im Bändermodell
$W_{F;FL;FV}$	Fermi-Energie und Quasifermi-Energien
W_{LV}	Bandabstand
W_{OF}	thermische Austrittsarbeit
w	Sperrschichtdicke
X	Blindwiderstand
x	Ortskoordinate
x	Eingangsgröße (Band II, Abschnitt 7)
Y, y	Leitwert
$\underline{Y}, \underline{y}$	Leitwertmatrix bzw. Matrix aus Leitwerten
$\overline{\overline{y}} =$	Ortskoordinate
y	Ausgangsgröße (Band II, Abschnitt 7)
Z, z	Scheinwiderstand
$\underline{Z}$	Widerstandsmatrix
$\overline{\overline{Z}}$	Zahl der Zweige in einem Netzwerk (Band II, Abschnitt 2.3)
z	Ortskoordinate
α	Stromverstärkungsfaktor
α_e	$\alpha / (1-\alpha)$
β	Transportfaktor
Γ	Schwächungsfaktor
γ	Emitterergiebigkeit
Δ_{kj}	Adjunkte
Δ	Determinanten (Band II, Abschnitt A.5 und A.7)
ϵ	Dielektrizitätskonstante
ϵ_0	elektrische Feldkonstante
ϵ_r	Dielektrizitätszahl
η	Wirkungsgrad (Band II, Abschnitt 8)
η	Ortskoordinate (Band I)
η	beliebige Variable; $\omega_2 t$ (Band II, Abschnitt 7.2) und ωt (Band II, Abschnitt 7.3 und 10.3)
Θ	Durchflutung
ϑ	Winkel
λ	Wellenlänge
λ'	mittlere freie Weglänge
μ	Leerlauf-Spannungsverstärkung
$\mu, \mu_{n;p}$	Beweglichkeiten
μ	Permeabilität
μ_0	magnetische Feldkonstante
ν	Dichte des Lichtquantenstromes

Allgemein verwendete Symbole   XV

ξ	beliebige Variable; $\omega_1 t$ (Band II, Abschnitt 7.2) und $\omega_t t$ (Band II, Abschnitt 7.3 und 10.3)
ξ	Ortskoordinate (Band I)
ρ	Raumladungsdichte
σ	spezifische Leitfähigkeit (Band I)
σ	Realteil der komplexen Frequenz (Band II)
τ	Lebensdauer (Band I)
τ	Zeitkonstante
τ'	mittlere stoßfreie Zeit
ϕ	Winkel der Übertragungsfunktion
φ	elektrostatisches Potential
φ	Winkel
ω	Kreisfrequenz
ω_a	α-Grenzfrequenz
ω_e	Grenzfrequenz der Emitterschaltung
ω_T	Transitfrequenz
ω_m	maximale Schwingfrequenz

Indices

A	Ausgang, Akzeptor
a	Anode
äq	Äquivalent
B	Batterie
b	Basis
c	Kollektor
D	Diffusion, Donator
DB	Durchbruch
d	Senke (drain)
E	Eingang
e	Emitter
eff	effektiv
F	Feld, Fermi
f	Durchlaß (forward)

G	Generator
G	Gegentakt (Band II, Abschnitt 3.3)
g	Gatter (gate), Gitter
gl	Gleichrichter
i	Innen-, Eigenleitung
i	Laufindex
j	Laufindex
k	Laufindex
k	Kathode
L	Last, Leitungsband
m	Bandmitte (Band II, Abschnitt 4)
m	Maximal
m	Laufindex
n	Laufindex
n	Elektronen
O, o	oben, Oberfläche
PO	pinch off
p	Löcher
p	Parallel-
ph	Photo-
S	Gleichtakt (Band II, Abschnitt 3.3)
s	Sperrschicht
s	Quelle (source)
s	Serien-
sp	Sperrichtung
st	Steuer-
Th	Thermisch
t	Träger
tr	Trigger
U, u	unten
V	Valenzband (Band I)
V	Vierpol (Band II, Abschnitt 6)

1. Der homogen dotierte Halbleiter

Im vorliegenden Abschnitt sollen diejenigen Grundlagen aus der Halbleiterphysik zusammengestellt werden, auf denen die Wirkungsweise der heute wichtigsten Halbleiter-Bauelemente beruht. Die Vorgänge werden soweit möglich auf klassisch-anschaulicher Basis beschrieben; Ergebnisse quantenmechanischer Rechnungen seien, falls erforderlich, ohne Ableitung übernommen. Als bekannt vorausgesetzt werden lediglich die einfachsten Grundvorstellungen der Atomphysik. Damit kann dieser Abschnitt keine Einführung in die allgemeinen physikalischen Grundlagen der Halbleiter ersetzen, zu deren Studium auf die recht zahlreich erschienene Literatur verwiesen sei.

1.1. Einzelatom

Man kann eine gewisse Systematik in der Behandlung der elektrischen Eigenschaften von Festkörpern gewinnen, wenn man als Vergleich von den Verhältnissen bei einem Einzelatom ausgeht.

Um das Verhalten der Elektronen eines isolierten Einzelatoms systematisch zu beschreiben, kann man folgendes Einteilungsprinzip zugrunde legen.

1. Festlegung der *möglichen Energiewerte*. Wie aus der Atomphysik bekannt ist, können die Elektronen eines Einzelatoms im stationären Zustand nur diskrete Energiewerte annehmen (Bild 1.1).

Bild 1.1
Energieniveaus eines Einzelatoms, schematisch.
Die Besetzung einiger Niveaus und die Übergangsmöglichkeiten sind symbolisch angedeutet

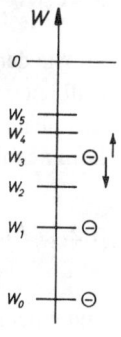

2. *Besetzung* dieser Niveaus mit Elektronen. Hier ist zu untersuchen, welche der möglichen Niveaus in einem konkreten Fall tatsächlich mit Elektronen besetzt sind. Aufgrund des Pauli-Prinzips weiß man, daß jedes dieser Niveaus nur maximal von einem Elektron besetzt sein kann [1]).

---

[1]) Diese Aussage setzt „Nichtentartung" voraus, d.h., daß nicht mehrere Elektronenniveaus zusammenfallen; so würde z.B. bei Berücksichtigung der Spinentartung die Aussage dahingehend abzuändern sein, daß jedes Niveau nur von maximal zwei Elektronen entgegengesetzt gerichteten Spins besetzt werden kann.

3. *Elektronenübergänge* zwischen diesen Niveaus. Nachdem im vorangegangenen die Verhältnisse im stationären Zustand beschrieben wurden, schließen sich nun Aussagen über die Übergänge zwischen verschiedenen stationären Zuständen und die hierbei auftretenden Zeitkonstanten an. Solche Übergänge können beispielsweise mit Emission oder Absorption elektromagnetischer Strahlung verknüpft sein.

Diese beim Einzelatom gewonnene Aufteilung kann analog auf den homogenen Halbleiter übertragen werden. Es kommt jedoch noch ein weiterer Komplex hinzu, der naturgemäß bei einem Einzelatom nicht auftreten kann, nämlich Fragen des Ladungstransportes und damit des Stromflusses.

Nach der Diskussion dieser einzelnen Punkte in den Abschnitten 1.2 bis 1.5 werden anschließend die zur Berechnung des Stromflusses erforderlichen Formeln zusammengestellt. Damit sind die Ausgangsgleichungen für eine mathematische Behandlung der Halbleiter-Bauelemente gewonnen. Auch an dieser Stelle wurde im Interesse der Übersichtlichkeit auf eine möglichst allgemeine Beschreibung verzichtet und die Darstellung nur soweit entwickelt, wie es für den vorliegenden Zweck erforderlich ist.

1.2. Energieniveaus in Halbleitern

Wie der Name bereits andeutet, sieht man als Charakteristikum elektronischer Halbleiter ihre Leitfähigkeit an, die auf der Leitfähigkeitsskala zwischen der von Metallen und Isolatoren liegt. Man wird sich daher als Erstes mit dem Zustandekommen dieser Leitfähigkeit befassen müssen.

1.2.1. Anschauliches Modell der Leitungsmechanismen

Zur Veranschaulichung der Leitungsmechanismen geht man am zweckmäßigsten von einem konkreten Modell des Kristallbaues aus. Die technisch wichtigsten Halbleiter, wie beispielsweise Germanium und Silicium, kristallisieren im Diamantgitter (Bild 1.2a); jedes Atom ist von vier nächsten Nachbarn umgeben. Die Bindung zwischen zwei benachbarten Atomen erfolgt jeweils durch ein Elektronenpaar. Zur Veranschaulichung dieser Bindungsverhältnisse ist die in Bild 1.2b verwendete Darstellungsweise übersichtlicher; das räumliche Gitter wurde durch ein ebenes Gittermodell ersetzt, in welchem ebenfalls jeder Gitterbaustein mit vier nächsten Nachbarn verbunden ist. Im vorliegenden Fall werden alle vier Valenzelektronen eines jeden Atoms für die Diamantbindung benötigt. Bei der absoluten Temperatur $T = 0$ ist der Kristall ein Isolator, weil keine frei beweglichen Elektronen vorhanden sind.

1.2. Energieniveaus in Halbleitern

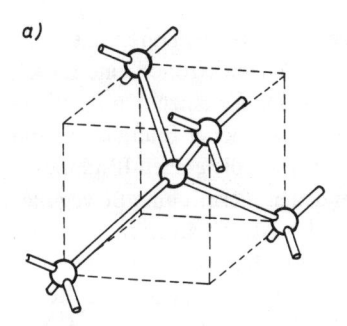

Bild 1.2
a) Diamantstruktur
b) Ebenes Modell eines Ge- oder Si-Kristalls, T = 0
  ⊖ Bindungselektron
  (4+) Gitterbaustein

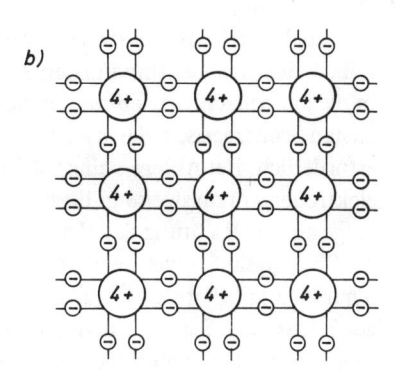

Bei höheren Temperaturen werden infolge der Wärmebewegung der Gitterbausteine einzelne Diamantbindungen „aufgerissen" (Bild 1.3), d.h., es entstehen „quasifreie" Elektronen [1]), die nicht mehr an einer Diamantbindung beteiligt sind und daher im Kristall wandern können. Diese Elektronen liefern einen Beitrag zur Leitfähigkeit; bei Anlegen eines elektrischen Feldes E werden sie sich vorzugsweise wegen ihrer negativen Ladung entgegen der Feldrichtung bewegen und damit einen elektrischen Strom führen. Sie werden aus diesem Grunde als „Leitungselektronen" bezeichnet.

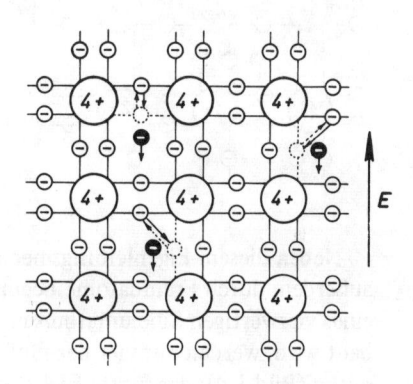

Bild 1.3
Anschauliches Modell der Eigenleitung
  ⊖ Bindungselektron
  ● quasifreies Elektron
  ○ Loch

---

[1]) Diese Elektronen werden als „quasifrei" bezeichnet, weil sie zwar wie freie Elektronen im Innern des Kristalls wandern können, andererseits aber nicht quantitativ dieselben Eigenschaften wie freie (d.h. kräftefreie) Elektronen haben; da sie sich in dem Potentialfeld der Gitterbausteine bewegen, werden durch die hohen atomaren elektrischen Felder erhebliche Kräfte auf sie einwirken.

Daneben tritt aber noch ein weiterer Leitungsmechanismus auf. Durch das Aufreißen einer Diamantbindung entsteht im System der Valenzelektronen eine Lücke, in die ein benachbartes Bindungselektron springen kann. Da die einzelnen Bindungszustände energetisch gleichwertig sind, ist hierzu kein wesentlicher Energieaufwand erforderlich. Bei Anlegen eines elektrischen Feldes E werden diejenigen Bindungselektronen vorzugsweise in diese Lücke springen, bei denen hiermit eine Bewegung entgegen der Richtung des elektrischen Feldes verbunden ist; mit anderen Worten, die Bindungslücke, die wegen des fehlenden Elektrons mit einer positiven Überschußladung behaftet ist, wandert vorzugsweise in Feldrichtung (gestrichelte Pfeile des Bildes 1.3). Somit erfolgt auch eine Elektrizitätsleitung im System der Valenzelektronen. Man kann diese Leitungsvorgänge anschaulich so beschreiben, als wären die Bindungslücken selbständige positiv geladene Teilchen. Für diese „Quasi-Teilchen" hat man die Bezeichnung „Defektelektronen" oder kurz „Löcher" eingeführt. Da der hier geschilderte Mechanismus der Elektrizitätsleitung durch Leitungs- und Defektelektronen grundsätzlich bei jedem Halbleiter auftritt, spricht man von „Eigenleitung"; diese ist dadurch gekennzeichnet, daß die Dichten (Anzahl pro Volumeneinheit) von Elektronen und Defektelektronen gleich groß sind.

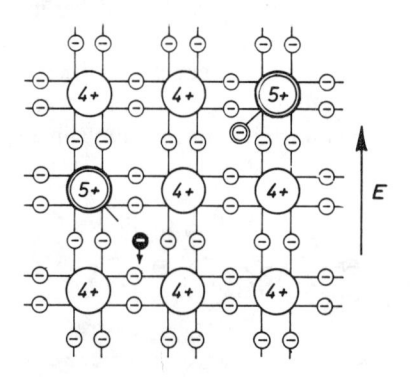

Bild 1.4
Anschauliches Modell der Überschußleitung
⊖ gebundenes Elektron in Donatorniveau
● quasifreies Elektron

Neben diesem Eigenleitungsmechanismus kann die Leitfähigkeit eines Halbleiters außerdem durch Fremdatome beeinflußt werden. Wenn in das Diamantgitter anstelle eines vierwertigen Siliciumatoms ein fünfwertiges Fremdatom, z.B. Antimon, eingebaut wird, werden nur vier der fünf Valenzelektronen für die Diamantbindung benötigt (Bild 1.4); das fünfte Elektron bleibt bei der absoluten Temperatur T = 0 an den positiv geladenen Rumpf des Antimonatoms gebunden, so daß auch in diesem Fall keine Leitfähigkeit vorhanden ist. Die Bindung dieses fünften Elektrons ist jedoch weit schwächer als die sehr feste Diamantbindung der anderen Elektronen, so daß bei Temperaturerhöhung eine wesentlich geringere Aktivierungsenergie zur Abtrennung dieses Elektrons erforderlich ist als zum Aufreißen einer Diamantbindung.

1.2. Energieniveaus in Halbleitern

Bei Temperaturerhöhung werden vor Einsetzen der Eigenleitung zunächst die Elektronen dieser Fremdatome frei beweglich werden und damit als Leitungselektronen eine Leitfähigkeit hervorrufen. Die positiv geladenen Antimonionen bleiben als ortsfeste Ladungen auf ihrem Gitterplatz und liefern keinen Beitrag zur Leitfähigkeit. In diesem Fall kommt die Elektrizitätsleitung im wesentlichen durch Elektronen zustande, Defektelektronen spielen keine Rolle. Infolgedessen spricht man im Gegensatz zur Eigenleitung von „Elektronenleitung" oder „n-Leitung" (n = negative Ladung der Träger). Da Elektronen im Überschuß vorhanden sind (verglichen mit den Defektelektronen), ist auch die Bezeichnung „Überschußleitung" gebräuchlich. Störstellen, die durch Abgabe eines Elektrons vom neutralen in den positiv geladenen Zustand übergehen, nennt man Donatoren.

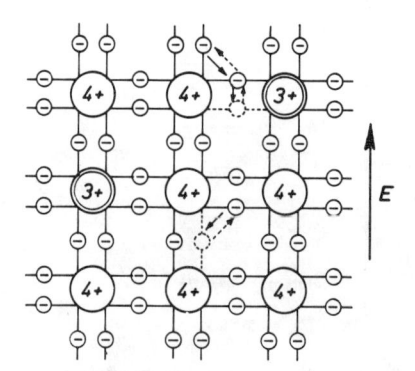

Bild 1.5
Anschauliches Modell der Defektleitung

Analog zu dieser Elektronenleitung ergibt sich auch eine elektrische Leitfähigkeit, wenn anstelle eines vierwertigen Siliciumatoms ein dreiwertiges Fremdatom, z.B. Bor, in das Diamantgitter eingebaut wird (Bild 1.5); in diesem Fall fehlt ein Elektron im System der Bindungselektronen. Bei der absoluten Temperatur T = 0 würde ein Isolator vorliegen, da die Bindung der Valenzelektronen an die vierfach positiv geladenen Rümpfe der Siliciumatome stärker ist als an das nur dreifach positiv geladene Boratom. Für diese Übergänge ist wieder eine Aktivierungsenergie erforderlich. Das Boratom wird durch Anlagern eines Elektrons negativ geladen und bleibt ortsfest an seinem Gitterplatz, während die „Bindungslücke" im Kristall wandern kann. Da die Leitfähigkeit im wesentlichen durch Defektelektronen verursacht wird, spricht man von „Löcherleitung", „Defektleitung" oder „p-Leitung" (p = positive Ladung der „Träger"). Im Vergleich zur Eigenleitung ist ein Mangel an Elektronen vorhanden, daher ist auch die Bezeichnung „Mangelleitung" gebräuchlich. Störstellen, die durch Aufnahme eines Elektrons vom neutralen in den negativ geladenen Zustand übergehen können, nennt man Akzeptoren.

n- und p-Leitung werden unter dem Begriff „Störleitung" zusammengefaßt, da im Gegensatz zur Eigenleitung eine Leitfähigkeit durch Gitterstörungen (Störstellen) hervorgerufen wird. Fremdatome, welche unbeabsichtigt im Halbleiter eingebaut sind, werden als Verunreinigungen bezeichnet, hat man sie jedoch bewußt zugesetzt, spricht man von „Dotierung".

1.2.2. Bändermodell

Mit Hilfe der vorangegangenen Diskussionen läßt sich für die Elektronen im Kristall ein Termschema in seiner einfachsten Form aufstellen.

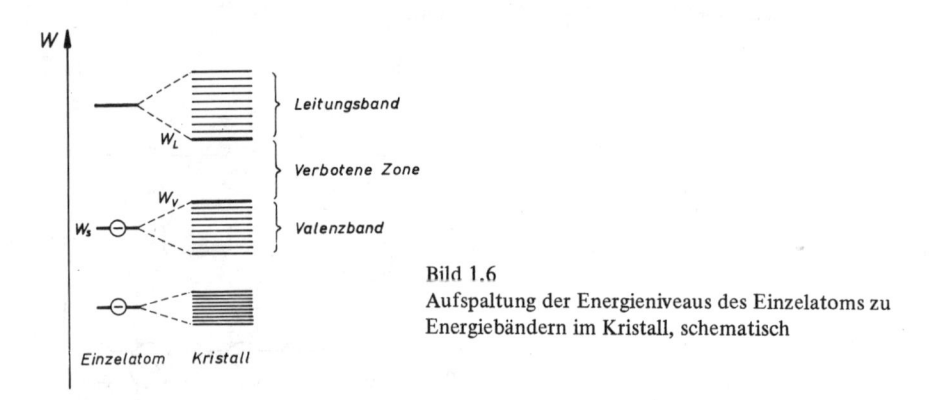

Bild 1.6
Aufspaltung der Energieniveaus des Einzelatoms zu Energiebändern im Kristall, schematisch

Welche Änderungen des Termschemas eines Einzelatoms sind zu erwarten, wenn man im Gedankenexperiment einen Kristall aus identischen Atomen zusammensetzt? Bild 1.6 zeigt schematisch das Ergebnis. Infolge der energetischen Wechselwirkung der Atome untereinander ist im Kristall jedes Energieniveau des Einzelatoms in so viele Terme aufgespalten wie Atome im Kristall vorhanden sind. Das läßt sich an einem Analogiebeispiel aus der Mechanik plausibel machen. Identische mechanische Pendel haben alle dieselbe Eigenfrequenz, solange sie sich gegenseitig nicht beeinflussen, d.h. solange sie nicht gekoppelt sind. Wenn sie jedoch „miteinander in Wechselwirkung treten", also gekoppelt sind, spaltet die Eigenfrequenz in soviele verschiedene Werte auf wie Pendel in der Anordnung vorhanden sind; je stärker die Kopplung zwischen den einzelnen Pendeln, desto größer die Aufspaltung.

Analoges gilt auch für die Aufspaltung der Energieniveaus im Festkörper. Die tiefergelegenen Niveaus, die den inneren Elektronenschalen des Einzelatoms entsprechen, stören sich gegenseitig nur wenig, so daß hier die Aufspaltung gering ist. Die Elektronen in den äußeren Schalen, die als Valenzelektronen für das chemische Verhalten des Atoms verantwortlich sind, treten stärker in Wechselwirkung, die Energieniveaus spalten demzufolge in breitere Bänder auf.

1.2. Energieniveaus in Halbleitern

Wenn bei sämtlichen Einzelatomen die Energieniveaus bis W_s einschließlich mit Elektronen besetzt sind, werden beim Festkörper die entsprechenden Energieniveaus ebenfalls voll besetzt, die darüberliegenden Niveaus dagegen vollständig leer sein. Bei Halbleitern ist nun das höchste voll besetzte Band und das unmittelbar darüberliegende leere Band von besonderem Interesse. Da im höchstgelegenen vollbesetzten Band die äußeren Elektronen des Atoms, die Valenzelektronen, enthalten sind, wird dieses Band „Valenzband" genannt, das unmittelbar darüberliegende leere Band wird als „Leitungsband" [1]) bezeichnet. Den dazwischenliegenden Energiebereich, in welchem in diesem einfachsten Modell keine erlaubten Energiezustände vorhanden sind, nennt man „verbotene Zone", den Energieabstand zwischen Unterkante des Leitungsbandes, W_L, und Oberkante des Valenzbandes, W_V, den „Bandabstand" W_{LV},

$$W_{LV} = W_L - W_V.$$

Das ist diejenige Energie, welche erforderlich ist, eine Diamantbindung gerade aufzureißen, wie es in Abschnitt 1.2.1 anschaulich formuliert wurde. Bewegt sich das Elektron mit einer bestimmten Geschwindigkeit im Leitungsband, kommt zu der „potentiellen Energie" W_L noch die kinetische Energie W_{kin} hinzu (Bild 1.7a).

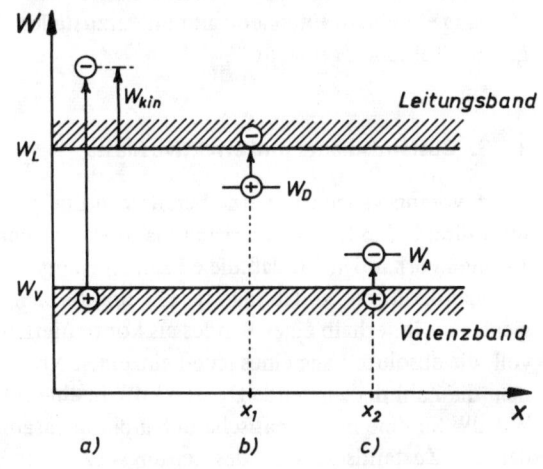

Bild 1.7
Elektronenübergänge im Bändermodell
a) Übergang nach Bild 1.3, im ganzen Kristall möglich
b) Übergang zwischen Donatorniveau an der Stelle x_1 und Leitungsband nach Bild 1.4
c) Übergang zwischen Akzeptorniveau an der Stelle x_2 und Valenzband nach Bild 1.5

---

[1]) Diese Bezeichnung ist etwas unglücklich gewählt, da eine Elektrizitätsleitung, wie in Abschnitt 1.2.1 erläutert, auch ohne Beteiligung des Leitungsbandes zustande kommen kann.

Im Gegensatz zu den Energieniveaus in den Bändern, welche räumlich nicht lokalisiert sind, sondern sich über den gesamten Kristall erstrecken, sind die Energieniveaus der an Störstellen gebundenen Elektronen räumlich lokalisiert; sie existieren nur an derjenigen Raumstelle, an welcher sich ein Störatom befindet. Auch die Lage dieser Energieniveaus im Bändermodell kann man anhand der anschaulichen Diskussion des Abschnittes 1.2.1 plausibel machen. Es wurde festgestellt, daß zur Abtrennung eines Elektrons von einem Donator (Bild 1.4) eine weit geringere Energie erforderlich ist als zum Aufreißen einer Diamantbindung, d.h.

$$W_L - W_D \ll W_{LV}.$$

Das Donatorniveau W_D ist dicht unter die Unterkante des Leitungsbandes in der verbotenen Zone einzuzeichnen (Bild 1.7b).

Eine ähnliche Überlegung gilt auch für die Elektronenniveaus an den Akzeptoren; es ist eine geringe Aktivierungsenergie aufzuwenden, um ein Elektron aus dem Valenzband entgegen der elektrostatischen Anziehung an den Akzeptor anzulagern (Bild 1.5), so daß dieses Niveau W_A dicht oberhalb der Oberkante des Valenzbandes in der verbotenen Zone liegt (Bild 1.7c).

Damit hat man die Möglichkeit, die in Abschnitt 1.2.1 anschaulich diskutierten Vorgänge in einem Energiediagramm darzustellen. Im folgenden wird hiervon weitgehend Gebrauch gemacht.

1.2.3. Zustandsdichte und effektive Masse

Im vorangegangenen wurde bereits von Energiebändern gesprochen. Das beinhaltet indirekt, daß in jedem Kristall makroskopischer Größe eine so große Anzahl von Atomen vorhanden ist, daß die einzelnen energetisch benachbarten Niveaus sehr eng beieinanderliegen, so daß man für alle praktischen Anwendungen die erlaubten Energieniveaus innerhalb eines Bandes als kontinuierlich ansehen kann. Es ist nicht sinnvoll, die absolute Lage eines jeden einzelnen Niveaus anzugeben. Statt dessen faßt man die Zahl der Zustände $D_{L;V}(W)\, dW$ in einem Energieintervall zwischen W und $W + dW$ für eine mathematische Behandlung zusammen. Die Größen $D_{L;V}(W)$ werden als „Zustandsdichten" des Leitungs- bzw. des Valenzbandes bezeichnet.

Leider kann man den analytischen Ausdruck für diese Funktionen nicht aus dem klassischen Partikelbild gewinnen, sondern muß auf die quantenmechanische Vorstellung von Elektronenwellen zurückgreifen. Um zunächst in einem möglichst einfachen Fall das Prinzip zu erläutern, nach welchem man zur Bestimmung der Zustandsdichte vorgeht [1]), seien die Elektronen des Leitungsbandes als vollständig frei

---

[1]) Es sei darauf hingewiesen, daß die folgenden Ausführungen nur den Charakter einer Plausibilitätserklärung haben, aber keine strenge Ableitung darstellen sollen.

1.2. Energieniveaus in Halbleitern

angesehen. D.h., daß das periodische Gitterpotential, in welchem sich die Elektronen im Kristall bewegen, durch einen ortsunabhängigen Mittelwert ersetzt wird. Der Einfluß des Kristalls macht sich in diesem Modell nur dadurch bemerkbar, daß an der Oberfläche „unendlich hohe" Potentialwände angenommen werden, so daß die Elektronen den Kristall nicht verlassen können. Man hat nun lediglich quantenmechanisch zu untersuchen, welche Energiewerte ein Elektron in einem solchen „Potentialtopf" besitzen kann. Das Ergebnis läßt sich plausibel machen, wenn man das Elektron als Welle auffaßt und die Forderung berücksichtigt, daß die Wellenfunktion an den unendlich hohen Potentialwänden verschwinden muß. Es sind – zunächst im eindimensionalen Fall – nur solche Wellenlängen λ möglich, die in den Potentialtopf „hineinpassen" (Bild 1.8). D.h., die Kantenlänge l des Potentialtopfes muß ein ganzzahliges Vielfaches der halben Wellenlänge sein,

$$n \frac{\lambda}{2} = l \quad \text{mit} \quad n = 1, 2, 3, \ldots \; .$$

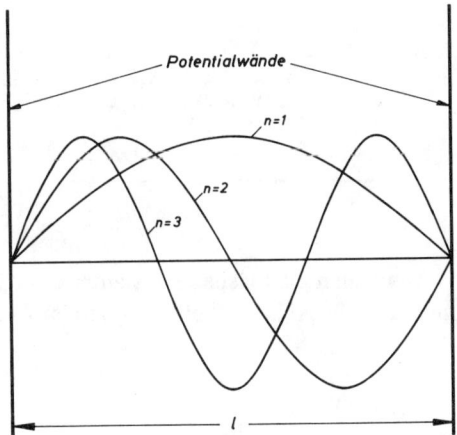

Bild 1.8
Eindimensionaler Potentialtopf mit
Eigenwellen niedrigster Ordnung

Durch diese Forderung werden die möglichen Wellenlängen ausgewählt. Führt man die Wellenzahl k ein, definiert durch

$$k = \frac{2\pi}{\lambda},$$

so kann diese die Werte

$$k = \frac{\pi}{l} n \quad \text{mit} \quad n = 1, 2, 3, \ldots$$

annehmen.

Überträgt man diese Ergebnisse auf den dreidimensionalen Fall, betrachtet also ein Elektron in einem würfelförmigen Potentialtopf, so gilt die oben angegebene Bedingung für jede einzelne Koordinatenrichtung. Für den Wellenzahlvektor **k** mit den Komponenten

$$\mathbf{k} = (k_x, k_y, k_z)$$

sind nur diskrete Werte möglich. Bild 1.9 soll die Verhältnisse für den zweidimensionalen Fall veranschaulichen.

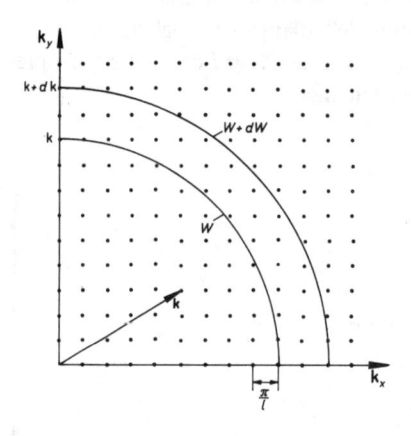

Bild 1.9
Flächen konstanter Energie und erlaubte Werte für den Wellenzahlvektor im zweidimensionalen **k**-Raum

Wenn man die Flächen konstanter Energie in dieses Diagramm einzeichnen will, muß man die Abhängigkeit der Energie W vom Wellenzahlvektor **k** kennen; für freie Elektronen gilt

$$W(k) = W_0 + \frac{\hbar^2 k^2}{2m} . \qquad (1.1)$$

Dabei ist m die Elektronenmasse, $\hbar = h/2\pi$ das durch 2π dividierte Plancksche Wirkungsquantum h. W_0 ist die potentielle Energie der Elektronen, der zweite Term der rechten Seite stellt die kinetische Energie dar.

In Bild 1.9 sind die beiden Energieflächen W und W + dW eingezeichnet. Man ersieht aus (1.1), daß es sich im zweidimensionalen Modell um Kreise, im dreidimensionalen Fall um Kugeln handelt. Um die Zahl der Zustände im Energieintervall W, W + dW, also die Zustandsdichte D(W), zu bestimmen, braucht man nur die Zahl der Zustände in dem Teil der Kugelschale mit positiven k_x-, k_y- und k_z-Werten abzuzählen. Das Volumen dieses Bereiches im **k**-Raum ist

$$\frac{4\pi k^2\, dk}{8} .$$

1.2. Energieniveaus in Halbleitern

Ein einzelner Zustand nimmt das Volumen $(\pi/l)^3$ ein, so daß sich für die Zahl der Zustände

$$D(W)\, dW = \frac{4\pi k^2\, dk\, V}{8\pi^3}$$

ergibt, wobei das Volumen des Potentialtopfes $V = l^3$ eingeführt wurde. Weiterhin folgt aus (1.1)

$$k\, dk = \frac{m}{\hbar^2}\, dW \quad \text{und} \quad k = \left(\frac{2m}{\hbar^2}(W - W_0)\right)^{1/2},$$

so daß sich mit der als „effektive Zustandsdichte" N bezeichneten Größe

$$N = 2\left(\frac{2\pi m kT}{h^2}\right)^{3/2} \tag{1.2}$$

für die Zustandsdichte D(W) der Ausdruck

$$D(W)\, dW = V N \frac{1}{\sqrt{\pi}}\left(\frac{W - W_0}{kT}\right)^{1/2} d\left(\frac{W}{kT}\right) \tag{1.3}$$

ergibt. In dieser Schreibweise kann jeder Zustand von zwei Elektronen mit entgegengesetzt gerichtetem Spin besetzt werden. Damit wäre für den Fall freier Elektronen die Zustandsdichte bestimmt [1].

Nun sind aber in einem Kristall die Elektronen nicht frei, da sie sich im periodischen Gitterpotential bewegen. Es ist zu überlegen, wie die obige Betrachtung modifiziert werden muß, um dieser Tatsache Rechnung zu tragen. Die einzige Stelle, an welcher von einer Eigenschaft freier Elektronen quantitativ Gebrauch gemacht wurde, war die durch (1.1) gegebene Beziehung zwischen Energie W und Wellenzahl k. Für die quasifreien Elektronen des Leitungsbandes wird man zunächst keinen solchen Zusammenhang explizite angeben können.

Es soll im folgenden der einfache Fall betrachtet werden, daß die Energie nur vom Betrag des Wellenzahlvektors abhängt, nicht aber von der Richtung. Dann wird man allgemein irgendeinen funktionalen Zusammenhang W(k) erhalten, von dem man nur weiß, daß an einer Stelle ein Minimum auftreten wird (Bild 1.10b; Teilbild a zeigt zum Vergleich den W(k)-Verlauf für freie Elektronen). Es wurde speziell angenommen, daß dieses Minimum ebenso wie bei freien Elektronen bei k = 0 liegt.

---

[1] Ergänzend sei darauf hingewiesen, daß die Zustandsdichte (1.3) tatsächlich temperaturunabhängig ist, wie man durch Einsetzen von (1.2) feststellen kann.

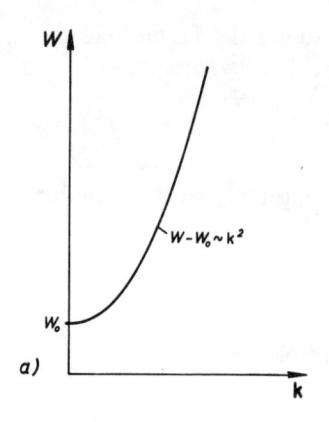

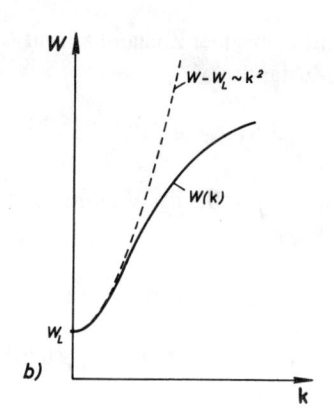

Bild 1.10
Elektronenenergie als Funktion der Wellenzahl k für
a) freies Elektron
b) Elektron des Leitungsbandes; gestrichelte Kurve: Näherung nach (1.4)

Nun kommt es bei einem Halbleiter nur auf die Verhältnisse in der Umgebung des Minimums an, da praktisch alle in das Leitungsband angehobenen Elektronen in die energetisch tiefsten Zustände, also in die Nähe der unteren Bandkante, übergehen. Entwickelt man W(k) in der Umgebung des Minimums in eine Taylor-Reihe und bricht mit dem quadratischen Glied ab, so erhält man den zu (1.1) analogen Ausdruck

$$W(k) = W_L + \frac{1}{2} \left.\frac{d^2 W}{dk^2}\right|_{k=0} k^2 + \ldots . \quad (1.4)$$

Anschaulich bedeutet dies, daß man in der Umgebung des Minimums den W(k)-Verlauf durch eine Parabel ersetzen kann; diese Parabel wird im allgemeinen allerdings eine andere Krümmung haben als der W(k)-Verlauf freier Elektronen (Bild 1.10a).

Wie der Vergleich von (1.1) mit (1.4) zeigt, ist für die Übertragung der oben durchgeführten Rechnung auf den vorliegenden Fall nur erforderlich, die Masse m der freien Elektronen formal durch eine „effektive Masse" m_L der Elektronen im Leitungsband zu ersetzen, die durch

$$\frac{1}{m_L} = \frac{1}{\hbar^2} \left.\frac{d^2 W}{dk^2}\right|_{k=0}$$

1.2. Energieniveaus in Halbleitern

definiert ist. Damit ist der gesamte Einfluß des periodischen Gitterpotentials auf die Leitungselektronen durch einen einzigen Parameter gekennzeichnet; überdies hat man den Vorteil, daß die Modellvorstellung von freien Elektronen beibehalten werden kann und für quantitative Betrachtungen lediglich die Masse durch die effektive Masse zu ersetzen ist. Mit diesen Überlegungen folgt analog zu (1.2) und (1.3) für die Zustandsdichte im Leitungsband

$$D_L(W) \, dW = V \, N_L \, \frac{1}{\sqrt{\pi}} \left(\frac{W - W_L}{kT}\right)^{1/2} d\left(\frac{W}{kT}\right) \qquad (1.5)$$

mit der effektiven Zustandsdichte des Leitungsbandes

$$N_L = 2 \left(\frac{2 \pi m_L kT}{h^2}\right)^{3/2} = 2{,}4 \cdot 10^{19} \left(\frac{m_L}{m} \frac{T}{T_0}\right)^{3/2} [cm^{-3}] \, . \qquad (1.6)$$

Kennt man die effektive Masse, so ist die Zustandsdichte in der Umgebung der Unterkante des Leitungsbandes explizite bestimmt [1]).

Ähnliche Überlegungen können analog für das Valenzband durchgeführt werden. Die Defektelektronen sind auch hier „quasifrei", d.h. sie bewegen sich in einem gitterperiodischen Potential; zwischen Leitungs- und Valenzband besteht in dieser Hinsicht ein quantitativer, aber kein qualitativer Unterschied. Die Überlegungen, die zur Zustandsdichte im Valenzband führen, seien im folgenden kurz skizziert, soweit sie von der obigen Betrachtung abweichen.

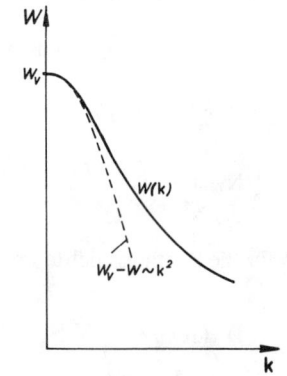

Bild 1.11
Energie als Funktion der Wellenzahl k für ein Elektron des Valenzbandes; gestrichelte Kurve: parabolische Näherung

---

[1]) Es sei darauf hingewiesen, daß die Überlegung in dieser Form nur auf Halbleiter angewendet werden kann, da bei Metallen wegen der größeren Elektronendichte auch energetisch höhergelegene Zustände des Leitungsbandes besetzt werden, so daß in der Taylor-Entwicklung (1.4) weitere Glieder berücksichtigt werden müßten.

Da die elektrischen Eigenschaften durch die nicht von Elektronen besetzten Zustände des Valenzbandes bestimmt werden, die sich in der Umgebung der oberen Bandkante befinden, wird man sich in diesem Fall für das Maximum des W(k)-Verlaufs interessieren (Bild 1.11). In seiner Umgebung liefert die Taylor-Entwicklung

$$W(k) = W_V + \frac{1}{2} \left.\frac{d^2 W}{dk^2}\right|_{k=0} k^2 + \dots ,$$

wobei nun allerdings

$$\left.\frac{d^2 W}{dk^2}\right|_{k=0} < 0$$

ist. Zeichnet man in den **k**-Raum die Flächen konstanter Energie ein, so erhält man eine Darstellung analog zu Bild 1.9, wobei in diesem Falle lediglich die Fläche mit der Energie W + dW einen kleineren Radius hat als die Fläche mit der Energie W. Die Zahl der Zustände in dem Teil der Kugelschale mit positiven k_x-, k_y- und k_z-Werten ist

$$\frac{4 \pi k^2 |dk|}{8} .$$

Führt man nun eine positive effektive Masse m_V im Valenzband ein durch

$$\frac{1}{m_V} = \frac{1}{\hbar^2} \left.\left|\frac{d^2 W}{dk^2}\right|\right|_{k=0} ,$$

so erhält man mit der effektiven Zustandsdichte des Valenzbandes

$$N_V = 2 \left(\frac{2\pi m_V kT}{h^2}\right)^{3/2} = 2{,}4 \cdot 10^{19} \left(\frac{m_V}{m} \frac{T}{T_0}\right)^{3/2} [cm^{-3}] \qquad (1.7)$$

für die Zustandsdichte im Valenzband

$$D_V(W) \, dW = V N_V \frac{1}{\sqrt{\pi}} \left(\frac{W_V - W}{kT}\right)^{1/2} d\left(\frac{W}{kT}\right) . \qquad (1.8)$$

Die Gleichungen (1.5) und (1.8) geben die Dichte der erlaubten Zustände in der Nähe der Bandkanten explizite an. Damit hat man in völliger Analogie zum Termschema des Einzelatoms die Energieniveaus im Halbleiter soweit festgelegt, wie es für den vorliegenden Zweck erforderlich ist.

1.3. Besetzungswahrscheinlichkeiten

Nach Festlegung der Lage der möglichen Energieniveaus muß anschließend eine Aussage über ihre tatsächliche Besetzung mit Elektronen getroffen werden, d.h. genauer gesagt, über die Besetzungswahrscheinlichkeit im thermodynamischen Gleichgewicht. Nun wird die Wahrscheinlichkeit f(W), daß ein Niveau der Energie W mit einem Elektron besetzt ist, allgemein durch die Fermistatistik bestimmt.

In dieser Statistik werden für vorgegebene Anzahl von Elektronen und vorgegebene Gesamtenergie die möglichen Elektronenverteilungen unter Berücksichtigung des Pauli-Verbotes untersucht. Jede von diesen Elektronenverteilungen kann durch eine bestimmte Anzahl mikroskopisch verschiedener, aber makroskopisch identischer Verteilungen gebildet werden. Im thermodynamischen Gleichgewicht wird sich der makroskopisch wahrscheinlichste Zustand einstellen, das ist derjenige, welcher durch die meisten mikroskopischen Verteilungen realisiert wird.

Unter etwas vereinfachenden Annahmen [1]) ergibt sich aus diesen statistischen Überlegungen allgemein für die Besetzungswahrscheinlichkeit die Fermiverteilung

$$f(W) = \frac{1}{1 + \exp\left(\frac{W - W_F}{kT}\right)} \quad . \tag{1.9}$$

Die hier auftretende Energie W_F hat folgende Bedeutung: am absoluten Nullpunkt ($T \to 0$) sind sämtliche Energiezustände unterhalb der Fermienergie ($W < W_F$) mit je einem Elektron besetzt, da die Exponentialfunktion in diesem Grenzfall gegen null geht. Sämtliche Zustände mit einer Energie oberhalb der Fermienergie ($W > W_F$) sind dagegen unbesetzt, da für diesen Fall die Exponentialfunktion gegen unendlich geht. In Bild 1.12c ist die Fermiverteilung für $T \to 0$ gestrichelt skizziert. Für $T > 0$ ist die Besetzungsgrenze etwas „aufgeweicht", der Übergang von „überwiegend unbesetzt" zu „überwiegend besetzt" erfolgt auf einem Energieintervall von einigen kT. Das Ferminiveau kennzeichnet dann diejenige Energie, bei welcher die Besetzungswahrscheinlichkeit gerade 1/2 wird.

Thermodynamisches Gleichgewicht ist dadurch definiert, daß im gesamten Kristall für die Besetzungswahrscheinlichkeiten von Leitungsband, Valenzband und sämtlichen Störniveaus dasselbe Ferminiveau W_F gültig ist und daß darüber hinaus dieses Ferminiveau ortsunabhängig sein muß.

---

[1]) Genauer wäre bei lokalisierten Störstellen eine Verteilungsfunktion anzuwenden, welche vor der Exponentialfunktion in (1.9) noch einen Faktor 1/2 bei Donatoren bzw. 2 bei Akzeptoren aufweisen würde. Das ist darauf zurückzuführen, daß beispielsweise an ein unbesetztes Donatorniveau ein Elektron mit zwei Spinorientierungen angelagert werden kann, also *zwei* Besetzungsmöglichkeiten bestehen. Nach Anlagerung *eines* Elektrons ist jedoch wegen der damit erreichten Elektroneutralität kein weiterer besetzbarer Platz mehr vorhanden.

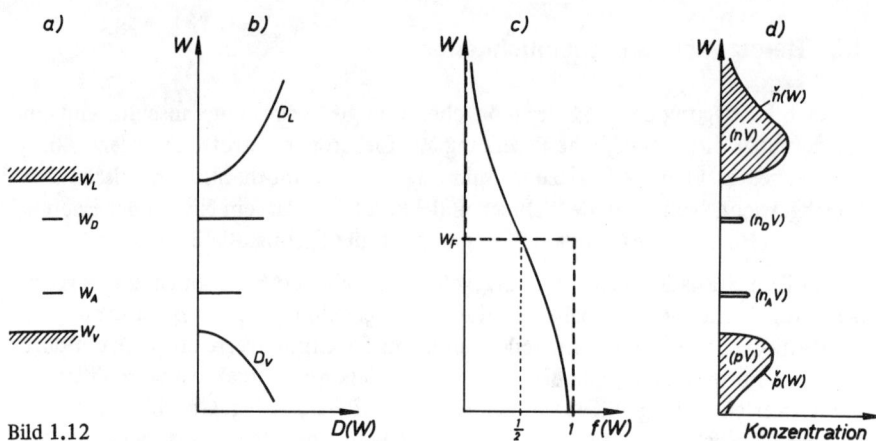

Bild 1.12
a) Bändermodell
b) Zustandsdichten in Bändern und Störniveaus
c) Verteilungsfunktion, nicht maßstabsgerecht
d) Konzentrationsverläufe

Kennt man die Lage des Ferminiveaus, kann man die Elektronenkonzentration in den einzelnen Bändern und in den Störstellen berechnen [1]). Das sei anhand des Bildes 1.12 erläutert. Im Teilbild a ist das Bändermodell skizziert, Teilbild b zeigt die Zustandsdichten nach (1.5) und (1.8) als Funktion der Energie. Die Zustandsdichten an den Störniveaus werden durch δ-Funktionen dargestellt, wobei die Gesamtzahl der betreffenden Störstellen als Faktor auftritt. Nun wird innerhalb des Leitungsbandes die Zahl der Elektronen ň(W) dW im Intervall zwischen W und W + dW bestimmt durch die Zahl der Zustände $D_L(W)$ dW in diesem Intervall, multipliziert mit der Wahrscheinlichkeit f(W), daß Zustände dieser Energie mit Elektronen besetzt sind, also [2])

$$\check{n}(W)\,dW = f(W)\,2\,D_L(W)\,dW\;.$$

Integriert man diesen Ausdruck über das gesamte Leitungsband [3]), erhält man nach Division durch das Volumen V die Elektronendichte n im Leitungsband:

$$n = \frac{1}{V} \int_{W_L}^{\infty} f(W)\,2\,D_L(W)\,dW\;. \tag{1.10}$$

---

[1]) Wie man die Lage des Ferminiveaus ermittelt, wird weiter unten an einem Beispiel gezeigt.

[2]) Der Faktor 2 rührt davon her, daß jeder Zustand mit zwei Elektronen entgegengesetzt gerichteten Spins besetzt werden kann.

[3]) Wegen der exponentiellen Abnahme der Verteilungsfunktion kann die Integration näherungsweise bis unendlich erstreckt werden.

1.3. Besetzungswahrscheinlichkeiten

In analoger Weise kann man die Dichte der *nicht* besetzten Zustände im Valenzband berechnen. Nun ist die Zahl der Löcher $\breve{p}(W)\,dW$ im Intervall zwischen W und W + dW gegeben durch die Zahl der Zustände $D_V(W)\,dW$ in diesem Intervall, multipliziert mit der Wahrscheinlichkeit $[1-f(W)]$, daß diese Niveaus nicht von Elektronen besetzt sind. Integration über das gesamte Valenzband und Division durch das Volumen ergibt für die Löcherkonzentration p im Valenzband

$$p = \frac{1}{V} \int_{-\infty}^{W_V} [1-f(W)] \, 2\,D_V(W) \, dW. \tag{1.11}$$

Die Besetzungen der diskreten Störniveaus lassen sich sofort explizite angeben. Bezeichnet man mit $N_{D;A}$ die Dichte der Donatoren bzw. Akzeptoren, so gilt für die Elektronendichte $n_{D;A}$ in diesen Niveaus

$$n_{D;A} = N_{D;A} \, f(W_{D;A}). \tag{1.12}$$

Ist $p_{D;A}$ die Dichte der nicht mit Elektronen besetzten Störniveaus, so wird analog

$$p_{D;A} = N_{D;A} \, [1-f(W_{D;A})]. \tag{1.13}$$

In Bild 1.12 sind diese Verhältnisse noch einmal anschaulich skizziert. Die Verläufe der Elektronenkonzentrationen in Teilbild d sind entstanden, indem jeweils bei einer Energie die Zustandsdichte des Teilbildes b mit der Verteilungsfunktion des Teilbildes c multipliziert wurde; der Verlauf der Löcherkonzentration ergibt sich entsprechend durch Multiplikation der Zustandsdichte mit $[1-f(W)]$.

Zur quantitativen Bestimmung der Konzentrationen sind die in (1.10) und (1.11) auftretenden Integrale zu berechnen. Einsetzen von (1.5), (1.8) sowie (1.9) in diese Gleichungen führt auf die Ausdrücke

$$n = \frac{2}{\sqrt{\pi}} \, N_L \, F_{1/2}\!\left(\frac{W_L - W_F}{kT}\right) \tag{1.14}$$

$$p = \frac{2}{\sqrt{\pi}} \, N_V \, F_{1/2}\!\left(\frac{W_F - W_V}{kT}\right) \tag{1.15}$$

mit dem „Fermiintegral"

$$F_r(s) = \int_0^{\infty} \frac{\nu^r \, d\nu}{1 + \exp(\nu + s)}. \tag{1.16}$$

Diese Integrale lassen sich nicht allgemein durch elementare mathematische Funktionen ausdrücken; sie sind tabelliert, so daß man im Bedarfsfall ihren Wert nachschlagen kann. In einem praktisch wichtigen Grenzfall ergeben sich jedoch einfache Näherungsformeln. Für $\exp(s) \gg 1$ ist die Exponentialfunktion in (1.16) im gesamten Integrationsbereich groß gegenüber 1, so daß die 1 im Nenner gegenüber der Exponentialfunktion vernachlässigt werden kann:

$$F_{1/2}(s) \approx \exp(-s) \int_0^\infty d\nu \sqrt{\nu} \exp(-\nu) = \frac{\sqrt{\pi}}{2} \exp(-s) \text{ für } \exp(s) \gg 1 \ . \quad (1.17)$$

Die hier verwendete Näherung läuft für das Leitungsband darauf hinaus, daß die Fermiverteilung (1.9) durch die Boltzmannverteilung

$$f(W) = \exp\left(\frac{W_F - W}{kT}\right) \text{ für } \exp\left(\frac{W - W_F}{kT}\right) \gg 1 \quad (1.18)$$

ersetzt wird.

Man sieht am Argument der Fermiintegrale in (1.14) und (1.15), daß man die Näherung (1.17) verwenden darf, solange das Ferminiveau W_F innerhalb der verbotenen Zone liegt und mindestens einen energetischen Abstand von einigen kT (bei Zimmertemperatur $kT_0 = 0{,}02525$ eV) von der betreffenden Bandkante hat. In diesem Fall vereinfachen sich (1.14) und (1.15) zu

$$n = N_L \exp\left(-\frac{W_L - W_F}{kT}\right) \quad (1.19)$$

$$p = N_V \exp\left(-\frac{W_F - W_V}{kT}\right) \quad (1.20)$$

Im Gültigkeitsbereich der Gleichungen (1.19) und (1.20), in welchem die Fermistatistik durch die Boltzmannstatistik ersetzt werden konnte, spricht man von „nichtentarteten" Halbleitern [1]), außerhalb des Gültigkeitsbereichs dieser Gleichungen je nach Lage des Ferminiveaus von mehr oder weniger stark entarteten Halbleitern. Im folgenden wird, wenn nicht ausdrücklich Anderes gesagt, stets der einfachere Fall der Nichtentartung zugrunde gelegt werden.

Im vorangegangenen war gezeigt, daß man bei Kenntnis der Lage des Ferminiveaus alle interessierenden Konzentrationen bestimmen kann. Wie läßt sich die Lage des Ferminiveaus ermitteln? Hierzu ist offenbar noch eine weitere physikalische Aussage erforderlich. Es ist dies im einfachsten Fall die Forderung, daß der

---

[1]) Der Ausdruck „Entartung" wird in verschiedener Bedeutung gebraucht. Hier sagt er etwas über die Lage des Ferminiveaus bzw. über die Konzentrationen aus. In der Fußnote auf S. 1 wurde mit „Entartung" das Zusammenfallen von mehreren Energieniveaus bezeichnet.

1.3. Besetzungswahrscheinlichkeiten

Halbleiter elektrisch neutral ist, so daß an jeder Stelle die Dichte der positiven Ladungen gleich der Dichte der negativen Ladungen sein muß. Nun setzt sich die Dichte der negativen Ladungen zusammen aus der Elektronenkonzentration n im Leitungsband und der Konzentration n_A der von Elektronen besetzten Akzeptorniveaus; die Dichte der positiven Ladungen ist durch die Löcherkonzentration p im Valenzband und die Dichte p_D der ionisierten Donatoren gegeben. Damit lautet die Bedingung der Elektroneutralität

$$n + n_A = p + p_D . \qquad (1.21)$$

Setzt man in (1.21) die Gleichungen (1.12), (1.13), (1.19) und (1.20) für die betreffenden Konzentrationen ein, sieht man, daß man bei bekannter Dotierung und bekannten Energiedaten eine Bestimmungsgleichung für *eine* Unbekannte, die Fermienergie W_F, gewonnen hat. Mit dem aus (1.21) bestimmten Ferminiveau kann man dann die einzelnen Konzentrationen ermitteln.

Aus den vorangegangenen Überlegungen kann man für nichtentartete Halbleiter im thermodynamischen Gleichgewicht noch eine wichtige allgemeine Aussage über die Konzentrationen in den beiden Bändern erhalten. Multipliziert man die Gleichungen (1.19) und (1.20) miteinander,

$$n\,p = N_L\,N_V\,\exp\!\left(-\frac{W_L - W_V}{kT}\right) = n_i^2 , \qquad (1.22)$$

so sieht man, daß das Produkt aus Elektronen- und Löcherkonzentration unabhängig von der Dotierung für ein bestimmtes Material bei gegebener Temperatur eine Konstante ist. Dieser Konstanten kann man eine anschauliche Bedeutung geben, wenn man den Spezialfall des nichtdotierten Halbleiters („Intrinsic"- oder „Eigenhalbleiter"), $N_A = N_D = 0$, betrachtet. Dann sind nach (1.21) Elektronen- und Löcherkonzentration gleich,

$$n = p = n_i .$$

Diesen Wert n_i bezeichnet man als Intrinsic-, Eigenleitungs- oder Inversionsdichte.

Ist die Elektronenkonzentration wesentlich größer als die Löcherkonzentration (Dotierung mit Donatoren), spricht man von einem Überschuß- oder n-Halbleiter; ist jedoch die Löcherkonzentration wesentlich größer als die Elektronenkonzentration (Dotierung mit Akzeptoren), handelt es sich um einen Löcher-, Defekt- oder p-Halbleiter. Die in der Überzahl vorhandene Konzentration (n im n-Halbleiter, p im p-Halbleiter) wird als Majoritätsdichte, die in der Minderzahl vorhandene Konzentration (n im p-Halbleiter, p im n-Halbleiter) als Minoritätsdichte bezeichnet.

In vielen Fällen sind praktisch alle Störstellen vollständig ionisiert und die Minoritätsträgerkonzentration ist um mehrere Zehnerpotenzen kleiner als die Dotierungskonzentration, so daß sich aus (1.21) unter Berücksichtigung von (1.22) die Näherungsformeln

für einen n-Halbleiter

$$n = N_D \; ; \qquad p = \frac{n_i^2}{N_D} \ll n \qquad (1.23)$$

und für einen p-Halbleiter

$$p = N_A \; ; \qquad n = \frac{n_i^2}{N_A} \ll p \qquad (1.24)$$

ergeben.

1.4. Übergänge zwischen verschiedenen Niveaus

In Abschnitt 1.3. wurde der Zustand des thermischen Gleichgewichtes diskutiert, ohne daß eine Aussage darüber gemacht wurde, durch welche Mechanismen oder wie schnell diese Gleichgewichtseinstellung erfolgt.

Bei der Gleichgewichtseinstellung in Halbleitern hat man zu unterscheiden zwischen der Einstellung des Gleichgewichtes der Elektronen innerhalb eines Bandes, die sehr schnell erfolgt (Größenordnung $\approx 10^{-12}$ s) und der Einstellung des Gleichgewichtes zwischen verschiedenen Bändern, welche weit langsamer (Größenordnung $\approx 10^{-3} \ldots 10^{-7}$ s) vor sich geht. Dieser Unterschied sei an einem Beispiel erläutert.

Ein Halbleiter werde mit Licht der Kreisfrequenz ω bestrahlt. Wenn die Energie $\hbar\omega$ der Lichtquanten größer ist als der Bandabstand W_{LV}, wird durch Absorption eines Lichtquantes ein Elektron-Loch-Paar erzeugt („Generation", Bild 1.13a). Bei diesem Vorgang wird einmal die Gesamtzahl der Elektronen im Leitungsband und der Löcher im Valenzband erhöht. Zum anderen wird aber im ersten Augenblick auch die Verteilung der Elektronen und Löcher innerhalb der Bänder gestört (ausgezogene Kurven des Bildes 1.13b). Durch Stöße der Elektronen mit dem Kristallgitter stellt sich jedoch innerhalb der Relaxationszeit ($\approx 10^{-12}$ s) das Gleichgewicht innerhalb eines Bandes wieder her (gestrichelte Kurven des Bildes 1.13b). Diese Einstellung erfolgt für alle praktischen Anwendungen „momentan", so daß innerhalb der einzelnen Bänder stets „Quasifermiverteilung" vorliegt.

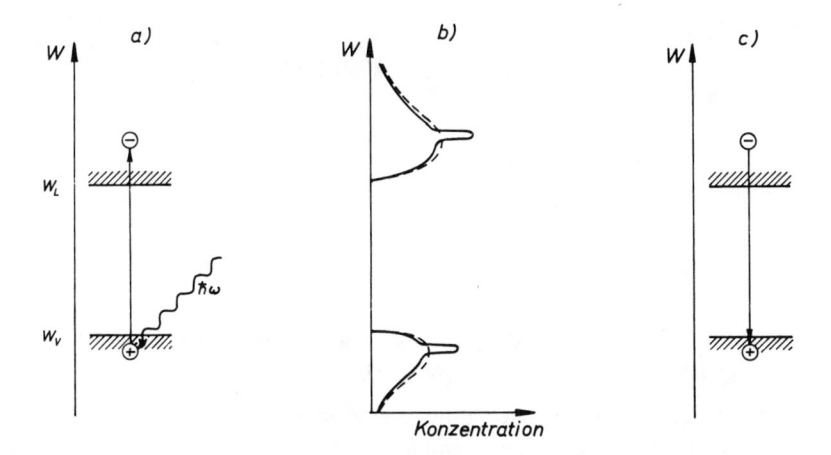

1.4. Übergänge zwischen verschiedenen Niveaus

Bild 1.13
Zur Gleichgewichtseinstellung nach Bestrahlung eines Halbleiters, schematisch
a) Generation von Elektron-Loch-Paaren durch Lichtquantenabsorption
b) —————— momentane Konzentrationsverteilung unmittelbar nach Absorption
————— Verteilung nach Einstellung des Gleichgewichtes innerhalb der einzelnen Bänder
c) Rekombinationsprozeß, durch den das Gleichgewicht zwischen Leitungs- und Valenzband wiederhergestellt wird

Damit herrscht jedoch im Gesamtkristall noch kein thermodynamisches Gleichgewicht, da im Leitungsband die Zahl der Elektronen und im Valenzband die Zahl der Löcher gegenüber dem Gleichgewichtswert erhöht ist. Man kann unter diesen Bedingungen die Besetzungswahrscheinlichkeit der Niveaus innerhalb *eines* Bandes durch eine „Quasifermiverteilung" analog zu (1.9) ausdrücken, wobei jetzt allerdings Leitungs- und Valenzband verschiedene „Quasifermienergien" W_{FL} und W_{FV} haben. Für die Verteilung im Leitungsband gilt

$$f_L(W) = \frac{1}{1 + \exp\left(\frac{W - W_{FL}}{kT}\right)} \qquad (1.25)$$

und entsprechend für die Verteilung im Valenzband

$$f_V(W) = \frac{1}{1 + \exp\left(\frac{W - W_{FV}}{kT}\right)} \,. \qquad (1.26)$$

Die Konzentrationen sind im Falle der Nichtentartung wieder durch die Gleichungen (1.19) und (1.20) gegeben, wobei lediglich W_F durch W_{FL} bzw. W_{FV} zu ersetzen ist,

$$n = N_L \exp\left(-\frac{W_L - W_{FL}}{kT}\right) \tag{1.27}$$

$$p = N_V \exp\left(-\frac{W_{FV} - W_V}{kT}\right). \tag{1.28}$$

Man sieht ferner, daß bei Abweichungen vom Gleichgewicht das Produkt n p nicht mehr gleich n_i^2 ist, (1.22) also ungültig wird.

Damit im oben besprochenen Beispiel wieder thermodynamisches Gleichgewicht zwischen Leitungs- und Valenzband herrscht, ist ein Elektronenübergang vom Leitungs- ins Valenzband erforderlich („Rekombination", Bild 1.13 c). Die Zeitkonstante dieses Vorganges liegt in der Größenordnung von $10^{-3} \ldots 10^{-7}$ s, also in einem Bereich, der für die Elektrotechnik bequem zugänglich ist. Im einfachsten Fall, der keineswegs immer vorliegt, kann man annehmen, daß die Zahl der pro Zeiteinheit rekombinierenden Elektronen proportional der Abweichung der Konzentration n vom Gleichgewichtswert n_0 ist:

$$\frac{dn}{dt} = -\frac{n - n_0}{\tau} \quad \text{bzw.} \quad \frac{dp}{dt} = -\frac{p - p_0}{\tau} \tag{1.29}$$

(da Elektronen und Löcher bei dem hier besprochenen Prozeß stets gleichzeitig entstehen und verschwinden, ist $n - n_0 = p - p_0$). Die hier auftretende Konstante τ wird als „Lebensdauer" bezeichnet. Ihre anschauliche Bedeutung erkennt man, wenn man (1.29) integriert; für die Konzentration n(t) als Funktion der Zeit ergibt sich für einen Abklingvorgang

$$n(t) - n_0 = [n(0) - n_0] \exp\left(-\frac{t}{\tau}\right).$$

Der zur Zeit t = 0 im Leitungsband vorhandene Elektronenüberschuß klingt exponentiell mit der Zeitkonstanten τ ab. Diese Lebensdauer ist für die meisten technischen Anwendungen der Halbleiter von entscheidender Bedeutung.

Im vorangegangenen waren zunächst Generations- und Rekombinationsprozesse getrennt behandelt worden. Tatsächlich findet aber bereits im thermischen Gleichgewicht ein ständiger Austausch von Elektronen zwischen beiden Bändern statt, wobei lediglich im zeitlichen Mittel die Übergänge in beiden Richtungen gleich häufig sind. Die Gleichungen (1.29) beschreiben das statistische Verhalten der Konzentrationen innerhalb und außerhalb des thermodynamischen Gleichgewichtes; auf der rechten Seite der Gleichungen steht der Überschuß der Generation über die Rekombination. Findet zusätzlich durch äußere Einflüsse eine Generation statt, wie im obigen Beispiel durch Lichteinstrahlung, so ist die durch diesen Prozeß bedingte Generationsrate G (Zahl der pro Volumen- und Zeiteinheit erzeugten Elektron-Loch-Paare) auf der rechten Seite hinzuzufügen,

$$\frac{dn}{dt} = -\frac{n-n_0}{\tau} + G \; ; \quad \frac{dp}{dt} = -\frac{p-p_0}{\tau} + G. \qquad (1.30)$$

Abschließend sei an dieser Stelle auf den Unterschied zwischen „thermodynamischem Gleichgewicht" und „stationärem Zustand" hingewiesen. Thermodynamisches Gleichgewicht liegt vor, wenn nur ein einziges, räumlich konstantes Ferminiveau existiert. Dagegen wird ein Zustand dann als stationär bezeichnet, wenn makroskopisch gesehen keine zeitlichen Änderungen auftreten. Beispielsweise ist nach Abklingen der Einschaltvorgänge ein beleuchteter Halbleiter im stationären Zustand, aber nicht im thermodynamischen Gleichgewicht.

1.5. Mechanismen des Ladungstransportes

Für das elektrische Verhalten von Halbleitern sind naturgemäß alle Fragen, die mit dem Stromtransport zusammenhängen, von besonderem Interesse, zumal sich die Verhältnisse in einem Halbleiter in zwei wesentlichen Punkten von denen im Metall unterscheiden. Es sollen zunächst die wichtigsten Vorgänge, die sich im mikroskopischen Bild beim Stromtransport abspielen, am übersichtlicheren Beispiel des Metalls erläutert werden.

1.5.1. Stromfluß in Metallen

Ein Metall unterscheidet sich von einem Halbleiter dadurch, daß bei ihm das Ferminiveau nicht in der verbotenen Zone liegt, sondern weit im Inneren des Leitungsbandes; damit gibt es nur bewegliche Träger eines Vorzeichens. Im thermischen Gleichgewicht führen die Leitungselektronen eine ungeordnete Wimmelbewegung aus mit einer Geschwindigkeit der Größenordnung $v_{Th} \approx 10^8$ cm/s (Bild 1.14). Die Elektronen werden an thermischen Gitterschwingungen oder an Störstellen gestreut, in der Zeit τ' zwischen zwei Stoßprozessen durchlaufen sie die „freie Weglänge" λ' geradlinig mit konstanter Geschwindigkeit

$$v_{Th} = \frac{\lambda'}{\tau'}.$$

Da diese Bewegung statistisch ungeordnet erfolgt, ist hiermit im zeitlichen Mittel kein Ladungsträgertransport und damit kein elektrischer Strom verbunden.

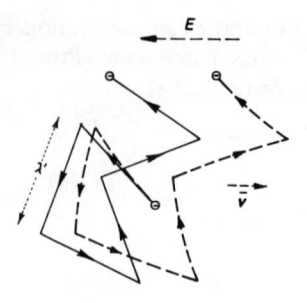

Bild 1.14
Thermische Wärmebewegung
ausgezogen: ohne Feld
gestrichelt: dieselbe Bewegung unter dem Einfluß des Feldes E

Bei Anlegen eines elektrischen Feldes werden die Elektronen während der Zeit zwischen zwei Streuprozessen durch das elektrische Feld beschleunigt, so daß sich eine Geschwindigkeitskomponente (Driftgeschwindigkeit $\bar{v}$) entgegen der Feldrichtung der thermisch ungerichteten Geschwindigkeit überlagert; diese Geschwindigkeit wurde als Mittelwert gekennzeichnet, da sie bei einer zeitlichen Mittelung über die Gesamtgeschwindigkeit als einzige Komponente übrigbleibt. Die hiermit verknüpfte elektrische Stromdichte ist durch

$$\mathbf{J} = -qn\bar{\mathbf{v}} \qquad (1.31)$$

gegeben. Das kann man folgendermaßen einsehen: legt man eine Kontrollfläche A senkrecht zur Richtung des Feldes, so passieren in der Zeit dt alle diejenigen Elektronen diese Fläche, welche im schraffierten Volumen des Bildes 1.15 enthalten sind, also

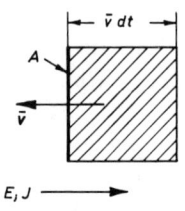

n $|\bar{v}|$ dt A

Bild 1.15
Zur Ableitung der Stromdichtegleichung (1.31)

Elektronen. Da jedes Elektron die Ladung $-q$ trägt, ergibt sich für die Stromdichte, definiert als Ladung pro Zeit- und Flächeneinheit, die durch die Kontrollfläche hindurchtritt, der oben angegebene Ausdruck.

1.5. Mechanismen des Ladungstransportes

Als nächstes ist ein Zusammenhang zwischen der Driftgeschwindigkeit $\bar{v}$ und der Feldstärke E anzugeben. Ein Elektron erfährt durch das Feld während der Zeit τ' zwischen zwei Stößen eine konstante Beschleunigung [1])

$$-\frac{q}{m} E \, .$$

Nach den „Fallgesetzen" durchwandert es während dieser Zeit τ' die Strecke

$$x = -\frac{1}{2} \frac{q}{m} E \tau'^2 \, ;$$

damit ergibt sich die mittlere Geschwindigkeit zu

$$\bar{v} = \frac{x}{\tau'} = -\mu E \quad \text{mit} \quad \mu = \frac{1}{2} \frac{q}{m} \tau' \, . \tag{1.32}$$

Die Driftgeschwindigkeit ist proportional der Feldstärke, die Proportionalitätskonstante μ wird als Beweglichkeit bezeichnet [2]). Einsetzen von (1.32) in (1.31) führt auf das Ohmsche Gesetz in differentieller Form,

$$\mathbf{J} = \sigma\, E \text{ mit der spezifischen Leitfähigkeit } \sigma = q\,\mu\,n \, . \tag{1.33}$$

1.5.2. Stromfluß in Halbleitern

Derselbe Mechanismus, welcher in Metallen vorliegt, ist ebenfalls in Halbleitern wiederzufinden. Auch die quasifreien Elektronen im Leitungsband eines Halbleiters werden unter dem Einfluß eines elektrischen Feldes eine Driftgeschwindigkeit erhalten, die sich der thermisch ungeordneten Bewegung überlagert. Es ergibt sich analog die Stromdichte

$$\mathbf{J}_{nF} = \sigma_n E \quad \text{mit} \quad \sigma_n = q\, \mu_n\, n \, . \tag{1.34}$$

Dabei deutet der Index n an, daß dieser Anteil sich auf die Elektronen des Leitungsbandes bezieht, der Index F an der Stromdichte besagt, daß dieser Stromanteil durch ein elektrisches Feld hervorgerufen wird.

Wie bereits in Abschnitt 1.21 anschaulich erläutert, findet daneben aber auch eine Elektrizitätsleitung durch die Defektelektronen des Valenzbandes statt. Die oben für Elektronen durchgeführten Überlegungen lassen sich auf Defektelektronen übertragen, man erhält für die Feldstromdichte

$$\mathbf{J}_{pF} = \sigma_p E \quad \text{mit} \quad \sigma_p = q\, \mu_p\, p \, . \tag{1.35}$$

---

[1]) Hier wird vereinfachend mit der Masse m des freien Elektrons gerechnet.
[2]) Bei Metallen ist μ von der Größenordnung 50 cm^2/(Vs).

Der erste wesentliche Unterschied zwischen dem Stromtransport in Metallen und dem in Halbleitern besteht also darin, daß im Metall nur bewegliche Ladungsträger eines Vorzeichens vorhanden sind, während es in Halbleitern positiv und negativ geladene bewegliche Ladungsträger gibt. Für die gesamte Feldstromdichte erhält man durch Addition von (1.34) und (1.35)

$$\mathbf{J}_F = \mathbf{J}_{nF} + \mathbf{J}_{pF} = \sigma \mathbf{E} \quad \text{mit} \quad \sigma = q\,(\mu_p p + \mu_n n). \tag{1.36}$$

Daneben kann aber in Halbleitern auch ohne Vorhandensein eines elektrischen Feldes ein Strom fließen, nämlich aufgrund eines Konzentrationsgefälles. Es ist bekannt, daß allgemein eine Ansammlung von Partikeln infolge Diffusion auseinanderläuft, d.h. die Teilchen wandern bei ihrer thermischen Bewegung vorzugsweise in Richtung des Konzentrationsgefälles. Mathematisch ausgedrückt, die Teilchenstromdichte **s** (Zahl der Teilchen, die pro Zeiteinheit die Flächeneinheit senkrecht zur Bewegungsrichtung durchqueren) ist proportional dem negativen Konzentrationsgradienten. Bezeichnet man die Teilchenkonzentration mit n, so gilt

$$\mathbf{s} = -\,D_n\,\text{grad}\,n\,,$$

wobei D_n die Diffusionskonstante dieser Teilchen ist. Trägt die einzelne Partikel die Ladung Q, so ist mit der Teilchenstromdichte **s** auch ein Ladungstransport, also eine elektrische Stromdichte **J**, verknüpft gemäß

$$\mathbf{J} = Q\,\mathbf{s}\,.$$

Wendet man diese Überlegungen auf die Elektronen des Leitungsbandes an, ergibt sich für die Diffusionsstromdichte wegen $Q = -q$

$$\mathbf{J}_{nD} = q\,D_n\,\text{grad}\,n\,, \tag{1.37}$$

wobei der Index D daran erinnert, daß es sich um einen Diffusionsstrom handelt. In völlig analoger Weise erhält man für die Diffusionsstromdichte der Defektelektronen wegen $Q = q$

$$\mathbf{J}_{pD} = -\,q\,D_p\,\text{grad}\,p\,. \tag{1.38}$$

Es gibt noch einige weitere Mechanismen, die einen Einfluß auf den Stromtransport haben wie z.B. ein Temperaturgefälle oder ein Magnetfeld. Da jedoch Bauelemente, die Effekte dieser Art ausnutzen, hier nicht besprochen werden sollen, sei dies nur der Vollständigkeit halber erwähnt.

Somit erhält man für die Gesamtstromdichte $\mathbf{J}_n$ der Elektronen durch Addition von Feld- (1.34) und Diffusionsanteil (1.37) den Ausdruck

$$\mathbf{J}_n = \mathbf{J}_{nF} + \mathbf{J}_{nD} = q\,\mu_n\,n\,\mathbf{E} + q\,D_n\,\text{grad}\,n \tag{1.39}$$

1.5. Mechanismen des Ladungstransportes

und entsprechend für die Defektelektronenstromdichte $\mathbf{J}_p$ durch Addition von (1.35) und (1.38) die Gleichung

$$\mathbf{J}_p = \mathbf{J}_{pF} + \mathbf{J}_{pD} = q\,\mu_p\,p\,\mathbf{E} - q\,D_p\,\text{grad}\,p\,. \tag{1.40}$$

Der von Elektronen und Löchern getragene Gesamtstrom hat dann die Dichte

$$\mathbf{J} = \mathbf{J}_n + \mathbf{J}_p\,. \tag{1.41}$$

Die Gleichungen (1.39) und (1.40) führen in zweifacher Hinsicht zu einem wesentlich verschiedenen elektrischen Verhalten von Halbleitern und Metallen.

Einmal sei die Frage diskutiert, warum es in Halbleitern, aber nicht in Metallen einen Diffusionsstrom gibt. Wenn man beispielsweise durch Lichteinstrahlung im Halbleiter Elektronen- und Löcherkonzentration an einer Stelle um denselben Betrag erhöht, so tritt keine Raumladung auf, da sich die zusätzlich entstandenen Elektronen und Löcher in ihrer Raumladung gegenseitig kompensieren. Damit wird ein Konzentrationsgefälle möglich, ohne daß Raumladungen auftreten. Im Metall gibt es dagegen nur bewegliche Ladungsträger *eines* Vorzeichens, so daß eine Konzentrationsänderung eine Raumladung bedingen würde. Da mit merklichen Raumladungen stets starke Felder verknüpft sind, würde diese Raumladung infolge von Feldströmen sofort wieder auseinanderfließen.

Zum anderen kann infolge der Existenz von Diffusionsströmen der Fall eintreten, daß trotz erheblicher Feldstärken (Größenordnung 10^4 V/cm) und Vorhandenseins von beweglichen Ladungsträgern kein Strom fließt; das tritt dann ein, wenn das Konzentrationsgefälle so beschaffen ist, daß sich in (1.39) bzw. (1.40) Feld- und Diffusionsstrom gerade aufheben. Diese Verhältnisse werden bei der Besprechung des pn-Überganges eingehender zu diskutieren sein.

Es muß weiterhin untersucht werden, wie ein elektrisches Feld in der Energiebanddarstellung zu berücksichtigen ist. Im Bändermodell ist die Gesamtenergie W der Elektronen aufgetragen. Da diese nur bis auf eine additive Konstante festgelegt ist, kann man z.B. die Unterkante W_L des Leitungsbandes identifizieren mit der Energie des Elektrons im elektrostatischen Potential φ, so daß der Bandverlauf mit Potential φ und Feldstärke E durch

$$W_L = -q\varphi\,;\quad \text{grad}\,W_L = \text{grad}\,W_V = q\,\mathbf{E} \tag{1.42}$$

verknüpft ist. Das bedeutet, daß bei Vorhandensein eines elektrischen Feldes die Bandkanten „gekippt" zu zeichnen sind, wobei Größe und Richtung der Neigung ein Maß für die elektrische Feldstärke E ist. Bild 1.16 zeigt einen möglichen Fall des thermodynamischen Gleichgewichtes, in welchem Konzentrationsgradient und

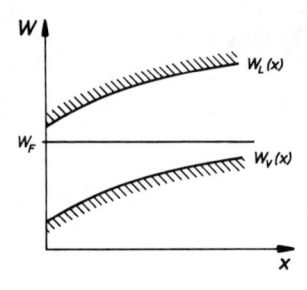

Bild 1.16
Bändermodell bei Vorhandensein von Konzentrationsgefälle und elektrischem Feld, thermodynamisches Gleichgewicht

Feldstärke auftreten. Die Bandkanten sind ortsabhängig, dagegen ist die Fermienergie W_F definitionsgemäß ortsunabhängig. Aus dieser Darstellung kann man in anschaulicher Weise qualitativ unter Heranziehung von (1.42) den Feldverlauf, bzw. mit (1.19) und (1.20) die Konzentrationsverläufe ablesen.

Als erstes Beispiel für die Anwendungen der Stromgleichungen (1.39) und (1.40) sei gezeigt, daß aus dem Spezialfall des stromlosen Zustandes die Konstanz des Ferminiveaus auf die Einstein-Beziehungen zwischen Beweglichkeiten und Diffusionskonstanten führt.

Setzt man (1.42) in (1.39) ein, erhält man für den vorliegenden Fall unter Berücksichtigung von (1.19)

$$0 = \left[\mu_n - \frac{q D_n}{kT}\right] n \, \text{grad} \, W_L \, .$$

Eine analoge Überlegung läßt sich für die Defektelektronen durchführen, so daß die Einstein-Beziehungen

$$D_{n;p} = \frac{kT}{q} \mu_{n;p} \tag{1.43}$$

folgen.

Im folgenden sei vorausgesetzt, daß (1.43) auch bei Stromfluß gilt. Dann lassen sich die Stromgleichungen in etwas anderer Form schreiben. Einsetzen von (1.42) in (1.39) führt allgemein unter Verwendung von (1.27) auf

$$\mathbf{J}_n = \mu_n \, n \, \text{grad} \, W_{FL} \, . \tag{1.44}$$

In analoger Weise ergibt sich für die Defektelektronenstromdichte

$$\mathbf{J}_p = \mu_p \, p \, \text{grad} \, W_{FV} \, . \tag{1.45}$$

Man kann formal die Wirkung von Feld- und Diffusionsstrom zusammenfassen. Die Stromdichte wird jedoch nicht mehr wie in Metallen durch den Gradienten des elektrostatischen Potentials φ bestimmt, sondern durch den Gradienten des betreffenden Quasiferminiveaus. Damit wird die Einführung dieser Größen nachträglich gerechtfertigt.

Weiterhin ersieht man aus (1.44) und (1.45), daß im thermodynamischen Gleichgewicht wegen der Konstanz des Ferminiveaus nicht nur die Gesamtstromdichte **J** gleich null wird, sondern daß Elektronenstromdichte $\mathbf{J_n}$ und Löcherstromdichte $\mathbf{J_p}$ einzeln verschwinden.

1.6. Ausgangsgleichungen zur Berechnung der Halbleiter-Bauelemente

Es mag an dieser Stelle von Interesse sein, die Gleichungen, von denen jede praktische Berechnung von Halbleiter-Bauelementen ausgeht, in einem etwas größeren Rahmen zu betrachten.

Man ist es gewohnt, das gesamte elektrische Verhalten durch die Maxwellschen Gleichungen

$$\text{rot } \mathbf{H} = \frac{\partial \mathbf{D}}{\partial t} + \mathbf{J} \ ; \quad \text{rot } \mathbf{E} = -\frac{\partial \mathbf{B}}{\partial t}$$

$$\text{div } \mathbf{D} = \rho \quad ; \quad \text{div } \mathbf{B} = 0 \tag{1.46}$$

zu beschreiben, die im einfachsten Fall durch die „Materialgleichungen"

$$\mathbf{B} = \mu \mathbf{H} \ ; \quad \mathbf{D} = \epsilon \mathbf{E} \ ; \quad \mathbf{J} = \sigma \mathbf{E} \tag{1.47}$$

mit den konstanten Proportionalitätsfaktoren μ, ϵ, σ ergänzt werden. Diese Materialgleichungen sind jedoch nicht von der Allgemeingültigkeit wie die Gleichungen (1.46). So kann z.B. bei magnetischen oder dielektrischen Werkstoffen der Zusammenhang zwischen **B** und **H** oder zwischen **D** und **E** wesentlich komplizierter sein als durch (1.47) angegeben. Bei Halbleiter-Werkstoffen ist nun die letzte Gleichung (1.47) ungültig, sie ist durch (1.39) bis (1.41) zu ersetzen. Die Gültigkeit der vier Maxwellschen Gleichungen (1.46) bleibt natürlich unberührt.

Es sind jedoch noch Kontinuitätsgleichungen für die einzelnen Trägersorten, für Elektronen und Defektelektronen, aufzustellen; d.h., die Gleichungen (1.30) sind auf den Fall, daß auch Ströme fließen, zu erweitern.

In Bild 1.17 sind für ein eindimensionales Modell die Mechanismen skizziert, die in einem Volumenelement (A dx) eine Änderung beispielsweise der Elektronenzahl [(A dx) dn] hervorrufen können. Eine Änderung während der Zeit dt kann einmal dadurch erfolgen, daß in diesem Volumenelement mehr Elektron-Loch-Paare durch thermische Rekombination verschwinden als durch thermische Generation erzeugt werden; bezeichnet man mit r_{Th} den Überschuß der thermischen Rekombinationsprozesse über die thermischen Generationsprozesse pro Volumen- und Zeiteinheit, so ist diese Änderung durch

$$-r_{Th}(A\ dx)\ dt$$

gegeben. Weiter kann eine Erhöhung der Elektronenzahl durch Generation infolge eines äußeren Eingriffes wie z.B. Lichteinstrahlung erfolgen. Ist G die Zahl der pro Volumen- und Zeiteinheit erzeugten Paare, wird infolge dieses Vorganges die Elektronenzahl in der Zeit dt um

$$G\ (A\ dx)\ dt$$

vergrößert. Schließlich kann noch eine Erhöhung dadurch eintreten, daß von außen mehr Elektronen in das Volumenelement (A dx) hineinströmen als herausfließen.

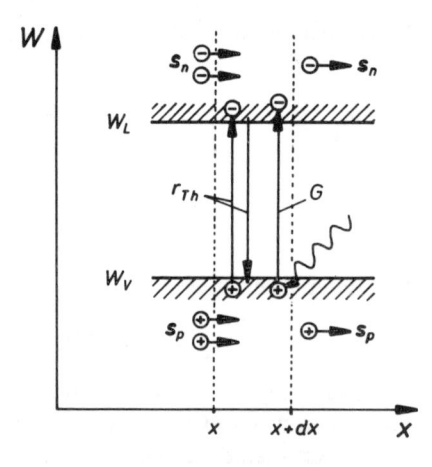

Bild 1.17
Zur Kontinuitätsgleichung für Elektronen und Defektelektronen. Eine zeitliche Änderung der Trägerdichten erfolgt
1. infolge einer Divergenz der Partikelstromdichten $s_{n;p}$,
2. infolge thermischer Rekombination und Generation r_{Th},
3. infolge von außen bedingter Generation (z. B. Lichteinstrahlung) G

Diese Änderung ist durch

$$A\ [s_n(x) - s_n(x + dx)]\ dt$$

gegeben, so daß man zusammenfassend für die gesamte Änderung den Ausdruck

$$(A\ dx)\ dn = -r_{Th}\ (A\ dx)\ dt + G\ (A\ dx)\ dt + A\ [s_n(x) - s_n(x + dx)]\ dt$$

erhält. Entwickelt man hier $s_n(x + dx)$ in eine Taylor-Reihe, die man nach dem linearen Gliede abbricht, kann man die Gleichung in der Form

$$\frac{\partial n}{\partial t} = -r_{Th} + G - \frac{\partial s_n}{\partial x}$$

schreiben.

1.6. Ausgangsgleichungen zur Berechnung der Halbleiter-Bauelemente

Eine analoge Gleichung läßt sich auch für die Defektelektronen ableiten.

Zusammenfassend ergibt sich mit den vorangegangenen Überlegungen ein System von Differentialgleichungen, auf welchem im Prinzip alle folgenden Rechnungen basieren.

Der Stromfluß wird durch die Gleichungen

$$\mathbf{J}_n = q \mu_n n \mathbf{E} + \mu_n kT \, \text{grad} \, n \tag{1.39}$$

$$\mathbf{J}_p = q \mu_p p \mathbf{E} - \mu_p kT \, \text{grad} \, p \tag{1.40}$$

$$\mathbf{J} = \mathbf{J}_n + \mathbf{J}_p \tag{1.41}$$

beschrieben.

Für die Kontinuitätsgleichungen ergeben sich durch eine sinngemäße Erweiterung der vorangegangenen Ableitung auf den dreidimensionalen Fall und nach Einführung der elektrischen Stromdichten die Ausdrücke

$$\frac{\partial n}{\partial t} = \frac{1}{q} \, \text{div} \, \mathbf{J}_n - r_{Th} + G \tag{1.48}$$

$$\frac{\partial p}{\partial t} = -\frac{1}{q} \, \text{div} \, \mathbf{J}_p - r_{Th} + G. \tag{1.49}$$

Im einfachsten Fall kann in hinreichend stark dotierten Halbleitern die thermische Rekombination und Generation, wie in Abschnitt 1.4 erläutert, als proportional der Abweichung der Minoritätsträgerkonzentration vom Gleichgewichtswert angesetzt werden,

$$r_{Th} = \begin{cases} \dfrac{n - n_0}{\tau} & \text{für Defekthalbleiter} \\[2ex] \dfrac{p - p_0}{\tau} & \text{für Überschußhalbleiter} . \end{cases} \tag{1.50}$$

Die Lebensdauer τ kann für Defekt- und Überschußhalbleiter verschieden sein, sie hängt stark von Verunreinigungen und Präparationstechnik ab.

Da das magnetische Verhalten der Bauelemente nicht diskutiert werden soll, genügt es, die beiden links stehenden Maxwellschen Gleichungen (1.46) heranzuziehen, die in der Form

$$\text{div} \left(\epsilon \frac{\partial \mathbf{E}}{\partial t} + \mathbf{J} \right) = 0 \tag{1.51}$$

$$\text{div} \, \mathbf{E} = \frac{\rho}{\epsilon} = \frac{q}{\epsilon} (p_D + p - n_A - n) \tag{1.52}$$

geschrieben werden sollen. (1.52) ist die Poissongleichung, welche den Zusammenhang zwischen Raumladung und Potential vermittelt. (1.51) besagt, daß die Summe von Partikelstromdichte **J** und Verschiebungsstromdichte $\epsilon \partial \mathbf{E}/\partial t$ divergenzfrei ist.

Eine allgemeine analytische Lösung dieses Gleichungssystems ist völlig undiskutabel. Man wird auf Näherungslösungen angewiesen sein, die dadurch entstehen, daß man immer nur diejenigen Gleichungen in vereinfachter Form heranzieht, die zur Beschreibung eines bestimmten Effektes wesentlich sind. Das wird in den folgenden Kapiteln für die wichtigsten Halbleiter-Bauelemente durchgeführt werden.

1.7. Übungsaufgaben

Übungsaufgabe 1.1

Man skizziere für eigenleitendes Germanium den Logarithmus der Elektronenkonzentration als Funktion von $1/T$. Wie groß ist bei Zimmertemperatur der relative Temperaturkoeffizient des Widerstandes, definiert durch das Verhältnis

$$\frac{\text{relative Widerstandsänderung } \frac{\Delta R}{R}}{\text{Temperaturänderung } \Delta T} \; ?$$

Übungsaufgabe 1.2

Ein Siliciumkristall sei mit 10^{13} Donatoren pro cm^3 dotiert; es sei vereinfachend angenommen, daß alle Donatoren ionisiert sind.

a) Man bestimme Elektronen- und Löcherkonzentrationen als Funktion von $1/T$.
   Das Ergebnis ist in halblogarithmischem Maßstab zu skizzieren und zu diskutieren.

b) Die Lage des Ferminiveaus, bezogen auf eine der Bandkanten, ist als Funktion von T zu bestimmen und zu skizzieren.

Übungsaufgabe 1.3

Wie ändern sich die in Übungsaufgabe 1.2 untersuchten Verhältnisse, wenn statt mit Donatoren mit Akzeptoren dotiert wird, die ebenfalls vollständig ionisiert sein sollen?

Übungsaufgabe 1.4

Die in Übungsaufgabe 1.2 eingeführte vereinfachende Voraussetzung, daß alle Donatoren ionisiert seien, werde fallengelassen; statt dessen wird die Aktivierungsenergie der Donatoren

$$W_{LD} = W_L - W_D = 0{,}05 \text{ eV}$$

vorgegeben.

a) Man bestimme für die Temperaturen $T = 0{,}1\, T_0$; $T = T_0$; $T = 2\, T_0$ die Elektronen- und Löcherkonzentration.

b) Man bestimme und skizziere das Ferminiveau in Abhängigkeit von der Temperatur.

Übungsaufgabe 1.5

Der in Übungsaufgabe 1.2 behandelte Siliciumkristall enthalte außer den Donatoren zusätzlich $5 \cdot 10^{12}$ Akzeptoren pro cm^3, die ebenfalls alle ionisiert seien. Wie wirkt sich diese teilweise „Kompensation" auf die Konzentrationen in den Bändern aus?

Übungsaufgabe 1.6

Ein Siliciumstab sei im linken Bereich mit 10^{16} Akzeptoren, im rechten Bereich mit 10^{14} Donatoren pro cm^3 homogen dotiert; alle Störstellen seien vollständig ionisiert. $T = T_0$.

a) Wie groß ist die innere Potentialdifferenz zwischen beiden Enden (d.h. das Linienintegral der Feldstärke) im thermodynamischen Gleichgewicht?

b) Man skizziere den Verlauf des Bändermodells.

c) Wie groß ist die elektrische Leitfähigkeit in den beiden Endbereichen?

Übungsaufgabe 1.7

Man bestimme für Indium-Antimonid (InSb) die Leitfähigkeit σ_i für den eigenleitenden (undotierten) Zustand. Welches ist die kleinste Leitfähigkeit σ_{min}, die sich mit geeigneter Dotierung erreichen läßt?

Materialkonstanten:
$\mu_n = 65\,000 \text{ cm}^2/(\text{Vs})$
$\mu_p = 1\,000 \text{ cm}^2/(\text{Vs})$
$n_i = 2 \cdot 10^{16} \text{ cm}^{-3}$.

Übungsaufgabe 1.8

Der spezifische Widerstand eines p-leitenden Siliciumkristalls betrage bei Zimmertemperatur 3 Ω cm. Wie groß sind Elektronen- und Löcherkonzentration?

Übungsaufgabe 1.9

Ein stark überschußleitendes Germaniumplättchen der Dicke d (vollständige Störstellenionisation) wird einer Bestrahlung ausgesetzt, die im gesamten Kristall gleichmäßig G Ladungsträgerpaare pro Zeit- und Volumeneinheit erzeugt. Die Lebensdauer im Kristallinnern sei τ. An den Oberflächen sei die Rekombination so hoch, daß die Konzentrationen n und p dort auf den Gleichgewichtswerten n_0 und p_0 gehalten werden. Wie ändert sich die Löcherkonzentration über der Breite des Plättchens? (Eindimensionale Anordnung!). Man diskutiere Grenzfälle.

Übungsaufgabe 1.10

Ein stark überschußleitender Germaniumkristall wird einer Bestrahlung mit Wechsellicht ausgesetzt. Dadurch entstehen im gesamten Kristall homogen

$$G = G_0 (1 - \cos \omega t)$$

Ladungsträgerpaare pro Volumen- und Zeiteinheit. An den Oberflächen finde keine zusätzliche Rekombination statt. Man gebe die Konzentration der Minoritätsträger als Funktion der Zeit an, wenn die Ladungsträger die Lebensdauer τ haben. Die Grenzfälle kleiner und großer Werte von ω sind zu diskutieren.

Es ist nur der eingeschwungene Zustand zu betrachten.

2. Der pn-Übergang

Eine naheliegende Erweiterung des in Abschnitt 1 behandelten homogen dotierten Halbleiters besteht darin, daß man im Inneren eines Einkristalles zwei homogen dotierte Bereiche, einen n-leitenden und einen p-leitenden, aneinandergrenzen läßt und den Stromfluß durch einen solchen „pn-Übergang" untersucht. Bild 2.1 a zeigt das Schema dieser Anordnung, Bild 2.1 b das Ergebnis der Strom-Spannungsmessung; es ergibt sich eine Gleichrichterkennlinie, deren Zustandekommen in diesem Kapitel untersucht werden soll.

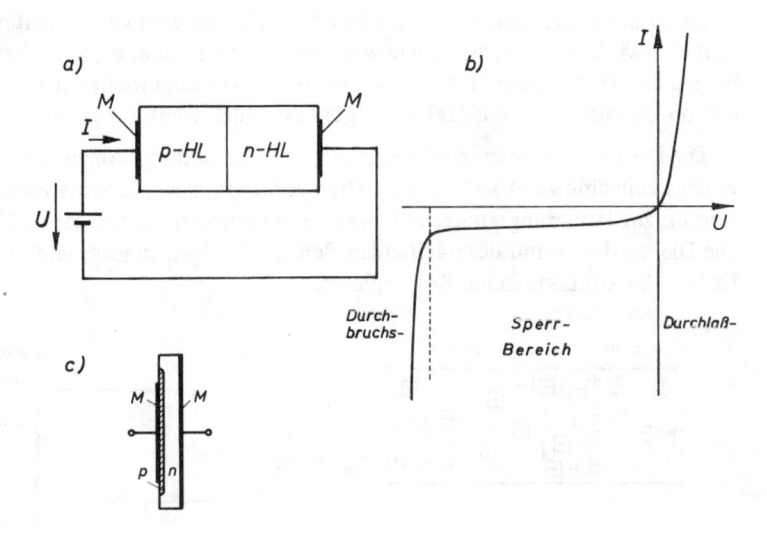

Bild 2.1
a) Schema eines pn-Überganges. Die Metallkontakte M dienen lediglich der Stromzuführung
b) schematische Strom-Spannungskennlinie eines pn-Überganges
c) prinzipeller Aufbau eines Germanium-Legierungsgleichrichters

Die schematische Darstellung des Bildes 2.1a gibt die bei praktischen Gleichrichtern vorliegenden Geometrieverhältnisse nur sehr verzerrt wieder. Bild 2.1c zeigt als Beispiel den prinzipiellen Aufbau eines Germanium-Legierungsgleichrichters: Eine n-leitende Germaniumscheibe (Dicke etwa 0,3 mm, Durchmesser beispielsweise 10 mm) ist mit einer Fläche auf einer metallischen Unterlage angebracht; auf der anderen Fläche wurde eine stark p-dotierte Zone einlegiert, die zur Stromzuführung mit einem Metallkontakt versehen ist. Ein Schnitt etwa durch die Mitte dieser Anordnung liefert das eindimensionale Modell des Bildes 2.1a, das den folgenden Berechnungen eines pn-Überganges zugrunde gelegt wird.

Viele Halbleiter-Bauelemente mit nichtlinearen Charakteristiken enthalten solche pn-Übergänge. Man kann alle grundlegenden Effekte, die bei komplizierteren Bauelementen von Bedeutung sind, bereits an dem einfacheren Fall eines einzelnen pn-Überganges untersuchen. Soweit möglich, wird der strengeren mathematischen Behandlung eine anschauliche qualitative Diskussion vorangestellt.

2.1. Stromloser Zustand

Bevor das Zustandekommen der in Bild 2.1b gezeigten Gleichrichterkennlinie gedeutet wird, sei untersucht, wie weit man mit den bisher entwickelten Vorstellungen die Verhältnisse im thermodynamischen Gleichgewicht verstehen kann. Für den pn-Übergang sei im einzelnen folgendes Modell zugrunde gelegt:

Die Dotierungen seien groß gegenüber der Eigenleitungskonzentration, $N_{A;D} \gg n_i$, es liege vollständige Störstellenionisation vor. Ferner sei die Störstellenkonzentration bis zur Dotierungsgrenze auf jeder Seite homogen („abrupter pn-Übergang"). Die Dicken des n- und des p-leitenden Bereiches mögen so groß sein, daß die metallischen Endkontakte keine Rolle spielen.

Bild 2.2
Zur Sperrschichtausbildung am pn-Übergang
a) Anschauliches Modell
  $\boxed{-}$ Akzeptor, $\boxed{+}$ Donator,
  + Defektelektron, − Elektron
b) Konzentrationsverläufe

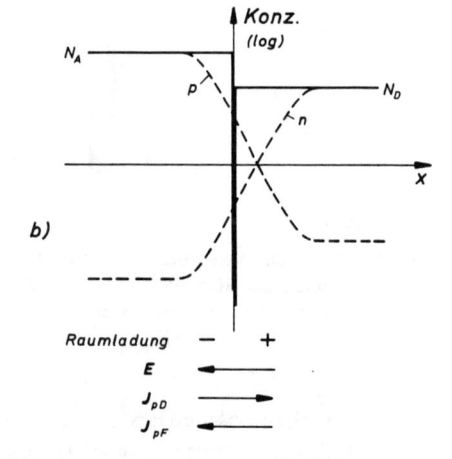

In Bild 2.2a sind die Dotierungs- und Majoritätskonzentrationen angedeutet, wie man sie im Inneren homogener Halbleiter erwarten würde; Bild 2.2b zeigt als ausgezogene Kurven die zugehörigen Konzentrationsverläufe. Man sieht aber bereits, daß die Anordnung in dieser Form nicht stabil sein kann: an der Dotierungsgrenze herrschen starke Konzentrationsgefälle der Elektronen und Löcher, es müssen also

2.1. Stromloser Zustand

nach (1.37) und (1.38) entsprechend starke Diffusionsströme fließen; das Konzentrationsgefälle sucht sich auszugleichen, beispielsweise mögen sich zu einer bestimmten Zeit die gestrichelt gezeichneten Verläufe eingestellt haben. Jetzt wird in der Umgebung der Dotierungsgrenze die ortsfeste Raumladung der Donatoren und Akzeptoren nicht mehr durch die beweglichen Raumladungen, die Elektronen und Löcher, kompensiert; es resultiert eine Raumladung und damit ein elektrisches Feld. Hiermit wiederum ist nach (1.34) und (1.35) ein Feldstrom verbunden. Der Gleichgewichtszustand wird sich nun so einstellen, daß an jeder Stelle der Feldstrom den Diffusionsstrom genau kompensiert, womit sowohl der Gesamtstrom der Löcher als auch derjenige der Elektronen null wird.

Diese Feststellung ermöglicht es, einen quantitativen Zusammenhang zwischen Konzentration und elektrischem Feld − bzw. Elektronenenergie − herzustellen. Beispielsweise ergibt sich für den eindimensionalen Fall mit $J_n = 0$ aus (1.39) unter Berücksichtigung von (1.42) die Differentialgleichung

$$0 = \mu_n n \frac{dW_L}{dx} + \mu_n kT \frac{dn}{dx} ,$$

aus welcher durch Integration die Boltzmannverteilung

$$n(x) = N_D \exp\left(-\frac{W_L(x) - W_L(\infty)}{kT}\right) \qquad (2.1)$$

folgt. Dabei wurde als Integrationskonstante die Konzentration in sehr großer Entfernung vom pn-Übergang eingeführt entsprechend der Vorstellung, daß der pn-Übergang lediglich eine auf „oberflächennahe" Bereiche begrenzte Störung darstellt, welche die Verhältnisse weit im Inneren des Halbleitermaterials nicht beeinflussen kann; dort ist aber die Majoritätsträgerkonzentration durch die Dotierung gegeben.

In analoger Weise erhält man aus (1.40) für die Defektelektronen

$$p(x) = N_A \exp\left(-\frac{W_V(-\infty) - W_V(x)}{kT}\right) . \qquad (2.2)$$

Weiterhin kann man mit den bisherigen Kenntnissen bereits Aussagen über das Bändermodell des pn-Überganges gewinnen (vgl. Übungsaufgabe 1.6).

1. Das Ferminiveau muß im thermodynamischen Gleichgewicht räumlich konstant sein.
2. Aus der bekannten Dotierung im p-Halbleiter kann man in großer Entfernung vom pn-Übergang den Abstand der Valenzbandkante vom Ferminiveau bestimmen. Mit dem bekannten Bandabstand ist auch die Lage des Leitungsbandes festgelegt.
3. Eine zu 2 analoge Überlegung gilt für den n-Halbleiter.

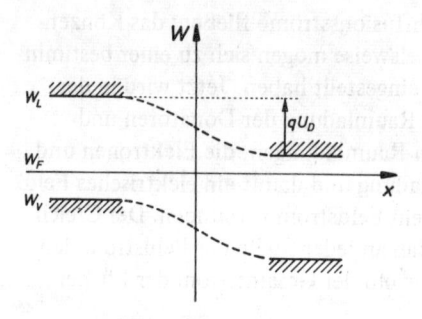

Bild 2.3
Bändermodell des pn-Überganges

In Bild 2.3 ist das sich hieraus ergebende Bändermodell des pn-Überganges skizziert, wobei über den gestrichelt gezeichneten Verlauf in der Umgebung der Dotierungsgrenze bisher noch keine Aussage gemacht werden konnte. Dagegen läßt sich bereits die gesamte Höhe qU_D der Bandaufwölbung zwischen n-Halbleiter und p-Halbleiter angeben. U_D wird als „Diffusionsspannung" bezeichnet, da diese Potentialdifferenz durch die oben diskutierte Diffusion der Ladungsträger hervorgerufen wird.

Wendet man (2.1) auf das Innere des p-Halbleiters an ($x = -\infty$) und berücksichtigt (1.24), ergibt sich

$$n(-\infty) = N_D \exp\left(-\frac{qU_D}{kT}\right) = \frac{n_i^2}{N_A}$$

oder

$$U_D = \frac{kT}{q} \ln\left(\frac{N_D N_A}{n_i^2}\right). \qquad (2.3)$$

Aufgrund des Bändermodells kann man eine weitere Aussage über die Konzentrationsverläufe im Übergangsgebiet gewinnen, welche die nachfolgende mathematische Behandlung wesentlich vereinfacht. Nach (2.1) ist die Elektronenkonzentration auf 10 % des Wertes im homogenen Material abgesunken, wenn W_L um 2,3 kT ≈ 0,06 eV angestiegen ist. Da die gesamte Energieänderung etwa das Zehnfache beträgt, ist fast im gesamten Raumladungsbereich in der Umgebung der Dotierungsgrenze die Elektronenkonzentration n klein gegenüber der Dotierungskonzentration N_D. Eine analoge Überlegung gilt für die Defektelektronen, so daß sich die in Bild 2.4 skizzierten Raumladungsverhältnisse ergeben[1]; der Abfall der Elektronen- und Löcherkonzentration ist auf ein schmales Randgebiet der Raumladungszone beschränkt. Da im Raumladungsgebiet die Konzentration an beweglichen Ladungsträgern um Zehnerpotenzen kleiner ist als im homogenen Material,

---

[1]) Dabei sind hinreichend hohe Diffusionsspannungen, $qU_D \gg kT$, vorausgesetzt.

2.1. Stromloser Zustand

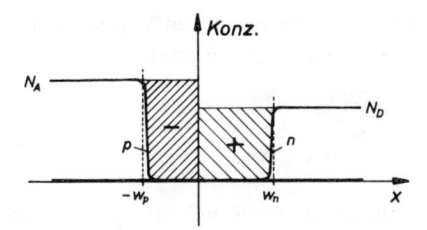

Bild 2.4
Zur Einführung der Sperrschichtgrenzen

wird der elektrische Widerstand dieser Schicht besonders hoch sein, so daß ein Stromtransport durch diese Schicht erheblich erschwert wird; man bezeichnet daher ein solches Raumladungsgebiet als „Sperrschicht".

Die vorangegangenen Überlegungen erlauben es nun aber, den Bandverlauf im Übergangsgebiet näherungsweise zu berechnen. Exakt hätte man die Poissongleichung (1.52), die im vorliegenden Fall die Gestalt

$$\frac{d^2 W_L}{dx^2} = \frac{q}{\epsilon}\rho = \frac{q^2}{\epsilon}\left[N_D(x) - N_A(x) + p(x) - n(x)\right] \tag{2.4}$$

hat, zu integrieren. Dabei sind die Dotierungskonzentrationen stückweise konstant, während die Elektronen- und Löcherkonzentrationen über (2.1) und (2.2) von W_L bzw. W_V abhängen; damit würde eine Integration in dieser Form nicht mehr auf elementare mathematische Funktionen führen. Der in Bild 2.4 durch Schraffierung angedeutete Raumladungsverlauf gestattet jedoch die Einführung eines Näherungsverfahrens, das diese mathematischen Schwierigkeiten umgeht. Man ersetzt das etwas „verwaschene" Einsetzen der Raumladung auf beiden Seiten der Sperrschicht durch scharfe Grenzen $-w_p$ bzw. w_n und nimmt zur Integration der Gleichung (2.4) an, daß die Raumladung innerhalb der Sperrschicht nur durch die Dotierungskonzentrationen bestimmt wird, außerhalb der Sperrschicht jedoch keine Raumladungen auftreten. Mit diesem Modell macht man lediglich an den so definierten Sperrschichträndern bei $x = -w_p$ und $x = w_n$ einen gewissen Fehler, mit dem man sich die Vereinfachung der Rechnung erkauft.

Damit ergeben sich im Bereich

$-w_p \leq x \leq 0$ $\quad\bigm|\quad$ $0 \leq x \leq w_n$

die Gleichungen

$\dfrac{d^2 W_L}{dx^2} = -\dfrac{q^2}{\epsilon} N_A$ $\quad\bigm|\quad$ $\dfrac{d^2 W_L}{dx^2} = \dfrac{q^2}{\epsilon} N_D \, .$

Da unter den gegebenen Voraussetzungen die Bänder außerhalb der Sperrschicht horizontal verlaufen, muß

$$\left.\frac{dW_L}{dx}\right|_{x=-w_p} = 0 \qquad \left.\frac{dW_L}{dx}\right|_{x=w_n} = 0$$

sein. Mit diesen Randbedingungen liefert die einmalige Integration

$$\frac{dW_L(x)}{dx} = -\frac{q^2}{\epsilon} N_A (x+w_p) \qquad \frac{dW_L(x)}{dx} = \frac{q^2}{\epsilon} N_D (x-w_n). \qquad (2.5)$$

Nochmalige Integration führt auf

$$W_L(x) = W_L(-w_p) \qquad W_L(x) = W_L(w_n)$$
$$-\frac{q^2}{2\epsilon} N_A (x+w_p)^2 \qquad +\frac{q^2}{2\epsilon} N_D (x-w_n)^2. \qquad (2.6)$$

Die Bedeutung dieser Integrationen ist in Bild 2.5 veranschaulicht, die Diskussion sei dem Leser überlassen.

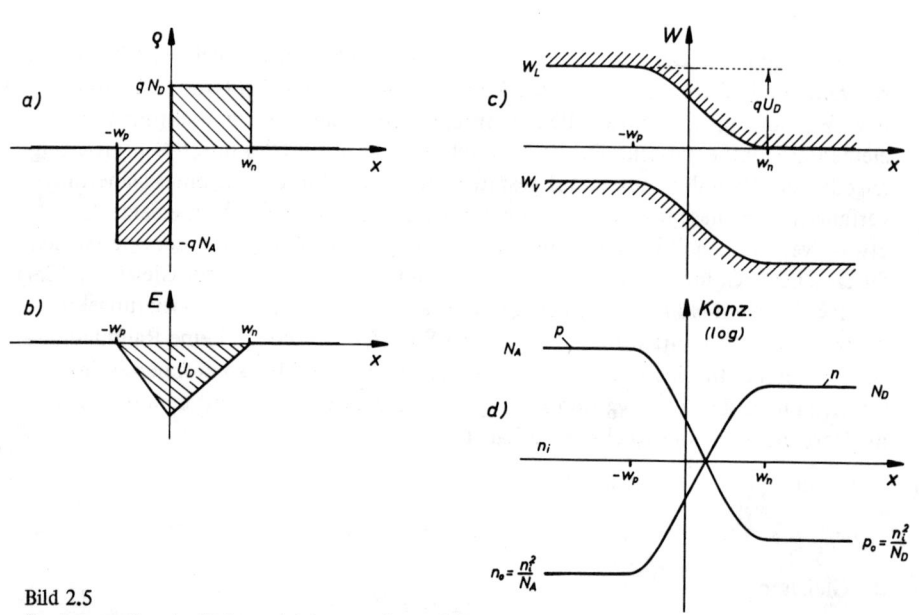

Bild 2.5
Zur Integration der Poissongleichung, schematisch
a) Raumladung, b) Feldstärke, c) Bändermodell,
d) Konzentrationsverläufe

2.1. Stromloser Zustand

Man erkennt bereits, daß sich auf jeder Seite der Dotierungsgrenze eine parabelförmige Bandwölbung ergibt, wobei die Krümmung der Parabel durch die Dotierung bestimmt wird.

Die in (2.5) und (2.6) auftretenden freien Parameter w_p und w_n müssen nachträglich berechnet werden, dazu sind weitere Gleichungen erforderlich. Eine Gleichung ergibt sich aus der Überlegung, daß die Bänder außerhalb der Sperrschicht horizontal verlaufen, so daß die gesamte Diffusionsspannung über der Sperrschicht abfällt,

$$W_L(-w_p) - W_L(w_n) = q\,U_D\,. \tag{2.7}$$

Außerdem müssen Feldstärke und Potential an der Stelle $x = 0$ stetig sein[1]). Das führt auf die beiden aus den Gleichungen (2.5) bzw. (2.6) folgenden Beziehungen

$$N_A\,w_p = N_D\,w_n \tag{2.8}$$

und

$$W_L(-w_p) - W_L(w_n) = \frac{q^2}{2\epsilon}(N_D\,w_n^2 + N_A\,w_p^2) = q\,U_D\,. \tag{2.9}$$

Die Gleichung (2.8) besagt lediglich, daß sich die gesamten positiven und negativen Ladungen in der Sperrschicht gerade aufheben, so daß die schraffierten Flächen in Bild 2.5a gleich groß sein müssen.

Aus (2.8) und (2.9) lassen sich w_n und w_p berechnen, es ist

$$w_p = \sqrt{\frac{2\epsilon N_D\,U_D}{qN_A(N_A+N_D)}}\;;\qquad w_n = \sqrt{\frac{2\epsilon N_A\,U_D}{qN_D(N_A+N_D)}}\,. \tag{2.10}$$

Für die gesamte Sperrschichtdicke $w = w_n + w_p$ erhält man

$$w = \sqrt{\frac{2\epsilon U_D}{q}\left(\frac{1}{N_A} + \frac{1}{N_D}\right)}. \tag{2.11}$$

Schließlich kann man durch Einsetzen von (2.10) in (2.5) auch die an der Dotierungsgrenze bei $x = 0$ auftretende maximale Feldstärke angeben,

$$|E|_m = -E(0) = \sqrt{\frac{2q\,N_A\,N_D\,U_D}{\epsilon(N_A+N_D)}} = \frac{U_D}{w/2}\,. \tag{2.12}$$

Es zeigt sich, daß die eingeführten Näherungen eine einfache Berechnung der Sperrschicht gestatten; man gelangt für den stromlosen Zustand zu quantitativen Aussagen über alle interessierenden Größen.

---

[1]) Ein Sprung in der Feldstärke würde eine Oberflächenladung, ein Sprung im Potential eine elektrische Doppelschicht an der Dotierungsgrenze bedeuten.

Die angegebenen Formeln vereinfachen sich weiter für den Spezialfall eines stark unsymmetrisch dotierten Überganges. So wird beispielsweise für einen p^+n-Kontakt (d. h. $N_A \gg N_D$)

$$w \approx w_n = L_D \sqrt{\frac{2qU_D}{kT}} \qquad (2.13)$$

Die Sperrschicht dehnt sich also vorzugsweise in das höherohmige Gebiet aus. Die als „Debye-Längen" bezeichneten Größen

$$L_{A;D} = \sqrt{\frac{\epsilon kT}{q^2 N_{A;D}}} \qquad (2.14)$$

stellen eine natürliche Einheit für die Sperrschichtdicke dar: im unbelasteten Zustand ist diese von der Größenordnung einiger Debye-Längen.

2.2. Gleichstromverhalten

Die Aufteilung des Halbleiters in „Sperrschichten" und „sperrschichtfreie Bereiche" („Bahngebiete"), die sich bei der Untersuchung des stromlosen Zustandes bewährt hat, wird auch bei Stromfluß beibehalten.

Wie ändern sich nun die im vorangegangenen diskutierten Verhältnisse, wenn an den Gleichrichter eine Spannung angelegt wird? Qualitativ kann man erwarten, daß der Spannungsabfall überwiegend an demjenigen Teil der Anordnung liegen wird, der den größten Widerstand hat, also an der Raumladungszone.

Damit ergibt sich die erste, (außer bei starker Belastung in Durchlaßrichtung) recht gut erfüllte Voraussetzung, daß die angelegte äußere Spannung fast ausschließlich über der Sperrschicht abfällt; die in den Bahngebieten auftretende Feldstärke ist um Zehnerpotenzen kleiner als die maximale Feldstärke in der Sperrschicht.

Weiterhin wird angenommen, daß die Bahngebiete auch bei Anliegen einer Spannung praktisch neutral sind („quasineutral"), also als raumladungsfrei angesehen werden können[1]; nur innerhalb der Sperrschicht treten wesentliche Raumladungen auf. Diese Forderung besagt einfach, daß sich ähnlich wie bei Metallen merkliche Raumladungen auf „Randbezirke" beschränken sollen.

---

[1] Der Term „quasi" wird hier in völlig anderer Bedeutung gebraucht als beim Quasiferminiveau. Er soll hier andeuten, daß es sich „fast" um Neutralität handelt, und zwar in folgendem Sinne: bei exakter Neutralität gilt beispielsweise in einem Überschußhalbleiter bei vollständiger Störstellenionisation

$N_D + p - n = 0.$

Fortsetzung nächste Seite

2.2. Gleichstromverhalten

Als dritte Voraussetzung wird angenommen, daß sich innerhalb der Sperrschicht Diffusions- und Feldstrom der Elektronen bzw. der Defektelektronen „nahezu" kompensieren; d. h., daß die resultierende Elektronen- bzw. Löcherstromdichte klein gegenüber der Feldstromdichte ist,

$$|J_n| \ll |J_{nF}| \approx |J_{nD}| \quad ; \quad |J_p| \ll |J_{pF}| \approx |J_{pD}|. \tag{2.15}$$

Diese Voraussetzung ist zwar weniger gut erfüllt, es zeigt sich jedoch, daß man sie zur Kennlinienberechnung verwenden darf[1], ohne wesentliche Fehler zu machen.

Durch Einführung der oben diskutierten Voraussetzungen werden wesentliche mathematische Komplikationen bei der nun folgenden Kennlinienberechnung vermieden. Ferner kann die Untersuchung der Sperrschicht (Abschnitt 2.2.1) und der Bahngebiete (Abschnitt 2.2.2) unter den angegebenen Näherungen getrennt durchgeführt werden; anschließend wird in Abschnitt 2.2.3 die Zulässigkeit der eingeführten Voraussetzungen geprüft und damit der Gültigkeitsbereich der gewonnenen Lösungen festgelegt.

2.2.1. Berechnung der Sperrschicht

An den pn-Gleichrichter sei zunächst eine äußere Spannung U so angelegt, daß das damit verbundene elektrische Feld E die ursprünglich vorhandene „Diffusionsfeldstärke" E_D teilweise kompensiert, die Energieschwelle also abgebaut wird (Bild 2.6). Die Höhe der Energieschwelle wird gegenüber dem stromlosen Zustand um den Betrag qU verringert, da die gesamte äußere Spannung U voraussetzungsgemäß an der Sperrschicht abfallen soll. Damit ist das gesamte Bändermodell auf der linken Seite um den Betrag qU gegenüber dem stromlosen Zustand abgesenkt worden.

Das bedeutet aufgrund der Poissongleichung, daß im eindimensionalen Fall die Feldstärke exakt ortsunabhängig sein muß. Wenn jedoch kleinere räumliche Feldstärkeänderungen auftreten, kann die Elektroneutralität nicht streng gültig sein; es werden sich aber die positiven Ladungen ($N_D + p$) und die negativen (n) fast kompensieren,

$$|N_D + p - n| \ll N_D + p \approx n \;,$$

so daß man beispielsweise zur Berechnung der Elektronenkonzentration zwar

$$n = N_D + p$$

setzen darf, den Feldstärkeverlauf jedoch *nicht* aus div E = 0 bestimmen kann.

[1]) vgl. Abschnitt 2.2.3.

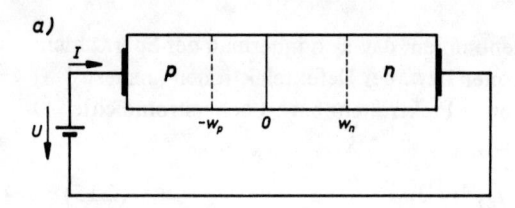

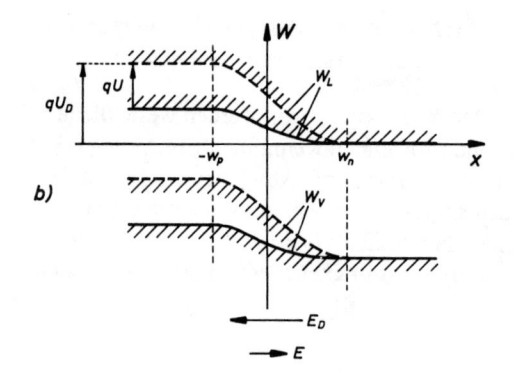

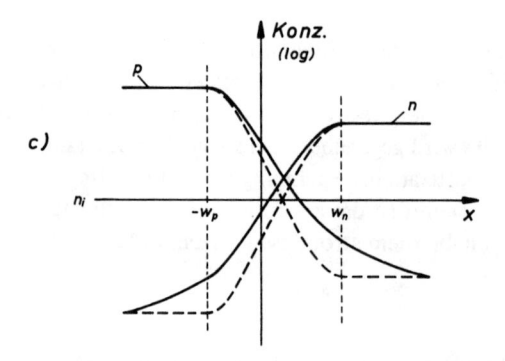

Bild 2.6
In Durchlaßrichtung belasteter pn-Übergang, schematisch
a) Polarität der angelegten Spannung
b) Bandverlauf
c) Konzentrationsverlauf
   (nicht maßstabsgerecht)
Gestrichelte Kurven: I = 0
ausgezogene Kurven: I > 0
die Änderung der Sperrschichtdicke wurde nicht mitgezeichnet

Aus der Annahme (2.15), daß sich innerhalb der Sperrschicht Feld- und Diffusionsströme nahezu kompensieren, folgt, daß man im Rahmen dieser Näherung für die Konzentrationsberechnung innerhalb der Sperrschicht

$$J_n = J_p = 0$$

setzen darf, so daß sich wieder die Gleichungen des Abschnittes 2.1 ergeben, lediglich mit dem Unterschied, daß in (2.7) und den daraus folgenden Gleichungen gemäß Bild 2.6b

$$W_L(-w_p) - W_L(w_n) = q(U_D - U)$$

2.2. Gleichstromverhalten

zu setzen ist. Aus (2.1) ergibt sich die Elektronenkonzentration am linken Sperrschichtrand wegen $W_L(\infty) = W_L(w_n)$ zu

$$n(-w_p) = N_D \exp\left(-\frac{q(U_D-U)}{kT}\right) = n_0 \exp\left(\frac{qU}{kT}\right) \quad \text{mit} \quad n_0 = \frac{n_i^2}{N_A} \quad , \quad (2.16)$$

aus (2.2) die Löcherkonzentration am rechten Sperrschichtrand zu

$$p(w_n) = N_A \exp\left(-\frac{q(U_D-U)}{kT}\right) = p_0 \exp\left(\frac{qU}{kT}\right) \quad \text{mit} \quad p_0 = \frac{n_i^2}{N_D} \quad . \quad (2.17)$$

Dabei sind n_0 und p_0 gemäß (1.23) und (1.24) die Gleichgewichtskonzentrationen der Minoritätsträger im p- bzw. n-Halbleiter. Man erkennt aus diesen Gleichungen, daß die Minoritätsträgerkonzentrationen an den Sperrschichträndern gegenüber dem Gleichgewichtswert um den Faktor $\exp(qU/kT)$ angehoben sind.

Für die Sperrschichtausdehnungen erhält man

$$w_p = \sqrt{\frac{2\epsilon N_D(U_D-U)}{qN_A(N_A+N_D)}} \quad ; \quad w_n = \sqrt{\frac{2\epsilon N_A(U_D-U)}{qN_D(N_A+N_D)}} \quad ; \quad (2.18)$$

$$w = \sqrt{\frac{2\epsilon(U_D-U)}{q}\left(\frac{1}{N_A}+\frac{1}{N_D}\right)} \quad . \quad (2.19)$$

Die Sperrschichtdicken haben sich gegenüber dem stromlosen Zustand verringert, weil die von der Sperrschicht aufzubauende Energiedifferenz kleiner geworden ist. Ferner hat die maximale Feldstärke in der Sperrschicht einen kleineren Wert angenommen,

$$|E|_m = -E(0) = \sqrt{\frac{2qN_A N_D(U_D-U)}{\epsilon(N_A+N_D)}} = \frac{U_D-U}{w/2} \quad . \quad (2.20)$$

Durch Anlegen einer Spannung in der angegebenen Richtung wird die Energieschwelle sowohl in ihrer Dicke als auch in ihrer Höhe abgebaut, die Konzentration der beweglichen Ladungsträger in der Sperrschicht wird erhöht. Für $U \to U_D$ (in diesem Fall müßte jedoch der Spannungsabfall in den Bahngebieten außerhalb der Sperrschicht berücksichtigt werden!) wäre die Potentialschwelle und damit die Sperrschicht völlig verschwunden, bei relativ niedrigen Spannungen ($U < U_D$) können somit hohe Ströme fließen, es liegt Durchlaßrichtung vor.

Legt man die Spannung in der entgegengesetzten Richtung an, ergeben sich die in Bild 2.7 skizzierten Verhältnisse. Die Überlegungen verlaufen analog, es ist lediglich U als negative Größe aufzufassen,

$$U_{sp} = -U.$$

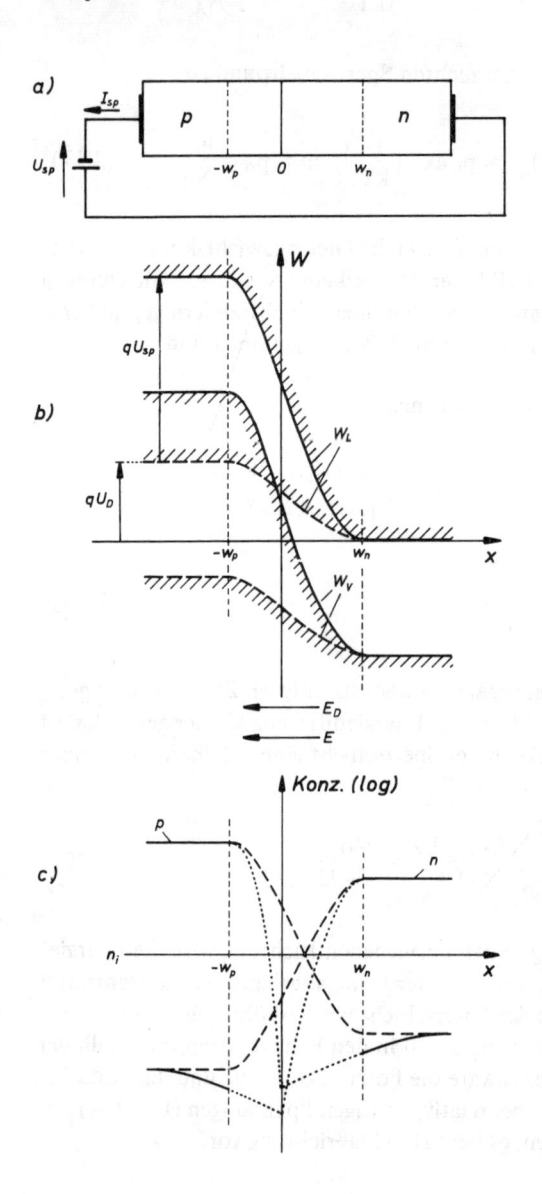

Bild 2.7
In Sperrichtung belasteter pn-Übergang, schematisch
a) Polarität der angelegten Spannung
b) Bandverlauf
c) Konzentrationsverlauf (nicht maßstabsgerecht)
Gestrichelte Kurven: $I_{sp} = 0$
ausgezogene Kurven: $I_{sp} > 0$
die Änderung der Sperrschichtdicke wurde nicht mitgezeichnet

2.2. Gleichstromverhalten

Die oben abgeleiteten Gleichungen gelten auch für diesen Fall. Die Konzentrationen der beweglichen Ladungsträger werden in der Sperrschicht gegenüber dem Gleichgewichtswert abgesenkt, die Sperrschichtdicke nimmt mit zunehmender Spannung U_{sp} zu; die Minoritätsträgerkonzentration an den Sperrschichträndern sinkt ebenfalls. Im Rahmen des vorliegenden Modells ist keine obere Grenze für die angelegte Spannung U_{sp} vorhanden, es handelt sich um den Sperrbereich[1]).

2.2.2. Berechnung der Bahngebiete

Die Untersuchung des Sperrschichtbereichs hatte gezeigt, daß bei Belastung des Gleichrichters die Minoritätskonzentrationen an den Sperrschichträndern vom Gleichgewichtswert abweichen. Diese Abweichung wird sich, wie bereits in den Bildern 2.6c und 2.7c angedeutet, allmählich zum Halbleiterinnern hin ausgleichen; d. h., es besteht ein Konzentrationsgefälle, damit fließt ein Diffusionsstrom. Es soll nun in den beiden Bahngebieten der Minoritätsträgerstrom berechnet werden, wie er sich aufgrund dieses Konzentrationsgefälles ergibt. Dabei wird der Feldstrom der Minoritätsträger vernachlässigt werden, die Berechtigung dieses Vorgehens wird in Abschnitt 2.2.3 diskutiert. Die Überlegungen seien lediglich für die Defektelektronen des Überschuß-Halbleiters, $x > w_n$, explizite durchgeführt, da die Untersuchung des Bahngebietes im Defekthalbleiter völlig analog verläuft.

Die Berechnung geht von der Strom- (1.40) und der Kontinuitätsgleichung (1.49) der Defektelektronen aus, die sich unter den vorliegenden Voraussetzungen mit (1.50) zu

$$J_p = -\mu_p kT \frac{dp}{dx} \; ; \qquad \frac{1}{q}\frac{dJ_p}{dx} = -\frac{p - p_0}{\tau} \qquad (2.21)$$

vereinfachen.

Differenziert man die erste Gleichung (2.21) und setzt dJ_p/dx in die zweite Gleichung ein, erhält man eine Differentialgleichung zweiter Ordnung für p, die mit der Abkürzung

$$L_p = \sqrt{\frac{\mu_p kT}{q} \tau} = \sqrt{D_p \tau} \qquad (2.22)$$

die Form

$$\frac{d^2 p}{dx^2} = \frac{p - p_0}{L_p^2} \qquad (2.23)$$

---

[1]) Der in Bild 2.1b angedeutete Durchbruchsbereich wird erst durch die in Abschnitt 2.4 vorzunehmende Erweiterung dieses einfachsten Modells erfaßt.

annimmt. Um die Lösung dieser Differentialgleichung eindeutig zu bestimmen, sind zwei Randbedingungen erforderlich. Einmal müssen sich in sehr großer Entfernung vom pn-Übergang wieder die Verhältnisse des homogenen, ungestörten Halbleiters einstellen, d. h.

$$p(\infty) = p_0 \; .$$

Die zweite Randbedingung ist durch die in Abschnitt 2.2.1 berechnete Löcherkonzentration am Sperrschichtrand (2.17) gegeben. Wie man sich durch Einsetzen überzeugen kann, lautet die Lösung der Differentialgleichung mit diesen Randbedingungen

$$p(x) - p_0 = [p(w_n) - p_0] \exp\left(-\frac{x - w_n}{L_p}\right), \qquad (2.24)$$

wobei $p(w_n)$ durch (2.17) gegeben ist. Man sieht, daß bei Belastung in Durchlaßrichtung die Konzentration der Minoritätsträger exponentiell zum Halbleiterinnern hin abnimmt. Die durch (2.22) definierte Abklingkonstante L_p wird als „Diffusionslänge" der Minoritätsträger bezeichnet. L_p ist, anschaulich formuliert, etwa diejenige Strecke, welche die Ladungsträger während ihrer Lebensdauer τ infolge Diffusion zurücklegen; etwa innerhalb der Zeit τ rekombinieren diese durch den pn-Übergang zusätzlich eingebrachten („injizierten") Ladungsträger. Die mit dieser Diffusion verbundene Stromdichte ergibt sich durch Einsetzen von (2.24) in die erste Gleichung (2.21) zu

$$J_p(x) = \frac{\mu_p kT}{L_p} [p(w_n) - p_0] \exp\left(-\frac{x - w_n}{L_p}\right) \qquad (2.25)$$

oder mit Verwendung von (2.17)

$$J_p(x) = \frac{\mu_p kT}{L_p} \frac{n_i^2}{N_D} \left[\exp\left(\frac{qU}{kT}\right) - 1\right] \exp\left(-\frac{x - w_n}{L_p}\right) \quad \text{für } x \geqslant w_n. \qquad (2.26)$$

Die Minoritätsstromdichte ist räumlich nicht konstant, sie „versickert" zum Halbleiterinnern hin.

In völlig analoger Weise läßt sich auch die Elektronenstromdichte im p-Halbleiter berechnen, es wird

$$J_n(x) = \frac{\mu_n kT}{L_n} \frac{n_i^2}{N_A} \left[\exp\left(\frac{qU}{kT}\right) - 1\right] \exp\left(\frac{x + w_p}{L_n}\right) \quad \text{für } x \leqslant -w_p \qquad (2.27)$$

mit

$$L_n = \sqrt{D_n \tau} \; . \qquad (2.28)$$

2.2. Gleichstromverhalten

Diese Stromflüsse und ihr „Versickern" kann man anhand des Bändermodells folgendermaßen anschaulich beschreiben (Bild 2.8): durch den linken Metallkontakt fließt eine Partikelstromdichte s_p von Majoritätsträgern (Defektelektronen), durch den rechten Metallkontakt eine Teilchenstromdichte s_n von Elektronen (Majoritätsträgern) in den Gleichrichter hinein. Infolge Rekombination in der Umgebung der Sperrschicht erfolgt ein allmählicher Übergang vom Löcherstrom zum Elektronenstrom. Die Gesamtstromdichte J ist natürlich konstant.

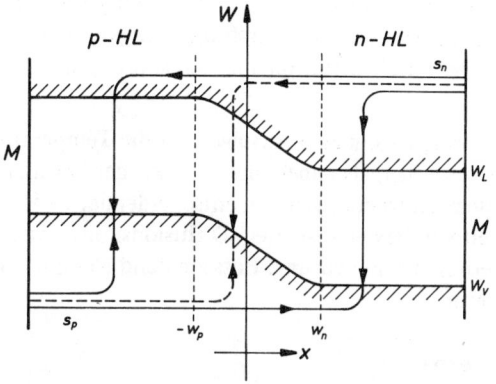

Bild 2.8
Zur anschaulichen Deutung des Stromflusses bei Durchlaßbelastung. Die Strompfade sind lediglich symbolisch dargestellt. Die gestrichelten Verläufe beziehen sich auf den hier nicht behandelten Stromanteil I_{rg} (vgl. Abschnitt 4), der durch Rekombination bzw. Generation in der Sperrschicht zustande kommt

Um nun diese Gesamtstromdichte zu erhalten, müssen Elektronenstromdichte J_n und Löcherstromdichte J_p an ein und derselben Stelle, beispielsweise bei x = 0, addiert werden. Wenn in der Sperrschicht keine nennenswerte Rekombination stattfindet[1]) (etwa infolge ihrer geringen Dicke), ändern sich die einzelnen Stromdichten J_n und J_p innerhalb der Sperrschicht nicht, es ist speziell

$$J_n(-w_p) = J_n(0); \quad J_p(w_n) = J_p(0).$$

Somit ergibt sich für die Gesamtstromdichte J mit (2.26) und (2.27) die Kennliniengleichung

$$\left. \begin{array}{l} J = J_n(0) + J_p(0) = J_0 \left[\exp\left(\dfrac{qU}{kT}\right) - 1 \right] \\[2mm] \text{mit } J_0 = qn_i^2 \left(\dfrac{D_n}{L_n N_A} + \dfrac{D_p}{L_p N_D} \right). \end{array} \right\} \quad (2.29)$$

---

[1]) Hier sei nur dieser Fall betrachtet, der jedoch keineswegs immer vorliegt.

Die bisherigen Ergebnisse sollen noch durch eine anschauliche Interpretation der Stromflußmechanismen ergänzt werden. Es wurde eingangs angenommen, daß die Sperrschicht den größten Widerstand im Stromkreis darstellt, so daß der Spannungsabfall zum überwiegenden Teil dort erfolgt. Das Letztere ist auch richtig. Dagegen wird der Stromfluß – bei gegebener Spannung – nicht durch die Sperrschichtdaten bestimmt, sondern durch die Daten der angrenzenden Bahngebiete. Die Sperrschicht sorgt nur dafür, daß an ihren Rändern infolge der angelegten Spannung eine bestimmte Konzentration an beweglichen Ladungsträgern „angeboten" wird. Die Stromdichte wird dann bestimmt durch die Fähigkeit der Bahngebiete, die angebotenen Ladungsträger durch Diffusion abzutransportieren.

Weiter kann eine Aussage über die Temperaturabhängigkeit der Kennlinie gewonnen werden, also über einen Effekt, der bei allen Halbleiter-Bauelementen für praktische Anwendungen von entscheidender Bedeutung ist. Die Temperaturabhängigkeit von Beweglichkeiten, Diffusionskonstanten und Lebensdauern ist oft von untergeordneter Bedeutung. Entscheidend ist einmal der Temperaturfaktor, der in dem Term

$$\exp\left(\frac{qU}{kT}\right)$$

explizite auftritt, und zum anderen die Temperaturabhängigkeit der Eigenleitungskonzentration, die nach (1.22) im wesentlichen durch

$$n_i^2 \sim \exp\left(-\frac{W_{LV}}{kT}\right)$$

gegeben ist.

Ferner sei eine Bemerkung über die Konzentrationsverläufe der Majoritätsträger angefügt. Die in den Bahngebieten eingeführte Quasineutralitätsbedingung verlangt, daß eine Erhöhung der Minoritätsträgerkonzentration infolge Injektion auch eine Erhöhung der Majoritätskonzentration um nahezu denselben Betrag zur Folge hat. Dann folgt beispielsweise im Überschußhalbleiter aus der exakten Neutralität des stromlosen Zustandes

$$n_0 = N_D + p_0$$

für den Belastungsfall

$$n_0 + \Delta n = N_D + p_0 + \Delta p,$$

so daß

$$\Delta n \approx \Delta p$$

2.2. Gleichstromverhalten

sein muß. Genau genommen wäre in den Randbedingungen nicht $n(w_n) = N_D$ zu setzen, sondern

$$n(w_n) = N_D + p(w_n) \ .$$

Solange jedoch die Konzentration der injizierten Ladungsträger klein ist gegenüber der Dotierungskonzentration, ist die *prozentuale* Änderung der Majoritätskonzentration $n(w_n)$ und damit der hierdurch bedingte relative Fehler vernachlässigbar klein.

Schließlich kann man den Verlauf der Quasiferminiveaus in das Bändermodell einzeichnen (Bild 2.9). Diese Kurven findet man aus den berechneten Konzentrationsverläufen (z. B. (2.24)) unter Zugrundelegung der Definitionsgleichungen (1.27) und (1.28). Ein Vergleich von (1.27) mit der durch (2.1) beschriebenen Boltzmannbeziehung zeigt, daß sich die Gültigkeit der Boltzmannverteilung (beispielsweise über der Sperrschicht) in dieser Darstellung durch ein konstantes Quasiferminiveau äußert.

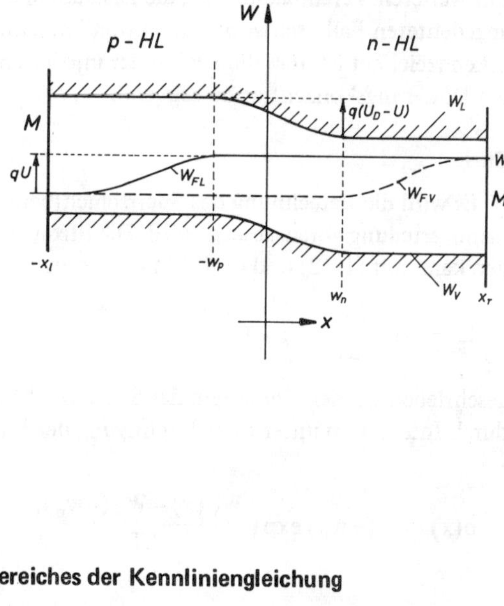

Bild 2.9
Bändermodell eines in Durchlaßrichtung belasteten pn-Überganges mit Verlauf der Quasifermienergien

2.2.3. Festlegung des Gültigkeitsbereiches der Kennliniengleichung

Bei der Ableitung der Kennliniengleichung (2.29) wurden im wesentlichen drei Voraussetzungen eingeführt, deren Gültigkeit nachträglich geprüft werden muß. Die hier durchgeführte Kennlinienberechnung mag gleichzeitig ein Demonstrationsbeispiel für die Rechenmethodik sein, mit welcher man kompliziertere Gleichungssysteme näherungsweise lösen kann: man führt aufgrund physikalischer Überlegungen Näherungen und Vereinfachungen so ein, daß sich die Berechnung ohne erhebliche mathematische Schwierigkeiten durchführen läßt. Nachträglich muß man dann die Bedingungen, unter denen die eingeführten Näherungen statthaft sind, prüfen und bestimmt damit den Gültigkeitsbereich der gewonnenen einfachen Formeln.

Im einzelnen wurden im vorliegenden Fall die folgenden Näherungen eingeführt:
1. Innerhalb der Sperrschicht wurde Boltzmannverteilung zugrunde gelegt.
2. In den Bahngebieten wurde der Feldstrom der Minoritätsträger vernachlässigt.
3. In den Bahngebieten wurde Quasineutralität angenommen.

Der Gültigkeitsbereich dieser Voraussetzungen soll einzeln geprüft werden. Dafür wird vereinfachend der Spezialfall eines „symmetrischen" pn-Überganges zugrunde gelegt,

$$N_D = N_A \; ; \qquad \mu_n = \mu_p = \mu \; ; \qquad J_n(0) = J_p(0) = \frac{J(0)}{2} \; .$$

Zur weiteren Vereinfachung sei die Diskussion auf den bereits im letzten Abschnitt angedeuteten Fall „schwacher Injektion" beschränkt, der durch die Forderung gekennzeichnet ist, daß die Dichte der injizierten Ladungsträger klein gegenüber der Dotierungskonzentration sein soll.

Zu 1.

Es wird die Berechnung des Sperrschichtbereiches wiederholt, ohne daß Boltzmannverteilung vorausgesetzt wird. Die Stromgleichung (1.40) der Defektelektronen kann mit (1.42) und (1.43) in der Form

$$J_p = \mu p \frac{dW_V}{dx} - \mu kT \frac{dp}{dx}$$

geschrieben werden. Innerhalb der Sperrschicht ist J_p ortsunabhängig, man erhält durch Integration unter Berücksichtigung der Randbedingung bei $x = -w_p$

$$p(x) = p(-w_p) \exp\left(\frac{W_V(x) - W_V(-w_p)}{kT}\right) - \frac{J_p}{\mu kT} \int_{-w_p}^{x} d\xi \exp\left(\frac{W_V(x) - W_V(\xi)}{kT}\right) .$$

Wendet man diese Gleichung speziell auf den rechten Sperrschichtrand an, ergibt sich

$$p(w_n) = p_0 \exp\left(\frac{qU}{kT}\right) - \frac{J_p}{\mu kT} \int_{-w_p}^{w_n} d\xi \exp\left(\frac{W_V(w_n) - W_V(\xi)}{kT}\right) .$$

2.2. Gleichstromverhalten

Der größte Beitrag zu dem hier auftretenden Integral wird von der Umgebung der Stelle $\xi \approx w_n$ herrühren, da hier die Exponentialfunktion ihren größten Wert hat. Entwickelt man zur näherungsweisen Auswertung des Integrals die Funktion $W_V(\xi)$ um diese Stelle in eine Potenzreihe bis zum quadratischen Glied, erhält man bei Erstreckung der Integration bis ∞ (der neu hinzukommende Bereich liefert wegen der Kleinheit des Integranden keinen nennenswerten Beitrag zum Gesamtintegral) wegen

$$\frac{dW_V(w_n)}{dx} = 0 \ ; \quad \frac{d^2 W_V(w_n)}{dx^2} = \frac{q^2}{\epsilon} N_D$$

mit (2.14) den Ausdruck

$$p(w_n) = p_0 \exp\left(\frac{qU}{kT}\right) - \frac{J_p L_D}{\mu kT} \sqrt{\frac{\pi}{2}} \ . \qquad (2.30)$$

Führt man nun die Berechnung der Bahngebiete in der in Abschnitt 2.2.2 beschriebenen Weise durch, ergibt sich für die Stromdichte wieder (2.25). Einsetzen von (2.30) liefert

$$J_p(w_n) = \frac{\dfrac{qD_p}{L_p} p_0 \left[\exp\left(\dfrac{qU}{kT}\right) - 1\right]}{1 + \sqrt{\dfrac{\pi}{2}} \dfrac{L_D}{L_p}} \ .$$

Diese Formel geht in (2.26) über, wenn

$$\frac{L_D}{L_p} \ll 1$$

ist, eine Voraussetzung, die bei hinreichend hoher Lebensdauer, d. h. hinreichend großer Diffusionslänge, erfüllt ist.

Bei dieser Gelegenheit erkennt man, daß die Randkonzentration bei Belastung in Sperrichtung nicht auf beliebig kleine Werte absinkt, wie es für $-qU/kT \gg 1$ bei alleiniger Berücksichtigung des Boltzmanntermes (erster Summand der rechten Seite von (2.30)) der Fall wäre. Die Konzentration geht vielmehr gegen den Grenzwert

$$p_{gr}(w_n) = \sqrt{\frac{\pi}{2}} \frac{L_D}{L_p} p_0 \ , \qquad (2.31)$$

wie man durch Einsetzen von (2.26) in (2.30) sieht.

Zu 2.

Zur Berechnung des Konzentrationsverlaufes der Minoritätsträger im Bahngebiet geht man − zunächst unter Voraussetzung der Quasineutralität − von den Stromgleichungen (1.39), (1.40), der Kontinuitätsgleichung (1.49) und der Quasineutralitätsbedingung aus, die für den vorliegenden Fall in der Form

$$J_n = q\mu nE + \mu kT \frac{dn}{dx} \tag{2.32}$$

$$J_p = q\mu pE - \mu kT \frac{dp}{dx} \tag{2.33}$$

$$\frac{1}{q} \frac{dJ_p}{dx} = -\frac{p-p_0}{\tau} \tag{2.34}$$

$$0 = N_D + p - n \tag{2.35}$$

geschrieben werden sollen.

Addition von (2.32) und (2.33) liefert wegen der aus (2.35) folgenden Beziehung

$$\frac{dn}{dx} = \frac{dp}{dx} \tag{2.36}$$

einen Ausdruck für die Feldstärke,

$$E = \frac{J}{q\mu(n+p)} = \frac{J}{q\mu(N_D+2p)}. \tag{2.37}$$

Setzt man (2.37) in (2.33) ein, kann man dJ_p/dx bilden und in (2.34) einsetzen. Man erhält eine Differentialgleichung für die Konzentration,

$$\frac{d^2p}{dx^2} = \frac{p-p_0}{L_p^2} + \frac{J N_D}{\mu kT (N_D+2p)^2} \frac{dp}{dx}.$$

Löst man diese Gleichung unter der Voraussetzung, daß die Bedingung

$$\left| \frac{J N_D}{\mu kT (N_D+2p)^2} \frac{dp}{dx} \right| \ll \left| \frac{p-p_0}{L_p^2} \right| \tag{2.38}$$

im gesamten Integrationsbereich erfüllt ist, erhält man die bereits früher gewonnenen Gleichungen (2.24) und (2.25). Weiter folgt aus (2.24) die Beziehung

$$\frac{dp(x)}{dx} = -\frac{p(x)-p_0}{L_p}. \tag{2.39}$$

2.2. Gleichstromverhalten

Einsetzen von (2.39) und (2.25) in (2.38) führt auf die Bedingung

$$\frac{2 N_D}{(N_D + 2p)^2} \left| p(w_n) - p_0 \right| \ll 1 \;,$$

eine Forderung, die für $p \ll N_D$ stets erfüllt ist.

Zu 3.

Die Gültigkeit der Quasineutralität verlangt, daß im gesamten Bereich

$$\left| \frac{dE}{dx} \right| \ll \frac{q}{\epsilon} (N_D + p) \tag{2.40}$$

ist. Das kann man einsehen, wenn man berücksichtigt, daß die Quasineutralitätsforderung zur Berechnung der Majoritätsträgerkonzentration n dient nach der aus (1.52) folgenden Formel

$$n = N_D + p - \frac{\epsilon}{q} \frac{dE}{dx} \;. \tag{2.41}$$

Differenzieren von (2.37) und Einsetzen in (2.40) führt mit (2.14) auf die Bedingung

$$\left| \frac{J N_D}{\mu k T (N_D + 2p)^2} \frac{dp}{dx} \right| \ll \frac{N_D + p}{2 L_D^2} \;.$$

Diese Ungleichung stellt eine schwächere Forderung dar als (2.38); denn aufgrund der schon früher benötigten Voraussetzungen $L_p \gg L_D$ und $p \ll N_D$ ist

$$\left| \frac{p - p_0}{L_p^2} \right| \ll \frac{N_D + p}{2 L_D^2} \;.$$

Schließlich kann man noch die Gültigkeit der Gleichung (2.36) durch die Forderung prüfen, daß

$$\left| \frac{d^2 E}{dx^2} \right| \ll \frac{q}{\epsilon} \left| \frac{dp}{dx} \right|$$

sein muß. Eine analoge Rechnung zeigt, daß diese Bedingung im wesentlichen auch wieder auf die Ungleichung (2.38) führt.

2.2.4. Übungsaufgaben

Übungsaufgabe 2.1

Ein pn-Übergang von 1 mm² Fläche hat die folgenden Daten:

p-Gebiet: $\sigma_p = 10\,\Omega^{-1}\,cm^{-1}$; $\tau = 500\,\mu s$;
n-Gebiet: $\sigma_n = 5\,\Omega^{-1}\,cm^{-1}$; $\tau = 200\,\mu s$;
$n_i = 10^{13}\,cm^{-3}$; $\mu_n = 3600\,cm^2/(Vs)$; $\mu_p = 1700\,cm^2/(Vs)$;
$\epsilon_r = 16$; $T_0 = 293\,°K$.

Die Metallkontakte seien in so großem Abstand vom pn-Übergang, daß sie den Stromfluß nicht beeinflussen.

a) Man bestimme Diffusionsspannung, Nullpunktwiderstand und Sättigungsstrom. Wie groß ist der differentielle Widerstand bei 0,2 V Belastung in Durchlaß- bzw. Sperrichtung?
b) Wie groß sind im unbelasteten Fall Elektronen- und Löcherkonzentrationen an der Dotierungsgrenze, Sperrschichtausdehnung im n- und p-Gebiet, maximal in der Sperrschicht auftretende Feldstärke?
c) Wie groß sind an der Dotierungsgrenze im unbelasteten Fall die *Feld*stromdichten der Elektronen und Defektelektronen?

Übungsaufgabe 2.2

Man bestimme für einen pn-Übergang das Verhältnis von

<u>Elektronenstrom</u>
Gesamtstrom

an der Dotierungsgrenze (keine Sperrschichtrekombination). Die Metallkontakte seien in so großem Abstand vom pn-Übergang, daß sie den Stromfluß nicht beeinflussen. Alle Störstellen seien ionisiert.

Daten: $\mu_n = \mu_p = 1000\,cm^2/(Vs)$; $\tau = 100\,\mu s$; $N_A = 10^{15}\,cm^{-3}$

Dotierung des n-Halbleiters:

a) $N_D = 10^{13}\,cm^{-3}$ („p⁺n-Übergang")
b) $N_D = 10^{15}\,cm^{-3}$ („symmetrischer pn-Übergang")
c) $N_D = 10^{17}\,cm^{-3}$ („pn⁺-Übergang").

2.2. Gleichstromverhalten

Übungsaufgabe 2.3

Die Kennlinie eines Germanium-Gleichrichters möge bei $T_0 = 293\ °K$ näherungsweise dargestellt werden durch

$$\frac{I}{(\mu A)} = 10\left[\exp\left(\frac{39{,}6\,U}{(V)}\right) - 1\right].$$

Die Lebensdauer τ sei als temperaturunabhängig angenommen, die Beweglichkeiten μ_n und μ_p jedoch temperaturabhängig nach der Beziehung

$$\frac{\mu_n}{[cm^2/(Vs)]} = 3800\left(\frac{T}{T_0}\right)^{-3/2}$$

$$\frac{\mu_p}{[cm^2/(Vs)]} = 1800\left(\frac{T}{T_0}\right)^{-3/2}.$$

a) Welche Kennlinie wäre bei 70 °C zu erwarten?
b) Man skizziere beide Kennlinien und diskutiere das charakteristische Verhalten.

Übungsaufgabe 2.4

Man ergänze Bild 2.5 des Textes

a) für Belastung in Durchlaßrichtung

b) für Belastung in Sperrichtung.
Die Änderung der Sperrschichtdicke ist zu berücksichtigen.

Übungsaufgabe 2.5

Man skizziere und diskutiere analog zu Bild 2.8 des Textes den Stromfluß durch einen in Sperrichtung belasteten pn-Übergang. Man trage Elektronen- und Löcherstromdichte als Funktion des Ortes auf.

Übungsaufgabe 2.6

Es ist ein abrupter pi-Übergang im stromlosen Zustand zu untersuchen. p-leitende Schicht und eigenleitende Schicht seien so dick, daß Randeffekte keine Rolle spielen.

$$N_A = 10^{15}\ cm^{-3}\ ;\quad n_i = 10^{10}\ cm^{-3}\ ;\quad T = T_0\ ;\quad \epsilon_r = 12\ .$$

a) Man skizziere den erwarteten Verlauf von Bändermodell und Ferminiveau. Die Diffusionsspannung ist anzugeben.

b) Man gebe die Abhängigkeit der Konzentrationen von $W_L(x)$ an (zweckmäßigerweise erfolgt die Festlegung des Koordinatensystems so, daß die Dotierungsgrenze bei x = 0 liegt und W_L im Innern des Eigenhalbleiters gleich Null ist).

c) Es ist eine Gleichung für $W_L(x)$ aus der Poissongleichung zu ermitteln. Im dotierten Bereich sollen innerhalb der Sperrschicht wieder wie bisher die beweglichen Ladungsträger gegenüber den ortsfesten Raumladungen vernachlässigt werden, im eigenleitenden Bereich kommt dagegen die Raumladung nur durch die beweglichen Ladungsträger zustande. Man bestimme den Anteil der Diffusionsspannung, der über dem Eigenhalbleiter abfällt.

d) In welchem Abstand von der Dotierungsgrenze ist die Elektronenkonzentration im Eigenhalbleiter auf den e-ten Teil der Eigenleitungskonzentration abgesunken?

Übungsaufgabe 2.7

Man skizziere analog zu Bild 2.9 des Textes das Bändermodell eines in Durchlaßrichtung belasteten pn-Überganges unter Berücksichtigung eines Spannungsabfalls in den Bahngebieten; der Verlauf der Quasifermienergien ist einzuzeichnen.

Übungsaufgabe 2.8

Man bestimme für den Gleichrichter der Übungsaufgabe 2.1 bei einer Sperrbelastung von 100 V die Elektronen- und Löcherkonzentrationen an der Dotierungsgrenze

a) unter alleiniger Berücksichtigung des Boltzmanntermes

b) unter Zugrundelegung der vollständigen Stromgleichung (vgl. Abschnitt 2.2.3).

c) Man führe dieselbe Rechnung für die Minoritätsträgerkonzentrationen an den Sperrschichträndern durch und diskutiere den Konzentrationsverlauf.

Übungsaufgabe 2.9

Der in Übungsaufgabe 2.1 beschriebene Gleichrichter werde mit 100 V in Sperrrichtung belastet. Wie groß ist die Ladung eines Vorzeichens in der Sperrschicht? Um welchen Betrag ändert sich diese Ladung, wenn die Sperrspannung um 0,1 V erhöht wird?

2.3. Wechselstromverhalten

Übungsaufgabe 2.10

Man kann als einfachstes Modell einen der Stromzuführung dienenden Metallkontakt dadurch kennzeichnen, daß an der Stelle dieses Kontaktes Elektronen- und Löcherkonzentrationen unabhängig vom Stromfluß stets die Gleichgewichtswerte n_0, p_0 haben.

a) Man wiederhole die Ableitung der Gleichrichterkennlinie analog zu dem in Abschnitt 2.2.2 angewendeten Verfahren für den Fall, daß die Länge des n-Gebietes d_n, die des p-Gebietes d_p betrage (Bild 2.10) und diskutiere die Grenzfälle „langer" und „kurzer" Bahngebiete (z. B. $d_n \gtrless L_p$).

b) Welche Kennliniengleichung würde man erhalten, wenn in Bild 2.10 an der Stelle x_2 die Elektronenkonzentration nicht gleich der Gleichgewichtskonzentration n_0, sondern allgemein durch eine beliebige Konstante $n(x_2)$ vorgegeben wäre?

Bild 2.10
pn-Übergang mit endlich langen Bahngebieten;
schraffiert: Sperrschicht

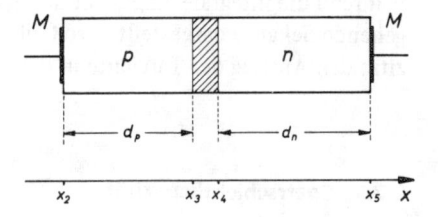

2.3. Wechselstromverhalten

Die vorangegangene Diskussion des Gleichstromverhaltens führte auf die Strom-Spannungskennlinie des pn-Überganges. Bei Wechselspannungsbelastung und bei Schaltvorgängen treten außerdem kapazitive Effekte auf, die im folgenden zu untersuchen sind. Dabei werden nur die spezifisch mit dem pn-Übergang verknüpften Kapazitäten diskutiert; Störkapazitäten wie Leitungs- und Gehäusekapazitäten sind zwar technisch wichtig, bleiben hier aber außer Betracht.

Für diese Diskussion sei der Begriff der „differentiellen Kapazität" eingeführt. Der Zusammenhang zwischen Ladung Q auf einer Platte eines Kondensators und Spannung U über dem Kondensator wird durch die „integrale" Kapazität C gegeben,

$$Q = CU.$$

Bei nichtlinearen Kapazitäten verwendet man häufig die „differentielle" Kapazität c, welche den Zusammenhang zwischen Ladungsänderung dQ und Spannungsänderung dU angibt:

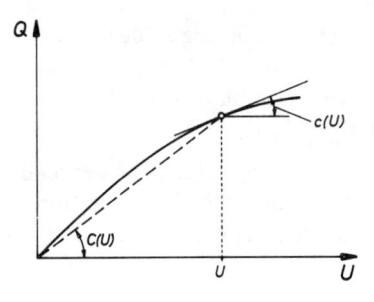

$$dQ = c(U)\, dU. \tag{2.42}$$

Bild 2.11
Zur Definition von integraler und differentieller Kapazität

Während die integrale Kapazität im Q(U)-Diagramm durch die durch den Nullpunkt gehende Sekante dargestellt wird (Bild 2.11), kennzeichnet die differentielle Kapazität den Anstieg der Tangente in dem betreffenden Punkt.

2.3.1. Sperrschichtkapazität

In Übungsaufgabe 2.9 war bereits untersucht worden, wie sich eine Spannungsänderung auf die Dicke der Raumladungszone auswirkt und welche Änderung der in der Sperrschicht vorhandenen Ladungsträger damit verbunden ist. Diese Verhältnisse sind nochmals in Bild 2.12 dargestellt. Bei einer vorgegebenen Sperrspannung U_{sp} möge die Sperrschicht die angedeutete Ausdehnung haben. Wird die

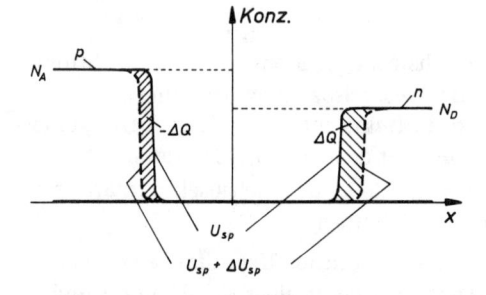

Bild 2.12
Zur anschaulichen Deutung der differentiellen Sperrschichtkapazität c_s bei Belastung eines pn-Überganges in Sperrichtung

Sperrspannung um den Betrag ΔU_{sp} erhöht, dehnt sich die Sperrschicht weiter aus, damit wird auch die gesamte in der Sperrschicht enthaltene Ladung größer; d. h., die Sperrschicht muß prinzipiell wie ein Kondensator wirken. Um eine Gleichung

2.3. Wechselstromverhalten

für die differentielle Sperrschichtkapazität c_s zu finden, wird zunächst die in der Sperrschicht enthaltene Ladung Q eines Vorzeichens als Funktion der Sperrspannung U_{sp} hingeschrieben,

$$Q(U_{sp}) = qAw_n N_D \, ,$$

wobei A die Sperrschichtfläche bedeutet. Nach (2.42) ergibt sich für die differentielle Kapazität

$$\frac{dQ}{dU_{sp}} = c_s = qAN_D \frac{dw_n}{dU_{sp}} \, ;$$

unter Verwendung von (2.18) führt dies wegen $U_{sp} = -U$ auf die Beziehung

$$c_s = A\sqrt{\frac{\epsilon q N_A N_D}{2(N_A + N_D)(U_D + U_{sp})}} \, . \tag{2.43}$$

Dieser Größe kann man eine unmittelbar anschauliche Bedeutung geben, wenn man mit (2.19) die Dicke w der gesamten Sperrschicht einführt,

$$c_s = \epsilon \frac{A}{w} \, ; \tag{2.44}$$

das ist die Formel für die Kapazität eines Plattenkondensators der Fläche A und des Plattenabstandes w. Wenn man also den pn-Übergang mit einer Gleichvorspannung $U_{\parallel}$ belastet und eine Wechselspannung geringer Amplitude[1] $\hat{U}_\sim$ überlagert,

$$U(t) = U_{\parallel} + \text{Re}\left(\sqrt{2}\, U_\sim \exp(j\omega t)\right) \, , \tag{2.45}$$

verhält sich der Gleichrichter in Bezug auf seine Kapazität wie ein Plattenkondensator; das ist aufgrund des Bildes 2.12 unmittelbar verständlich, da es bei der differentiellen Kapazität nur auf die Ladungs*änderungen* ankommt. Allerdings ist zu berücksichtigen, daß gemäß (2.19) der „Plattenabstand" w (das ist der Abstand, in welchem die Ladungsänderung erfolgt) und damit die Kapazität c_s von der Gleichvorspannung $U_{\parallel}$ abhängen.

Die Zulässigkeit dieser anschaulichen Deutung der Sperrschichtkapazität kann man durch eine von den Maxwellschen Gleichungen (1.46) ausgehende strengere Ableitung zeigen. Aus

$$\text{div rot } \mathbf{H} = 0$$

---

[1] Die Amplitude darf nur so groß sein, daß in dem von der Wechselspannung ausgesteuerten Bereich die Kapazität praktisch als konstant anzusehen ist.

folgt, daß im eindimensionalen Fall erst die Summe von $\mathbf{J} = \mathbf{J}_n + \mathbf{J}_p$ und Verschiebungsstromdichte $\partial \mathbf{D}/\partial t$ konstant ist. Um eine ortsunabhängige Gesamtstromdichte $\mathbf{J}_{ges}$ zu erhalten, ist an ein und derselben Stelle — z. B. bei $x = 0$ — zu der Elektronen- und Löcherstromdichte $\mathbf{J}(0)$ (vgl. (2.29)) die Verschiebungsstromdichte $\epsilon \partial \mathbf{E}(0)/\partial t$ hinzuzufügen.

Zur Bestimmung der Verschiebungsstromdichte differenziert man (2.20) nach der Zeit, wobei die Zeitabhängigkeit der Spannung durch (2.45) gegeben ist. Es zeigt sich, daß der Verschiebungsstrom demjenigen eines Kondensators mit der durch (2.43) gegebenen Kapazität c_s entspricht.

2.3.2. Diffusionskapazität

Bei Belastung eines pn-Überganges in Durchlaßrichtung tritt neben der Sperrschichtkapazität ein weiterer Speichermechanismus auf. Das Prinzip sei anhand des Bildes 2.13 erläutert. Es ist der Konzentrationsverlauf der Minoritätsträger im Bahngebiet dargestellt für die beiden Fälle, daß einmal die Durchlaßspannung U_f, das andere Mal die Durchlaßspannung $U_f + \Delta U$ anliegt; bei Erhöhung der Spannung um ΔU wird die Zahl der Minoritätsträger im Bahngebiet um den schraffiert angedeuteten Betrag vergrößert. Das entspricht einer Ladungsspeicherung und damit einem kapazitiven Verhalten.

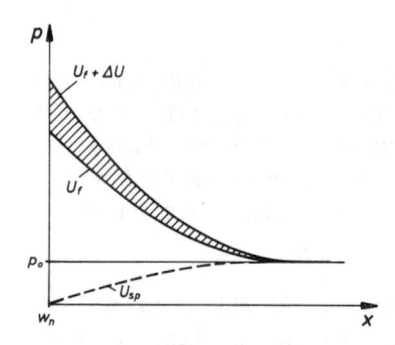

Bild 2.13
Zur anschaulichen Deutung der Diffusionskapazität. U_f: Belastung in Durchlaß-, U_{sp}: Belastung in Sperrichtung

Nachdem die anschauliche Berechnung der Sperrschichtkapazität in einfacher Weise zu einem Erfolg geführt hat, kann man auch hier *versuchsweise* ein ähnliches Verfahren einführen.

2.3. Wechselstromverhalten

Die Minoritätsträgerkonzentration ist durch (2.24) als Funktion des Ortes gegeben. Integration über x führt auf die Gesamtzahl P der Defektelektronen, die sich zusätzlich unter der Flächeneinheit der Oberfläche befinden,

$$P = \int_{w_n}^{\infty} dx\, [p(x) - p_0] = p_0 L_p \left[\exp\left(\frac{qU}{kT}\right) - 1\right].$$

Mit dieser spannungsabhängigen Ladung kann man eine Kapazität verknüpfen durch

$$c_D = \frac{dQ}{dU} = \frac{q^2}{kT} A L_p p_0 \exp\left(\frac{qU}{kT}\right) \quad (\textit{Versuch!}).$$

Diese „Diffusionskapazität" hängt exponentiell von der Spannung ab, also in weit stärkerem Maße als die Sperrschichtkapazität c_s. Bei Belastung in Sperrichtung ($U < 0$) verschwindet c_D; das ist plausibel, da in dem Falle die Randkonzentration praktisch spannungsunabhängig nahezu gleich null ist (Bild 2.13), also bei Spannungsänderungen nicht mehr variiert.

Diese anschauliche Überlegung ist wieder durch eine strengere Rechnung zu überprüfen, welche von den in Abschnitt 1.6 zusammengestellten Gleichungen ausgeht. Es sei der Fall zugrunde gelegt, daß ein p^+n-Gleichrichter[1]) mit einer Gleichvorspannung und einer Wechselspannung geringer Amplitude belastet wird (2.45). Dann können alle variablen Größen ebenfalls in einen zeitunabhängigen Anteil und in einen zeitabhängigen Anteil geringer Amplitude zerlegt werden,

$$\left.\begin{array}{l} J_p(t) = J_{p\|} + \text{Re}\left(\sqrt{2}\, J_{p\sim} \exp(j\omega t)\right) ; \\ p(t) = p_\| + \text{Re}\left(\sqrt{2}\, p_\sim \exp(j\omega t)\right). \end{array}\right\} \quad (2.46)$$

Unter diesen Bedingungen sind die Strom- und Kontinuitätsgleichungen zu lösen. Es werden dieselben Voraussetzungen eingeführt wie bei der in Abschnitt 2.2 erfolgten Berechnung des Gleichstromverhaltens. Die Überlegungen, die sich auf den Sperrschichtbereich beziehen, werden durch die Einführung der Zeitabhängigkeit nicht berührt, für die Konzentration gilt nach wie vor (2.17). Bei der Berechnung der Bahngebiete sind nun jedoch auch die zeitabhängigen Terme zu berücksichtigen, man muß von den Gleichungen

$$J_p = -\mu_p kT \frac{\partial p}{\partial x} \quad ; \quad \frac{\partial p}{\partial t} = -\frac{1}{q} \frac{\partial J_p}{\partial x} - \frac{p - p_0}{\tau}$$

---

[1]) p^+n bedeutet, daß die p-Seite wesentlich stärker als die n-Seite dotiert ist,

$N_A \gg N_D$;

unter dieser Voraussetzung wird der Strom durch die Sperrschicht fast ausschließlich durch Defektelektronen getragen (vgl. Übungsaufgabe 2.2), so daß nur das Bahngebiet des Überschußhalbleiters zu untersuchen ist.

ausgehen. Diese partiellen Differentialgleichungen lassen sich leicht nach Einführung der Ansätze (2.46) lösen. Durch Aufspalten jeder Gleichung in einen zeitunabhängigen und einen zeitabhängigen Anteil erhält man die beiden unabhängigen Gleichungssysteme

$$J_{p\|} = -\mu_p kT \frac{\partial p_\|}{\partial x} \qquad\qquad J_{p\sim} = -\mu_p kT \frac{\partial p_\sim}{\partial x}$$

$$0 = -\frac{1}{q}\frac{\partial J_{p\|}}{\partial x} - (p_\| - p_0)\frac{1}{\tau} \qquad 0 = -\frac{1}{q}\frac{\partial J_{p\sim}}{\partial x} - p_\sim\left(\frac{1}{\tau} + j\omega\right).$$

Die Berechnung des links stehenden zeitunabhängigen Gleichungssystems wurde bereits in Abschnitt 2.2.2 durchgeführt (vgl. (2.21)), es ergab sich (2.24) und (2.25).

Man sieht, daß das zeitunabhängige Gleichungssystem formal in das zeitabhängige übergeht, wenn man

$$p_\|(x) - p_0 \to p_\sim \;;\qquad J_{p\|} \to J_{p\sim} \;;\qquad \frac{1}{\tau} \to \frac{1}{\tau}(1 + j\omega\tau)$$

setzt[1]). Führt man diese Substitution in (2.25) ein, kann man die Lösung für die zeitabhängige Stromdichte bei Berücksichtigung von (2.22) sofort hinschreiben:

$$J_{p\sim}(w_n) = q\sqrt{\frac{D_p}{\tau}} \sqrt{1 + j\omega\tau}\; p_\sim(w_n).$$

Es ist lediglich noch $p_\sim(w_n)$ zu berechnen. Aus der auch hier gültigen Beziehung (2.17) folgt mit (2.45) und (2.46)

$$p(w_n) = p_\|(w_n) + \mathrm{Re}\left(\sqrt{2}\, p_\sim(w_n)\exp(j\omega t)\right)$$

$$= p_0 \exp\left\{\frac{qU_\|}{kT} + \mathrm{Re}\left(\sqrt{2}\,\frac{qU_\sim}{kT}\exp(j\omega t)\right)\right\}.$$

Da hier der Exponentialfaktor nochmals im Exponenten auftritt, ergibt sich zunächst kein reiner Sinusverlauf, in dieser Darstellung sind Oberschwingungen enthalten. Wenn jedoch die Wechselamplitude hinreichend klein ist,

$$\frac{q|U_\sim|}{kT} \ll 1\,,$$

---

[1]) Man überzeuge sich davon, daß dies nicht nur für das Gleichungssystem, sondern auch für die Randbedingungen gilt.

2.3. Wechselstromverhalten

kann man die Entwicklung der Exponentialfunktion nach dem linearen Glied abbrechen und erhält

$$p(w_n) = p_0 \exp\left(\frac{qU_\|}{kT}\right) \left[1 + \mathrm{Re}\left(\sqrt{2}\,\frac{qU_\sim}{kT}\exp(j\omega t)\right)\right],$$

also

$$p_\sim(w_n) = p_0 \frac{qU_\sim}{kT} \exp\left(\frac{qU_\|}{kT}\right).$$

Damit ergibt sich für die Stromdichte (bei fehlender Sperrschichtrekombination)

$$J_{p\sim}(0) = J_{p\sim}(w_n) = q\sqrt{\frac{D_p}{\tau}}\sqrt{1+j\omega\tau}\, p_0 \exp\left(\frac{qU_\|}{kT}\right)\frac{qU_\sim}{kT}. \quad (2.47)$$

Um aus dieser Gleichung auf differentielle Kapazität c_D und differentiellen Widerstand r schließen zu können, geht man von der für eine Parallelschaltung gültigen Beziehung

$$I_\sim = \left(\frac{1}{r} + j\omega c_D\right) U_\sim \quad (2.48)$$

aus. Multipliziert man (2.47) mit der Gleichrichterfläche A, liefert der Vergleich mit (2.48) den Zusammenhang

$$\frac{1}{r} + j\omega c_D = \frac{q^2}{kT} A \frac{D_p}{L_p} \sqrt{1+j\omega\tau}\, p_0 \exp\left(\frac{qU_\|}{kT}\right). \quad (2.49)$$

Im Prinzip kann man die rechte Seite zwar allgemein in Real- und Imaginärteil zerlegen, im folgenden sollen jedoch nur zwei einfache Grenzfälle untersucht werden.

1. $\omega\tau \ll 1$

In diesem Fall niedriger Frequenzen wird

$$\left.\begin{array}{l} \dfrac{1}{r} = \dfrac{q^2}{kT} A \dfrac{D_p}{L_p} p_0 \exp\left(\dfrac{qU_\|}{kT}\right) \\[1em] c_D = \dfrac{1}{2}\dfrac{q^2}{kT} A L_p p_0 \exp\left(\dfrac{qU_\|}{kT}\right). \end{array}\right\} \quad (2.50)$$

Der differentielle Widerstand hat denjenigen Wert, der sich durch Differenzieren der Gleichstromkennlinie (2.26) ergibt,

$$\frac{1}{r} = A \frac{dJ_p}{dU}.$$

Die Kapazität unterscheidet sich dagegen durch den Faktor 1/2 von dem aus der Anschauung berechneten Wert. Damit sei zugleich die Warnung ausgesprochen, sich auf eine anschauliche Betrachtung allein zu verlassen, zumal — wie ein Vergleich mit (2.51) zeigt — auch die Frequenzabhängigkeit der Kapazität nicht erfaßt wurde.

2. $\omega\tau \gg 1$

In diesem Grenzfall hoher Frequenzen erhält man

$$\frac{1}{r} + j\omega c_D = \frac{q^2}{kT} A \sqrt{D_p \omega} \; p_0 \; \exp\left(\frac{qU_{||}}{kT}\right) \frac{1+j}{\sqrt{2}} \; . \tag{2.51}$$

Die Lebensdauer ist aus dieser Gleichung verschwunden, Kapazität und Widerstand sind sowohl frequenz- als auch spannungsabhängig.

2.3.3. Kapazitätsdioden

Ein Bauelement, welches die spannungsabhängige Sperrschichtkapazität eines pn-Überganges ausnutzt, ist die Kapazitätsdiode (Varactor). Es hatte sich gezeigt (Abschnitt 2.3.1), daß ein in Sperrichtung belasteter pn-Übergang für eine Wechselspannung geringer Amplitude eine Kapazität darstellt, deren Wert von der Gleichvorspannung abhängt (2.43). Die Größe der Kapazität kann durch einen Parameter, die Gleichvorspannung, gesteuert werden; man spricht daher von parametrischen Dioden. Solche spannungsabhängigen Kapazitäten werden z. B. in parametrischen Verstärkern (s. Band II, Abschnitt 10) oder zur automatischen Abstimmung von Schwingkreisen verwendet.

Man möchte bei einer vorgegebenen Spannungsänderung eine möglichst große Kapazitätsänderung erzielen. Bisher wurde lediglich der Fall konstanter Störstellenkonzentration auf jeder Seite des pn-Überganges behandelt (abrupter pn-Übergang). An dieser Stelle taucht nun die Frage auf, ob man durch eine geeignete ortsabhängige Störstellenverteilung eine stärkere Spannungsabhängigkeit der Kapazität als die durch (2.43) gegebene erzielen kann[1]. Im folgenden sei untersucht, wie für den allgemeinen Fall einer ortsabhängigen Störstellenkonzentration (Bild 2.14) eine Aussage über die Spannungsabhängigkeit der Sperrschichtkapazität gewonnen werden kann. Zugleich mag dies als Beispiel für die Übertragung der im vorangegangenen verwendeten Näherungsmethoden auf kompliziertere Fälle dienen.

---

[1]) Weiter besteht die praktisch sehr wichtige Möglichkeit, durch eine geeignet gewählte Geometrie eine stärkere Spannungsabhängigkeit zu erreichen; da Überlegungen dieser Art jedoch über das hier behandelte eindimensionale Modell hinausgehen, soll darauf nicht näher eingegangen werden.

2.3. Wechselstromverhalten

Die folgenden Überlegungen schließen sich eng an die Sperrschichtberechnung des abrupten pn-Überganges an, insbesondere werden dieselben Näherungen zugrunde gelegt; darüber hinaus sei die Diskussion auf den Spezialfall beschränkt, daß die angelegte Sperrspannung U_{sp} groß gegenüber der Diffusionsspannung U_D ist.

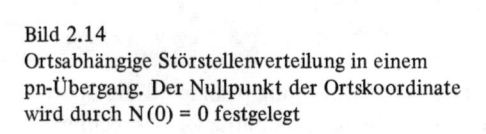

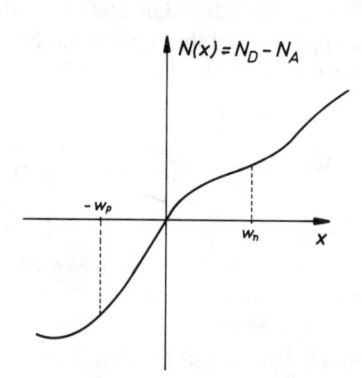

Bild 2.14
Ortsabhängige Störstellenverteilung in einem pn-Übergang. Der Nullpunkt der Ortskoordinate wird durch $N(0) = 0$ festgelegt

Man hat wieder von der Poissongleichung (1.52) auszugehen, die mit der in Bild 2.14 skizzierten Störstellenverteilung in der Form

$$\frac{d^2 W_L}{dx^2} = \frac{q^2}{\epsilon} N(x)$$

geschrieben werden kann. Einmalige Integration führt auf

$$\frac{dW_L(x)}{dx} = \frac{q^2}{\epsilon} \int_{-w_p}^{x} N(\xi) \, d\xi \ .$$

Dabei wurde bereits die Bedingung für den linken Sperrschichtrand,

$$\frac{dW_L(-w_p)}{dx} = 0 \ ,$$

berücksichtigt. Da die Feldstärke und damit auch dW_L/dx ebenfalls am rechten Sperrschichtrand w_n verschwinden muß, gilt die zusätzliche Forderung

$$0 = \int_{-w_p}^{w_n} N(\xi) \, d\xi \ . \tag{2.52}$$

Nochmalige Integration führt auf

$$W_L(x) - W_L(-w_p) = \frac{q^2}{\epsilon} \int_{-w_p}^{x} d\eta \int_{-w_p}^{\eta} N(\xi) \, d\xi \; .$$

Wendet man diese Gleichung auf den rechten Sperrschichtrand an, kann man das Doppelintegral durch partielle Integration unter Berücksichtigung von (2.52) auf ein Einfachintegral zurückführen und erhält

$$W_L(-w_p) - W_L(w_n) = \frac{q^2}{\epsilon} \int_{-w_p}^{w_n} d\eta \, \eta \, N(\eta) \approx q \, U_{sp} \; . \qquad (2.53)$$

Aus (2.52) und (2.53) lassen sich bei gegebener Dotierung prinzipiell die Sperrschichtgrenzen w_p und w_n als Funktion der angelegten Spannung U_{sp} berechnen. Um aus diesen Werten die Sperrschichtkapazität c_s zu ermitteln, wird zunächst die in der Sperrschicht vorhandene Ladung eines Vorzeichens hingeschrieben,

$$Q = q \, A \int_{0}^{w_n} N(\eta) \, d\eta \; . \qquad (2.54)$$

Damit nimmt die differentielle Sperrschichtkapazität die Form

$$c_s = \frac{dQ}{dU_{sp}} = \frac{dQ/dw_n}{dU_{sp}/dw_n}$$

an. Wegen

$$\frac{dQ}{dw_n} = q \, A \, N(w_n)$$

und der aus (2.53) folgenden Beziehung

$$\frac{dU_{sp}}{dw_n} = \frac{q}{\epsilon} \left[w_n \, N(w_n) - w_p \, N(-w_p) \, \frac{dw_p}{dw_n} \right]$$

ergibt sich mit dem aus (2.52) gewonnenen Zusammenhang

$$N(w_n) \, dw_n + N(-w_p) \, dw_p = 0$$

für die Sperrschichtkapazität

$$c_s = \frac{\epsilon A}{w_p + w_n} \; , \qquad (2.55)$$

also wieder die Kapazitätsformel eines „Plattenkondensators", (2.44); das war anschaulich aufgrund des Bildes 2.14 auch zu erwarten.

Bei gegebenem Störstellenverlauf kann man mit Hilfe der Gleichungen (2.52), (2.53) und (2.55) die Spannungsabhängigkeit der Sperrschichtkapazität berechnen.

2.3.4. Schaltverhalten

Neben dem Wechselstromverhalten interessieren auch die Schalteigenschaften von Gleichrichtern. Wird beispielsweise ein pn-Übergang vom Durchlaß- in den Sperrbereich geschaltet, müssen erst die in den Bahngebieten gespeicherten Ladungsträger abfließen, bevor der stationäre Sperrzustand erreicht ist (vgl. ausgezogene und gestrichelte Kurve des Bildes 2.13). Die hierdurch verursachten Trägheitseffekte werden nicht nur durch die physikalischen Vorgänge im Inneren des Gleichrichters, sondern auch durch die Schaltungselemente im äußeren Stromkreis bestimmt. Könnte man beispielsweise die Spannung über der Sperrschicht sprunghaft von U_f auf U_{sp} ändern (Bild 2.13), würde damit sprunghaft die Randkonzentration auf null abgesenkt, so daß im ersten Augenblick der Konzentrationsgradient am Sperrschichtrand und damit der Strom in Sperrichtung beliebig groß sein würde; tatsächlich wird in einem solchen Fall der Strom durch den Spannungsabfall am Bahnwiderstand bestimmt, der Spannungsabfall an der Sperrschicht ändert sich nicht sprunghaft.

Man kann im Prinzip das Schaltverhalten aus dem physikalischen Modell berechnen, indem man die zeitabhängigen Ausgangsgleichungen des Abschnittes 1.6 unter Berücksichtigung der in Abschnitt 2.2 eingeführten Näherungen integriert. Das ist jedoch für praktische Anwendungen ein viel zu aufwendiges Verfahren. Zur Beschreibung des Schaltverhaltens stellt man die Diode durch ein Ersatzschaltbild dar, dessen Elemente die einzelnen physikalischen Effekte zwar qualitativ, aber nicht quantitativ repräsentieren. Die hierdurch entstehenden Ungenauigkeiten muß man zugunsten der einfacheren Berechnung in Kauf nehmen.

Bild 2.15a zeigt die verwendete Ersatzschaltung. Es wird ein stark unsymmetrisch dotierter pn-Übergang vorausgesetzt, so daß nur das niedrig dotierte Bahngebiet betrachtet zu werden braucht. In diesem Ersatzschaltbild stellt das Gleichrichtersymbol eine Halbleiterdiode dar, deren Strom-Spannungscharakteristik durch

$$I_{gl} = I_0 \left[\exp\left(\frac{qU_{gl}}{kT}\right) - 1 \right] \qquad (2.56)$$

gegeben ist. Der Kondensator symbolisiert die Sperrschichtkapazität, deren Spannungsabhängigkeit hier vernachlässigt werden soll; das ist insofern gerechtfertigt, als im Durchlaßbereich die Diffusionskapazität, welche durch die gesteuerte Stromquelle charakterisiert wird, wesentlich größer ist als die Sperrschichtkapazität; bei

Belastung in Sperrichtung verschwindet die Diffusionskapazität, die Sperrschichtkapazität ändert sich nur noch wenig (Bild 2.15b) und kann beispielsweise bei Aussteuerung bis $-U_B$ durch einen geeignet gewählten Mittelwert

$$C_s = \frac{1}{U_B} \int\limits_{-U_B}^{0} C(U)\, dU$$

(gestrichelte Gerade) ersetzt werden.

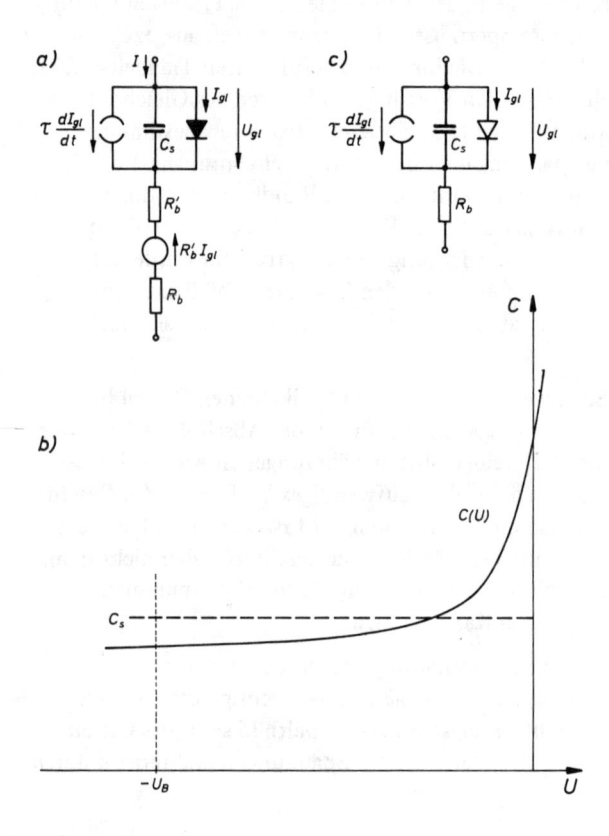

Bild 2.15
a) Ersatzschaltbild zur Beschreibung des Schaltverhaltens einer Diode
b) Kapazität als Funktion der Vorspannung. Ausgezogene Kurve: experimentell; gestrichelte Gerade: Approximation durch eine konstante Kapazität C_s
c) Vereinfachtes Ersatzschaltbild einer Speicherdiode

2.3. Wechselstromverhalten

Ändert sich der Strom I_{gl} durch den Gleichrichter, so muß die Zahl der im Bahngebiet gespeicherten Minoritätsträger geändert werden, die Diffusionskapazität wird umgeladen. Der hiermit verbundene Umladestrom wird proportional der zeitlichen Änderung von I_{gl} angesetzt (gesteuerte Stromquelle). Das entspricht dem in Bild 2.13 skizzierten anschaulichen Interpretationsversuch, der sich nur bedingt bewährt hat. Diese Festsetzung dürfte in der vorliegenden Ersatzschaltung den größten Fehler verursachen; tatsächlich zeigt sich auch, daß der Ausschaltvorgang zwar qualitativ, aber nicht quantitativ richtig wiedergegeben wird.

Der Widerstand R_b der Ersatzschaltung berücksichtigt Zuleitungs- und bei langen Bahngebieten auch Bahnwiderstände.

Die Ladungen, welche eine Umladung der Sperrschichtkapazität bewirken, müssen jedoch als Majoritätsträgerstrom und damit als Feldstrom zugeführt werden. Das bedeutet einen Spannungsabfall am Bahnwiderstand innerhalb der Diffusionslänge, welcher durch R'_b berücksichtigt wird.

Die Änderung in der Ladung der gespeicherten Minoritätsträger wird zwar durch einen Minoritätsträgerstrom durch die Sperrschicht bedingt, verursacht also keinen Spannungsabfall an einem Bahnwiderstand; jedoch muß wegen der Quasineutralität des Bahngebietes auch dieselbe Änderung in der Konzentration der Majoritätsträger erfolgen. Diese fließen als Feldstrom, verursachen also einen Spannungsabfall, der ebenfalls in R'_b enthalten ist.

Der Strom I_{gl} durch den Gleichrichter fließt in dem hier behandelten Modell innerhalb der Diffusionslänge als reiner Diffusionsstrom. Das bedeutet, daß er in diesem Bereich keinen Spannungsabfall hervorruft: Der Spannungsabfall des Gleichrichterstromes I_{gl} an R'_b wird durch die gesteuerte Spannungsquelle $R'_b I_{gl}$ wieder aufgehoben.

Während in den Übungsaufgaben das Schaltverhalten zwischen Durchlaßbereich ($I = I_f$) und $I = 0$ zu untersuchen ist, soll hier das Verhalten bei Schalten von $I = I_f$ in den Sperrbereich diskutiert werden (Bild 2.16a). Dabei sei angenommen, daß zur Zeit $t = 0$ die Sperrspannung U_B über einen Widerstand R an den Gleichrichter, der zwischen den Anschlüssen 1 und 2 liegt, angelegt wird; der Gleichrichter sei durch die vereinfachte Ersatzschaltung des Bildes 2.15c dargestellt, wobei das Gleichrichtersymbol einen idealen Gleichrichter kennzeichnen soll. Für $t > 0$ liegt die Sperrspannung U_B an, es fließt der Strom

$$I_{sp}(t) = - I_{gl} - \tau \frac{dI_{gl}}{dt} - C_s \frac{dU_{gl}}{dt} .$$

Ein Spannungsumlauf ergibt

$$U_B = R_1 I_{sp} - U_{gl} \quad \text{mit} \quad R_1 = R + R_b , \tag{2.57}$$

so daß man durch Elimination von I_{sp} die Differentialgleichung

$$\frac{U_B + U_{gl}}{R_1} = -I_{gl} - \tau \frac{dI_{gl}}{dt} - C_s \frac{dU_{gl}}{dt}$$

erhält.

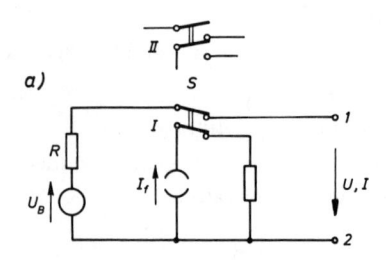

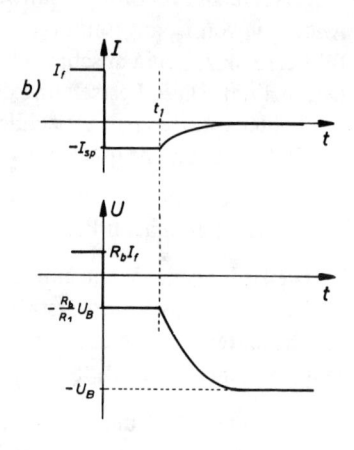

Bild 2.16
Verhalten einer Diode beim Schalten vom Durchlaß- in den Sperrbereich
a) Schaltung; Belastung in Sperrichtung (I) und Durchlaßrichtung (II)
b) zeitlicher Verlauf von Strom und Spannung

Zur Berechnung sind die Fälle „Gleichrichter kurzgeschlossen" und „Gleichrichter sperrt" zu unterscheiden.

1. Gleichrichter kurzgeschlossen.
Es ist $U_{gl} = 0$, die Gleichung vereinfacht sich zu

$$I_{gl} + \tau \frac{dI_{gl}}{dt} = -\frac{U_B}{R_1} \; ;$$

unter Berücksichtigung der Randbedingung

$$I_{gl}(0) = I_f$$

lautet die Lösung

$$I_{gl}(t) = -\frac{U_B}{R_1} + \left[I_f + \frac{U_B}{R_1}\right] \exp\left(-\frac{t}{\tau}\right).$$

Hier ist der Strom I_{sp} konstant,

$$I_{sp} = \frac{U_B}{R_1} \; ,$$

2.3. Wechselstromverhalten

wie man aus (2.57) unmittelbar ersieht; die Größe des Stromes wird im wesentlichen durch den äußeren Widerstand $R \gg R_b$ bestimmt.

Die Grenze dieses Bereiches ist erreicht, wenn $I_{gl} = 0$ wird, also bei

$$t_1 = \tau \ln\left(1 + \frac{I_f}{I_{sp}}\right).$$

2. Gleichrichter sperrt.

Für $t > t_1$ ist $I_{gl} = 0$, die Differentialgleichung vereinfacht sich zu

$$U_{gl} + C_s R_1 \frac{dU_{gl}}{dt} = - U_B \; ;$$

mit der Anfangsbedingung

$$U_{gl}(t_1) = 0$$

lautet die Lösung

$$U_{gl} = - U_B \left[1 - \exp\left(- \frac{t - t_1}{C_s R_1}\right)\right].$$

Die Spannung über dem Gleichrichter geht exponentiell mit der Zeitkonstanten $C_s R_1$ gegen den stationären Endwert.

Für den Strom I_{sp} ergibt sich nach (2.57) ebenfalls ein exponentielles Verhalten,

$$I_{sp}(t) = \frac{U_B}{R_1} \exp\left(- \frac{t - t_1}{C_s R_1}\right).$$

Damit erhält man für den zeitlichen Verlauf von Strom und Spannung für diesen Schaltvorgang die in Bild 2.16b skizzierten Kurven. Man sieht, daß unmittelbar nach dem Umschalten erhebliche Ströme in Sperrichtung fließen können. Der Gleichrichter gewinnt seine Sperrfähigkeit erst nach einiger Zeit, wenn nämlich die in den Bahngebieten gespeicherten Ladungsträger abgeflossen sind. Dieser unerwünschte Effekt tritt natürlich auch bei Belastung mit einer sinusförmigen Wechselspannung auf.

Während sich die Ladungsträgerspeicherung bei Schaltvorgängen und Gleichrichtung störend auswirkt, nutzt man sie bei Speicherdioden technisch aus. Solche Speicherdioden sind geeignet dimensionierte pn-Strukturen, auf deren Aufbau im einzelnen nicht näher eingegangen werden soll. Man kann ihr Verhalten in elektronischen Kreisen hinreichend genau durch die in Bild 2.15c gezeigte Ersatzschaltung beschreiben. Sie werden beispielsweise zur Frequenzvervielfachung und zur Impulserzeugung und -regeneration verwendet.

2.3.5. Übungsaufgaben

Übungsaufgabe 2.11

Man bestimme die Diffusionskapazität (bei niedrigen Frequenzen) und die Sperrschichtkapazität des in Übungsaufgabe 2.1 behandelten Gleichrichters

a) bei einer Gleichvorspannung von 0,15 V in Durchlaßrichtung,
b) bei einer Gleichvorspannung von 10 V in Sperrichtung.

Übungsaufgabe 2.12

An einem abrupten p^+n-Übergang in Silicium (Fläche 20 mm^2) lieferten Messungen der Sperrschichtkapazität als Funktion der Sperrspannung die in der Tabelle angegebenen Werte ($T = T_0$). Welche Aussage kann aus diesen Messungen über die Dotierungen gewonnen werden?

Tabelle:

U_{sp} (V)	c_s (pF)
1	143
5	77,5
10	56,4
20	40,5
50	25,9
100	18,3

Übungsaufgabe 2.13

An einem p^+n-Übergang (konstante Störstellenkonzentration auf jeder Seite, Metallkontakte in großem Abstand vom pn-Übergang) sollen Messungen von differentiellem Widerstand und differentieller Kapazität durchgeführt werden. Man bestimme

a) aus der Spannungsabhängigkeit der Kapazität die Diffusionsspannung,
b) aus der Temperaturabhängigkeit der Kapazität den Bandabstand W_{LV},
c) aus der Frequenzabhängigkeit von Kapazität und Widerstand die Lebensdauer.

Man gebe Gleichungen für die Auswertung an und lege die Bedingungen fest, unter denen die Messungen durchzuführen sind.

2.3. Wechselstromverhalten

Übungsaufgabe 2.14

Ein linearer pn-Übergang in Germanium habe die Störstellenverteilung

$$N(x) = N_D - N_A = \gamma x \; .$$

a) Wie lautet die Gleichung für die Sperrschichtkapazität in Abhängigkeit von der Sperrspannung ($U_{sp} \gg U_D$)?

b) Wie groß ist die Sperrschichtkapazität für $\gamma = 10^{20}$ cm^{-4} bei einer Sperrschichtfläche von 1 mm^2 und einer Sperrspannung von 25 V?

Übungsaufgabe 2.15

a) Man spezialisiere die in Abschnitt 2.3.3 gewonnenen Ergebnisse auf den Fall eines p^+n-Überganges [d. h. $N_A(x) \gg N_D(x)$].

b) Man wende die Formeln auf einen abrupten p^+n-Übergang mit konstanten Dotierungen auf beiden Seiten an und vergleiche mit den in Abschnitt 2.3.1 gewonnenen Ergebnissen.

c) Bei dem p^+n-Übergang möge die Dotierung des n-Halbleiters mit zunehmender Entfernung vom Übergang abnehmen gemäß der Beziehung

$$N_D(x) = \frac{N_{D0}}{1+\left(\frac{x}{\beta}\right)^2} \; .$$

Wie lautet die Formel für die Sperrschichtkapazität als Funktion der Sperrspannung? Man vergleiche die Spannungsabhängigkeit mit den in b) und in Übungsaufgabe 2.14 behandelten Fällen.

Übungsaufgabe 2.16

Zur Zeit $t = 0$ möge an einen Gleichrichter ein Stromsprung von $I = 0$ auf $I = I_f$ angelegt werden. Es ist unter Zugrundelegung der Ersatzschaltung des Bildes 2.15a (mit $C_s = 0$) der zeitliche Verlauf der Spannung über der gesamten Anordnung zu ermitteln.

a) Man stelle eine Differentialgleichung für den Strom I_{gl} für $t \geqslant 0$ auf.

b) Man löse die Differentialgleichung mit der Randbedingung $I_{gl}(0) = 0$.

c) Man bestimme den zeitlichen Verlauf der Spannung $U(t)$ und gebe die speziellen Werte $U(0)$ und $U(\infty)$ an.

d) Man zeige, daß der Gleichrichter unter der Voraussetzung

$$\frac{kT}{qI_0} > R_b'$$

bei diesem Einschaltvorgang für kleine Ströme I_f „kapazitives" und für große Ströme I_f „induktives" Verhalten zeigt.

Übungsaufgabe 2.17

Zur Zeit $t = 0$ möge der Durchlaßstrom I_f durch einen Gleichrichter auf null geschaltet werden (Sprung von $I = I_f$ auf $I = 0$). Man berechne unter Zugrundelegung der Ersatzschaltung des Bildes 2.15a (mit $C_s = 0$) den zeitlichen Verlauf des Spannungsabfalls $U(t)$ über der gesamten Anordnung.

a) Man stelle eine Differentialgleichung für den Strom I_{gl} für $t \geqslant 0$ auf.
b) Man löse die Differentialgleichung unter der Randbedingung $I_{gl}(0) = I_f$.
c) Man bestimme und skizziere den Verlauf der Spannung $U(t)$ für $R_b' = 0$ und $I_f/I_0 \gg 1$. Man diskutiere die Ursache des bei $t = 0$ auftretenden Spannungssprunges.

Übungsaufgabe 2.18

Man untersuche das Kleinsignalverhalten der Ersatzschaltung des Bildes 2.15a bei Vorspannung in Durchlaßrichtung. Es ist

$$I_{gl}(t) = I_{gl}^0 + \text{Re}\left(\sqrt{2}\,i_{gl}\exp(j\omega t)\right)$$

anzusetzen. Das im Ersatzschaltbild eingezeichnete Gleichrichtersymbol kann für das Wechselstromverhalten in diesem Fall durch einen Widerstand

$$r_f = \frac{kT}{qI_{gl}^0}$$

ersetzt werden, die Sperrschichtkapazität C_s ist zu vernachlässigen.

a) Unter Verwendung des Substitutionssatzes (Band II, Abschnitt 3.4) ist die Ersatzschaltung zu vereinfachen; der komplexe Widerstand z der Anordnung ist zu bestimmen.
b) Man trage die Ortskurve von z in der komplexen Widerstandsebene mit der Kreisfrequenz als Parameter auf und zeige, daß sich die Anordnung für kleine Ströme I_{gl}^0 „kapazitiv", für große Ströme I_{gl}^0 dagegen „induktiv" verhält.

Übungsaufgabe 2.19

Man diskutiere, unter welchen Voraussetzungen die Ersatzschaltung des Bildes 2.15a das Kleinsignalverhalten in Sperrichtung richtig wiedergibt.

2.4. Durchbruchsmechanismen

In den vorangegangenen Abschnitten wurde das Verhalten eines pn-Überganges nur außerhalb des Durchbruchsbereichs (vgl. Bild 2.1b) diskutiert. Bei hinreichend hoher Belastung in Sperrichtung treten weitere Effekte auf, welche die Sperrfähigkeit eines Gleichrichters begrenzen. In diesem Kapitel sollen die drei wichtigsten Mechanismen erläutert werden.

2.4.1. Thermische Instabilität

Übungsaufgabe 2.3 hatte gezeigt, daß die Strom-Spannungskennlinie eines pn-Überganges stark temperaturabhängig ist. Das kann infolge Selbstaufheizung zu erheblichen Verschlechterungen der elektrischen Eigenschaften und zur Zerstörung des Bauelementes führen. Daher kommt diesem Kapitel besondere praktische Bedeutung zu.

Die pro Zeiteinheit entstehende Joulesche Wärme P_{el} ist durch das Produkt von Gleichrichterstrom I_{gl} und Spannungsabfall U_{gl} über dem Gleichrichter gegeben,

$$P_{el} = I_{gl} U_{gl}.$$

Sie kann einmal durch hinreichend hohen Stromfluß im Durchlaßbereich, zum anderen durch hinreichend hohe Spannungen im Sperrbereich erzeugt werden. Da die im Durchlaßbereich entstehende Wärme nur bei Starkstromanwendungen von Interesse ist, soll die folgende Diskussion auf die im Sperrbereich erzeugte Verlustleistung beschränkt werden.

In Bild 2.17a ist die Sperrkennlinie eines Gleichrichters für verschiedene Temperaturen etwa nach Gleichung (2.29) schematisch skizziert (gestrichelte Kurven). Da jede dieser Kennlinien für eine konstante Temperatur gilt, spricht man von *isothermen* Kennlinien. Bild 2.17b zeigt qualitativ den Verlauf des Sättigungsstromes I_{sp} als Funktion der Temperatur T, wie er sich aus dem Kennlinienfeld des Bildes 2.17a ergibt. Legt man eine feste Sperrspannung U_{sp} an den pn-Übergang, ist die dem Gleichrichter zugeführte elektrische Leistung P_{el} durch

$$P_{el} = U_{sp} I_{sp} \tag{2.58}$$

gegeben. In Bild 2.17c ist diese Leistung als gestrichelte Kurvenschar für einige Werte von U_{sp} aufgetragen.

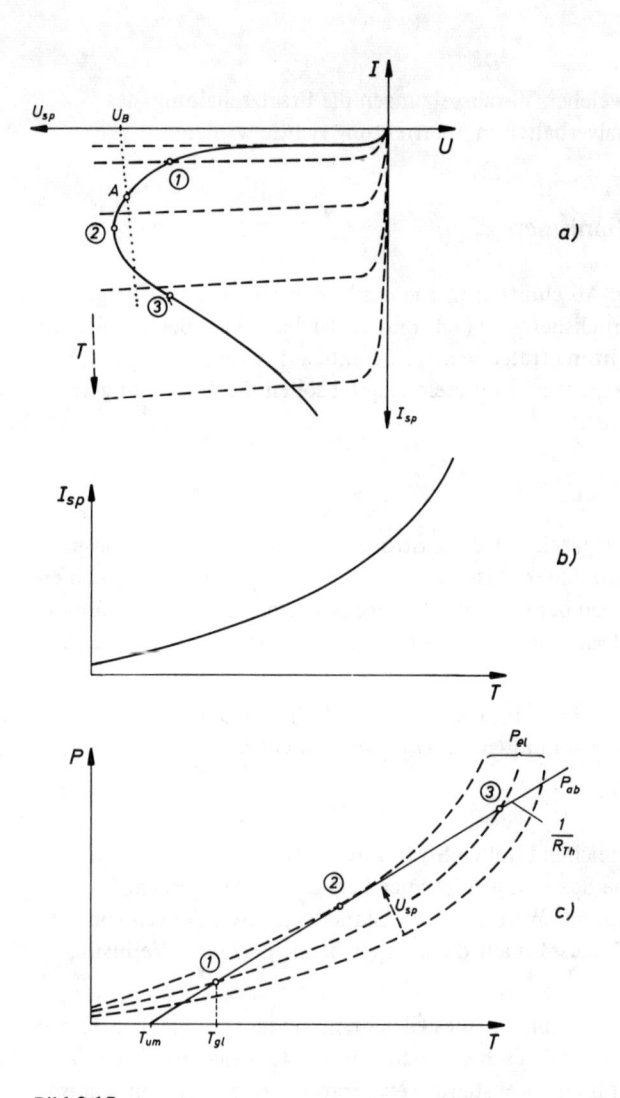

Bild 2.17
Zur thermischen Instabilität eines Gleichrichters, schematisch
a) Gleichrichterkennlinien
- - - - isotherme Kennlinien
——— statische Kennlinie
...... Arbeitsgerade
b) Sättigungsstrom I_{sp} als Funktion der Temperatur
c) Leistungsbilanz im stationären Zustand
- - - - elektrisch zugeführte Leistung P_{el} für verschiedene Sperrspannungen U_{sp}
——— thermisch abgegebene Leistung P_{ab}

2.4. Durchbruchsmechanismen

Im stationären Zustand muß der Gleichrichter diese elektrisch aufgenommene Leistung wieder an die Umgebung abführen. Man kann näherungsweise die abgeführte Leistung P_{ab} als proportional der Differenz von Gleichrichtertemperatur T_{gl} und Umgebungstemperatur T_{um} ansehen,

$$P_{ab} = \frac{T_{gl} - T_{um}}{R_{Th}}, \qquad (2.59)$$

wobei die Konstante R_{Th} als „Wärmewiderstand" bezeichnet wird[1]). Diese Größe wird häufig vom Elementehersteller für eine bestimmte Kühlungsart angegeben.

Für die abgeführte Leistung P_{ab} ergibt sich damit die in Bild 2.17c gezeigte Gerade, welche die T-Achse bei der Umgebungstemperatur T_{um} schneidet. Der Anstieg dieser Geraden ist durch den Wärmewiderstand R_{Th} bestimmt. Die Gleichrichtertemperatur T_{gl} ergibt sich bei vorgegebener Spannung U_{sp} aus dem Schnittpunkt mit der entsprechenden gestrichelten P_{el}-Kurve: im stationären Zustand sind elektrisch erzeugte Leistung und abgegebene Leistung gleich groß.

Aus einem solchen Diagramm läßt sich die *statische* Kennlinie punktweise konstruieren. Ein Kennlinienpunkt ergibt sich, wenn man für eine bestimmte Sperrspannung U_{sp} aus dem Schnittpunkt der P_{ab}-Geraden mit der betreffenden P_{el}-Kurve die Gleichrichtertemperatur T_{gl} abliest und aus Bild 2.17b den zugehörigen Strom I_{sp} ermittelt. Der prinzipielle Verlauf dieser statischen Kennlinie ist in Bild 2.17a als ausgezogene Kurve eingetragen. Man sieht, daß sich – beginnend bei kleinen Strömen – zunächst mit zunehmender Sperrspannung infolge der Selbstaufheizung ein schwacher Anstieg des Sperrstromes ergibt (z. B. Punkt ①). Eine bestimmte Sperrspannung (Punkt ②) kann jedoch bei gegebenem Wärmewiderstand nicht überschritten werden, bei weiterer Erhöhung des Sperrstromes nimmt die Sperrspannung über dem Gleichrichter wieder ab (Bereich fallender Charakteristik, Punkt ③). Diese Kennlinienform kann zur thermischen Instabilität und damit zur Zerstörung des Gleichrichters führen. In Bild 2.17a ist eine Batteriespannung U_B und eine punktierte Arbeitsgerade eingezeichnet. Der Arbeitspunkt A ist durch den Schnittpunkt dieser Geraden mit dem positiven Kennlinienast gegeben. Bei einer Erhöhung der Batteriespannung wandert der Arbeitspunkt auf der Kennlinie solange weiter, bis die Arbeitsgerade die Kennlinie tangential berührt. Bei geringfügigster weiterer Erhöhung der Batteriespannung springt dann jedoch der Arbeitspunkt zu sehr hohen Stromwerten, der Strom durch den Gleichrichter wird praktisch nur noch durch den Arbeitswiderstand bestimmt. Die Sperrfähigkeit des pn-Überganges ist infolge Selbstaufheizung zusammengebrochen, der Gleichrichter wird zerstört.

---

[1]) Die Bezeichnung „Wärmewiderstand" ist auf eine Analogie zum elektrischen Widerstand zurückzuführen. Mit der Zuordnung
$P_{ab} \rightarrow I$; $T_{gl} - T_{um} \rightarrow U$; $R_{Th} \rightarrow R$
stellt (2.59) das „Ohmsche Gesetz der Wärmeleitung" dar.

Um solche thermische Instabilität zu vermeiden, ist man bestrebt, den Wärmewiderstand durch gute Wärmekontakte und gegebenenfalls durch forcierte Kühlung möglichst niedrig zu halten (möglichst steiler Verlauf der P_{ab}-Geraden).

2.4.2. Ladungsträgermultiplikation

Die in Abschnitt 2.4.1 behandelte thermische Instabilität läßt sich weitgehend durch hinreichend gute Kühlbedingungen vermeiden. In dem Falle wird die Sperrfähigkeit eines Gleichrichters durch andere Mechanismen begrenzt, welche unmittelbar mit dem Stromfluß durch den pn-Übergang in Zusammenhang stehen. Bei sehr hoch dotierten pn-Übergängen, also in dünnen Sperrschichten, wird die Sperrfähigkeit durch den quantenmechanischen Tunneleffekt begrenzt; in schwach dotierten Übergängen, also in dicken Sperrschichten, durch das Einsetzen von Ladungsträgermultiplikation. In diesem Abschnitt soll der letztere Effekt zunächst qualitativ-anschaulich diskutiert und anschließend mathematisch formuliert werden.

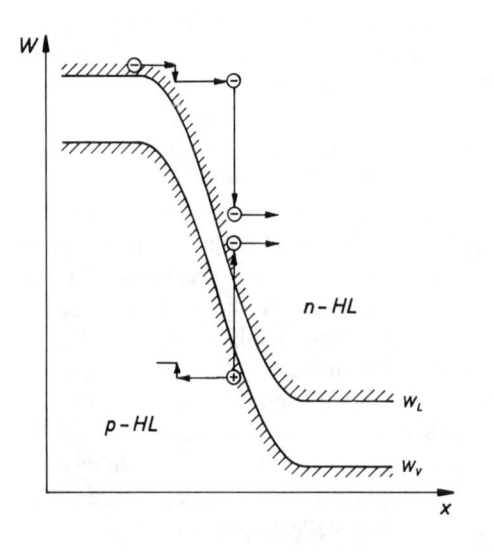

Bild 2.18
Zum Mechanismus der Ladungsträgermultiplikation, stark schematisierte Darstellung

Bild 2.18 zeigt das Bändermodell eines stark in Sperrichtung belasteten pn-Überganges. Die Elektronen des Defekthalbleiters bewegen sich auf die Sperrschicht zu, sie gewinnen im elektrischen Feld der Sperrschicht kinetische Energie (diese entspricht dem Abstand des Elektrons von der Bandkante, vgl. Bild 1.7a); im Energiediagramm bleibt die Gesamtenergie des Elektrons bei diesem Vorgang konstant (horizontale Pfeile). Außerdem können die Elektronen aber durch Anregung von Gitterschwingungen Energie an das Kristallgitter abgeben (Joulesche Wärme, kurzer senkrechter Pfeil); die Energie, die ein Elektron bei einem solchen

2.4. Durchbruchsmechanismen

Stoß an das Gitter abgeben kann, liegt in der Größenordnung von kT. Bei sehr hohen Feldstärken gewinnt nun ein Elektron zwischen zwei Stößen im elektrischen Feld mehr Energie als es bei dem nachfolgenden Stoß abgeben kann, so daß schließlich seine kinetische Energie merklich größer wird als der Bandabstand. Dann reicht diese Energie aus, ein Elektron (des Valenzbandes) aus einer Bindung herauszuschlagen und ins Leitungsband anzuheben (langer senkrechter Pfeil); der Gitterbaustein wird durch Elektronenstoß ionisiert („Stoßionisation"). Das neu entstandene Elektron-Loch-Paar kann seinerseits nach demselben Mechanismus wieder Stoßionisation hervorrufen, so daß sich eine Ladungsträgerlawine und damit ein entsprechend hoher Stromfluß ausbildet („Lawinendurchbruch"). Die vom Überschußhalbleiter in die Sperrschicht hineinlaufenden Defektelektronen tragen nach demselben Mechanismus zur Ladungsträgererzeugung bei.

Zur phänomenologischen mathematischen Beschreibung dieses Effektes führt man Ionisierungsraten $\tilde{A}_n(E)$ und $\tilde{A}_p(E)$ ein, die folgendermaßen definiert werden: $\tilde{A}_n(E)$ dx ist die Zahl derjenigen Elektron-Loch-Paare, die ein Elektron erzeugt, wenn es den Weg dx entgegen der Richtung des Feldes E zurücklegt. Entsprechend ist $\tilde{A}_p(E)$ dx die Zahl der Elektron-Loch-Paare, die ein Defektelektron erzeugt, wenn es den Weg dx in Feldrichtung durchläuft. Es ist plausibel, daß diese Ionisierungsraten primär als Funktionen der Feldstärke (d. h. der Neigung des Bändermodells) angesetzt werden und nicht als Funktionen der Spannung; denn an einer bestimmten Stelle im pn-Übergang, an welcher Multiplikation stattfindet, ist nur die Feldstärke in diesem Bereich, nicht aber der Spannungsabfall über der gesamten Sperrschicht maßgebend. Eine Berechnung dieser Funktionen würde hier zu weit führen, es werden später lediglich empirische Formeln angegeben.

Wie sind diese Ionisierungsraten in das System der in Abschnitt 1.6 aufgestellten Ausgangsgleichungen einzubauen? Da durch diese Vorgänge neue Ladungsträgerpaare entstehen, handelt es sich um einen Generationsprozeß, der in der Größe G der Kontinuitätsgleichungen (1.48) und (1.49) zu berücksichtigen ist.

G ist allgemein die Zahl der pro Zeit- und Volumeneinheit erzeugten beweglichen Träger. Nun ist im vorliegenden Fall $\tilde{A}_n$ dx die Zahl der Paare, die ein Elektron auf der Strecke dx erzeugt. Führt man statt des Weges dx die Zeit dt ein, in welcher diese Strecke zurückgelegt wird, ergibt sich wegen

$$dx = |\bar{v}_n| dt \quad (\bar{v}_n = \text{mittlere Geschwindigkeit der Elektronen})$$

für die Zahl der pro Zeit- und Volumeneinheit von allen Elektronen erzeugten Paare der Wert

$$\tilde{A}_n \cdot |\bar{v}_n| \cdot n \ .$$

Nach Einführung der Elektronenstromdichte (vgl. (1.31))

$$|J_n| = q \cdot |\bar{v}_n| \cdot n$$

erhält man

$$\frac{1}{q} \widetilde{A}_n |J_n| \; .$$

Ein analoger Term kommt durch die von den Defektelektronen erzeugten Paare hinzu, so daß

$$G = \frac{1}{q} \left(\widetilde{A}_n |J_n| + \widetilde{A}_p |J_p| \right)$$

wird. Im folgenden seien vereinfachend die Ionisierungsraten der Elektronen und Defektelektronen als gleich angenommen,

$$\widetilde{A}_n(E) = \widetilde{A}_p(E) = \widetilde{A}(E) \; ,$$

so daß für diesen Spezialfall die Generationsrate in der Form

$$G = \frac{1}{q} |J| \widetilde{A}(E) \qquad (2.60)$$

geschrieben werden kann.

Es ist weiter zu untersuchen, wie sich die Berücksichtigung dieser Generationsrate im Sperrschichtbereich auf die Kennlinie eines pn-Überganges auswirkt. Dabei kann man sich von vornherein auf die Sperrichtung beschränken. Es seien dieselben Voraussetzungen eingeführt wie sie den Rechnungen des Abschnittes 2.2 zugrunde gelegt wurden. Damit brauchen an dieser Stelle nur diejenigen Teile der Ableitung wiederholt zu werden, in denen sich eine Änderung gegenüber den früheren Ergebnissen ergibt.

Aus der Untersuchung der Bahngebiete erhält man wieder die Minoritätsstromdichten an den Sperrschichträndern $J_n(-w_p)$ und $J_p(w_n)$ gemäß (2.26) und (2.27). Innerhalb der Sperrschicht sind jetzt jedoch $J_n(x)$ und $J_p(x)$ nicht mehr konstant, es gilt vielmehr nach[1] (1.48) und (2.60) wegen $J < 0$ für die Elektronenstromdichte in der Sperrschicht

$$\frac{dJ_n}{dx} = J \widetilde{A}(E) \; .$$

---

[1] Die durch die Größe τ gekennzeichnete thermische Generation und Rekombination soll innerhalb der Sperrschicht auch hier vernachlässigt werden.

2.4. Durchbruchsmechanismen

Integriert man diesen Ausdruck über die Sperrschicht von $-w_p$ bis w_n,

$$J_n(w_n) = J_n(-w_p) + J \int_{-w_p}^{w_n} dx\, \widetilde{A}(E) ,$$

kann man die ortsunabhängige Gesamtstromdichte erhalten, indem man Elektronen- und Löcherstromdichte an der Stelle w_n addiert,

$$J = J_p(w_n) + J_n(w_n) = J_p(w_n) + J_n(-w_p) + J \int_{-w_p}^{w_n} dx\, \widetilde{A}(E) .$$

Löst man diese Gleichung nach J auf, kann man das Ergebnis in der Form

$$J = M\, \widetilde{J} \tag{2.61}$$

schreiben, wobei

$$\widetilde{J} = J_p(w_n) + J_n(-w_p)$$

diejenige Stromdichte ist, die man ohne Berücksichtigung der Trägermultiplikation nach (2.29) erhalten würde; der „Multiplikationsfaktor"

$$M = \frac{1}{1 - \int_{-w_p}^{w_n} dx\, \widetilde{A}(E)} \tag{2.62}$$

gibt an, um welchen Faktor diese Stromdichte $\widetilde{J}$ infolge Stoßionisation in der Sperrschicht vervielfacht wird. Wenn sich das Integral in (2.62) dem Wert 1 nähert, geht der Multiplikationsfaktor gegen unendlich, die Stromdichte J wächst formal über alle Grenzen, die Durchbruchsspannung ist erreicht.

Zur weiteren Berechnung der Durchbruchseigenschaften muß die Funktion $\widetilde{A}(E)$ festgelegt werden. Die vorliegenden Meßkurven dieser Größe kann man für qualitative Betrachtungen hinreichend genau approximieren durch einen Ausdruck der Form

$$\widetilde{A}(E) = K\, |E|^\nu , \tag{2.63}$$

z. B. für Silicium:

$$\frac{\widetilde{A}}{(\text{cm}^{-1})} = 1{,}4 \cdot 10^{-35} \left| \frac{E}{(\text{V/cm})} \right|^7 .$$

Da der Feldstärkeverlauf in der Sperrschicht aus den Überlegungen des Abschnittes 2.2.1 bekannt ist[1]), läßt sich das in (2.62) auftretende Integral berechnen. Das sei im folgenden lediglich für einen abrupten p^+n-Übergang durchgeführt. Dann ist die Integration nur von $x = 0$ bis $x = w_n$ zu erstrecken, wobei die Feldstärke nach (1.42) und (2.5) durch

$$E(x) = \frac{q}{\epsilon} N_D (x - w_n)$$

gegeben ist und die Sperrschichtgrenze nach (2.18) den Wert

$$w_n = \sqrt{\frac{2\epsilon(U_D + U_{sp})}{qN_D}}$$

annimmt. Die Ausführung des in (2.62) auftretenden Integrals führt unter Berücksichtigung von (2.63) auf [2])

$$M = \frac{1}{1 - \left(\dfrac{U_{sp}}{U_{DB}}\right)^{(\nu+1)/2}}, \qquad (2.64)$$

wobei als Kürzung die Größe

$$U_{DB} = \frac{1}{2}\left(\frac{\nu+1}{K}\right)^{2/(\nu+1)} \left(\frac{\epsilon}{qN_D}\right)^{(\nu-1)/(\nu+1)} \qquad (2.65)$$

eingeführt wurde. Man sieht, daß U_{DB} die Durchbruchsspannung ist; für $U_{sp} \rightarrow U_{DB}$ geht $M \rightarrow \infty$. Mit (2.61) und (2.64) hat man die Möglichkeit, die Kennlinie bis in das Durchbruchsgebiet hinein zu berechnen. Weiterhin kann man mit (2.65) für abrupte, stark unsymmetrisch dotierte Übergänge die Durchbruchsspannung in Abhängigkeit von der Dotierung angeben und damit im Idealfall durch gezielte Dotierung Durchbruchsspannungen definiert einstellen [3]). Aus der Formel für die Sperrschichtausdehnung (2.18) kann man weiter bestimmen, welche Dicke die niedrig dotierte Zone mindestens haben muß, um die so berechnete Spannungsfestigkeit tatsächlich voll auszunutzen.

---

[1]) Es wird auch hier angenommen, daß in der Raumladungsbilanz die Konzentration der beweglichen Ladungsträger in der Sperrschicht gegenüber den Dotierungskonzentrationen zu vernachlässigen ist.

[2]) Dabei wurde $U_D \ll U_{sp}$ vernachlässigt.

[3]) Für nicht zu niedrige Durchbruchsspannungen gibt (2.65) die experimentell gefundene Abhängigkeit von der Dotierung richtig wieder.

2.4. Durchbruchsmechanismen

2.4.3. Tunneleffekt

Neben der Stoßionisation kann prinzipiell auch der quantenmechanische Tunneleffekt die Sperrfähigkeit eines pn-Überganges begrenzen. Bild 2.19a zeigt das Prinzip. Wenn ein freies Elektron der Energie W_0 auf eine Energieschwelle der Dicke l und der Höhe $W_S > W_0$ auftrifft, sollte nach klassischen Vorstellungen das Elektron durch diese Energieschwelle am Weiterfliegen gehindert werden, es sollte Reflexion stattfinden. Die Quantenmechanik zeigt jedoch, daß bei hinreichend dünnen Energieschwellen eine endliche Wahrscheinlichkeit besteht, daß das Elektron unter Beibehaltung seiner Energie die Schwelle durchqueren (durchtunneln) kann.

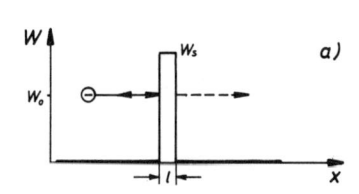

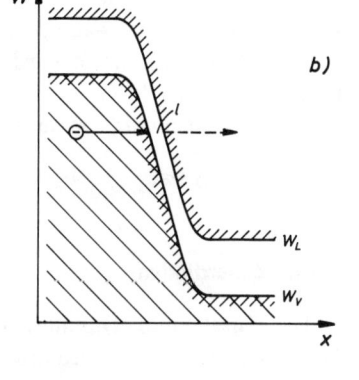

Bild 2.19
Zur anschaulichen Interpretation des Tunneleffektes
a) Tunneleffekt eines freien Elektrons an einer Energieschwelle
b) Übergang eines Elektrons aus dem Valenzband in das Leitungsband durch Tunneleffekt

Ein analoger Effekt ist auch in Sperrschichten möglich. Bild 2.19b zeigt das Bändermodell eines in Sperrichtung belasteten pn-Überganges. Die Elektronen des Valenzbandes sind durch die verbotene Zone von den erlaubten Zuständen des Leitungsbandes getrennt; das entspricht etwa den Verhältnissen an der Energieschwelle des Bildes 2.19a. Links waren Elektronen der Energie W_0, die durch die „verbotene Zone", die Energieschwelle, von den erlaubten Zuständen rechts der Energieschwelle getrennt waren. Man wird also erwarten, daß auch im pn-Übergang Elektronen des Valenzbandes die verbotene Zone durchtunneln und im Leitungsband unter Beibehaltung ihrer Energie weiterlaufen, wenn nur die zu durchtunnelnde Strecke l hinreichend klein ist. Nun hängt diese Strecke mit der Feldstärke E an der betreffenden Stelle zusammen durch

$$q|E| = \frac{W_{LV}}{l}.$$

Mit zunehmender Feldstärke wird l kleiner; wenn ein gewisser Grenzwert unterschritten ist, so daß eine merkliche Tunnelwahrscheinlichkeit auftritt, wird wegen der hohen Elektronenkonzentration im Valenzband (Größenordnung 10^{22} cm^{-3}) ein großer Strom fließen, es ergibt sich eine ähnliche Durchbruchscharakteristik wie bei der Trägermultiplikation.

Auf eine quantitative Formulierung dieses Zenerdurchbruchs soll hier verzichtet werden. Statt dessen sei eine grobe Faustregel angegeben, welche lediglich die Grössenordnung richtig wiedergibt. Man kann annehmen, daß bei pn-Übergängen in Germanium und Silicium dann ein merklicher Tunnelstrom einsetzt, wenn die in der Sperrschicht auftretende maximale Feldstärke einen bestimmten Grenzwert E_{gr}, der etwa in der Größenordnung von 10^6 V/cm liegt, überschreitet. Damit kann man abschätzen, wie beispielsweise für einen abrupten p$^+$n-Übergang die durch den Tunneleffekt bedingte Durchbruchsspannung U_{DB} von der Dotierung abhängt. Setzt man in (2.20) für $E(0)$ die Grenzfeldstärke ein, ergibt sich für die Abhängigkeit der Durchbruchsspannung von der Dotierung

$$U_{DB} + U_D = \frac{\epsilon}{2 q N_D} E_{gr}^2 \ . \tag{2.66}$$

2.4.4. Zenerdioden

Das Einsetzen des Durchbruchs bei einer fest definierten Spannung wird zur Gleichspannungsstabilisierung ausgenutzt. Die Kennlinie dieser „Zenerdioden" entspricht der in Bild 2.1b gezeigten, wobei lediglich der Steilanstieg des Stromes im Durchbruchsbereich besonders groß ist. Die Durchbruchsspannungen können etwa zwischen 2 V und 200 V liegen. Wesentlich für die technische Ausnutzung ist, daß beide Effekte, Lawinendurchbruch und Tunneleffekt, nicht zu einer Zerstörung des Elementes führen, also reversible Vorgänge sind; solange man für eine Strombegrenzung sorgt, können Zenerdioden stationär im Durchbruchsbereich betrieben werden. Es zeigt sich, daß bei kleinen Durchbruchsspannungen (für Silicium etwa unterhalb 6 V) der Mechanismus des Tunneleffektes vorliegt, ein bei höheren Spannungen erfolgender Durchbruch dagegen durch den Lawinenmechanismus bedingt wird[1]). Das kann man grob qualitativ einsehen, wenn man die Durchbruchsspannung U_{DB} als Funktion der Dotierung N_D für beide Mechanismen nach den Gleichungen (2.65) und (2.66) aufträgt (Bild 2.20). Da der Durchbruch bei gegebener Dotierung jeweils bei der niedrigeren Spannung einsetzt, ist bei kleinen Spannungen (hohen Dotierungen, dünnen Sperrschichten) der Tunneleffekt, bei hohen Spannungen (niedrigen Dotierungen, dicken Sperrschichten) der Lawinendurchbruch maßgebend.

---

[1]) Die Bezeichnung „Zenerdioden" ist daher nicht sehr glücklich gewählt. Man spricht besser von „(Spannungs-)Referenz-Dioden".

2.4. Durchbruchsmechanismen

Auf diese zwei verschiedenen Mechanismen ist es auch zurückzuführen, daß sich oberhalb und unterhalb dieser Grenzspannung verschiedene Temperaturabhängigkeiten ergeben. Beim Zenereffekt wird die Durchbruchsspannung mit zunehmender Temperatur kleiner, beim Lawinendurchbruch nimmt sie mit zunehmender Temperatur zu.

Bild 2.20
Schematische Darstellung der Durchbruchsspannung als Funktion der Dotierung für Lawinendurchbruch (U_{DB}^L) und Tunneleffekt (U_{DB}^T) (Diffusionsspannung vernachlässigt)

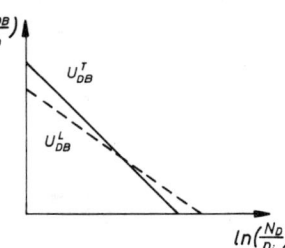

2.4.5. Tunneldioden

Tunneldioden sind bis zur Entartung dotierte pn-Übergänge. Ihre Kennlinie zeichnet sich durch das Auftreten eines negativen differentiellen Widerstandes aus (Bild 2.21), der zur Schwingungserzeugung, Verstärkung (Entdämpfung) oder eventuell auch als schneller Schalter (Schaltzeiten unter 1 ns) verwendet werden kann.

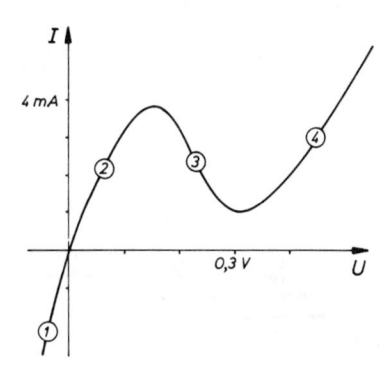

Bild 2.21
Kennlinie einer Tunneldiode

Der Vorteil der Tunneldioden gegenüber anderen Halbleiter-Bauelementen liegt darin, daß die physikalischen Vorgänge, welche die Kennlinie bestimmen, sehr schnell verlaufen, so daß die Grenzfrequenz durch die Schaltung und durch die unvermeidliche Sperrschichtkapazität bestimmt wird; Speichereffekte, wie sie etwa durch die Lebensdauer der Minoritätsträger in Gleichrichtern oder Transistoren bedingt sind, spielen keine Rolle. Außerdem ist der negative Kennlinienteil relativ temperaturunempfindlich.

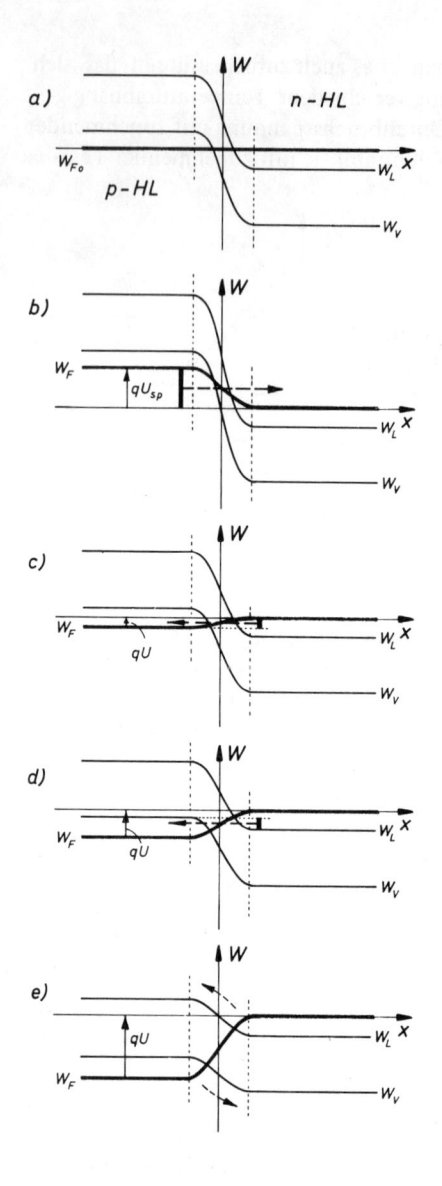

Bild 2.22
Bändermodell einer Tunneldiode unter verschiedenen Belastungen, Erläuterungen im Text

Das prinzipielle Zustandekommen dieser Kennlinienform sei anhand des Bildes 2.22 diskutiert. Teilbild a zeigt das Bändermodell eines pn-Überganges im thermischen Gleichgewicht; dieser Übergang ist auf beiden Seiten so stark dotiert, daß n- und p-Halbleiter entartet sind, das Ferminiveau W_{F0} liegt im p-Halbleiter im Valenzband, im n-Halbleiter im Leitungsband; die Diffusionsspannung ist größer

2.4. Durchbruchsmechanismen

als dem Bandabstand entspricht. Durch diese hohe Dotierung ergibt sich eine sehr schmale Raumladungszone. Die früher abgeleitete Gleichung (2.20) für die maximale Feldstärke gilt zwar bei Entartung nicht mehr; wenn man trotzdem zur Abschätzung der Größenordnung

$$N_A = N_D = 5 \cdot 10^{19} \text{ cm}^{-3}, \quad U_D - U = 1 \text{ V}, \quad \epsilon_r = 12$$

einsetzt, erhält man den näherungsweise gültigen Wert

$$E \approx 2{,}7 \cdot 10^6 \text{ V/cm},$$

also eine Größenordnung, bei welcher nach den Ausführungen des Abschnittes 2.4.3 bereits ein Tunneleffekt möglich sein sollte.

Für die folgende Diskussion sei vereinfachend angenommen, daß *alle* Niveaus unterhalb der Fermienergie von Elektronen besetzt, *alle* Niveaus oberhalb der Fermienergie unbesetzt sind; das ist für den absoluten Temperaturnullpunkt exakt richtig, bei höheren Temperaturen wird diese scharfe Grenze durch die thermische Energie lediglich etwas „aufgeweicht" (Größenordnung kT).

Nun ist zum Einsetzen des Tunneleffektes nicht nur eine hinreichend kleine Breite der zu durchtunnelnden Energiebarriere erforderlich, sondern ebenfalls, daß auf der anderen Seite der Energieschwelle *unbesetzte* erlaubte Zustände vorhanden sind. Das war bei hinreichend stark in Sperrichtung belasteten pn-Übergängen, wie sie in Abschnitt 2.4.3 behandelt wurden, automatisch erfüllt. Im vorliegenden Fall, in welchem alle Niveaus unterhalb der Fermienergie besetzt sind, kann jedoch kein Tunneleffekt auftreten. Diese Verhältnisse ändern sich aber, wenn der pn-Übergang in Sperrichtung belastet wird (Bild 2.22b). Je nach Höhe der Sperrspannung U_{sp} stehen nun einer Gruppe von Elektronen des Valenzbandes freie Plätze im Leitungsband gegenüber, nur durch eine schmale verbotene Zone getrennt. Es fließt ein Tunnelstrom, getragen von den Elektronen des Valenzbandes; mit wachsender Sperrspannung U_{sp} steigt der Strom an, ein Sperrgebiet besteht nicht (Kennlinienteil ① des Bildes 2.21).

Bild 2.22c zeigt das Bändermodell für eine relativ schwache Belastung in Durchlaßrichtung. Hier haben sich die Verhältnisse umgekehrt: durch die Absenkung des Bändermodells auf der linken Seite stehen nun Elektronen des Leitungsbandes freien Plätzen des Valenzbandes gegenüber, so daß ein Tunnelstrom fließt, der von Elektronen des Leitungsbandes getragen wird. Dies sind die im Kennlinienteil ② des Bildes 2.21 vorliegenden Verhältnisse. Mit steigender Durchlaßspannung wird die Zahl der Elektronen, welche freien Plätzen gegenüberstehen, also tunneln können, vergrößert; daher wird mit zunehmender Spannung der Strom größer.

Bei weiterer Erhöhung der Spannung, wenn die Unterkante des Leitungsbandes im Überschußhalbleiter höher liegt als das Ferminiveau der defektleitenden Seite (Bild 2.22d), wird die Zahl derjenigen Elektronen im Leitungsband, denen freie Plätze im Valenzband gegenüberstehen, wieder abnehmen. Das führt zum Kennlinienteil ③ des Bildes 2.21.

Geht man zu noch größeren Durchlaßspannungen über, werden schließlich allen Elektronen des Leitungsbandes Zustände in der verbotenen Zone gegenüberstehen (Bild 2.22e); in diesem Fall kann kein Tunnelstrom fließen. Daher macht sich jetzt ein Mechanismus für den Stromfluß bemerkbar, der prinzipiell auch schon bei niedrigeren Spannungen vorhanden war, nämlich die Injektion von Elektronen und Defektelektronen über die Energieschwelle hinweg (Kennlinienteil ④ des Bildes 2.21); das ist derjenige Mechanismus, der bei nichtentarteten pn-Übergängen den Gleichrichtereffekt bedingt.

Damit sei die qualitative Diskussion der Kennlinienform abgeschlossen, auf weitere Einzelheiten soll nicht eingegangen werden.

Um das Verhalten von Tunneldioden in elektronischen Kreisen in einfacher Weise zu beschreiben, kann man — sofern die Aussteuerung auf den negativen Kennlinienast beschränkt bleibt — ein übersichtliches Ersatzschaltbild angeben. Neben dem negativen (differentiellen) Widerstand $-r$ muß hierin auf jeden Fall die Sperrschichtkapazität c_s aufgenommen werden. Daneben sind aber auch Induktivität L der Zuleitungen und Bahnwiderstand R zu berücksichtigen (Bild 2.23). Während Sperrschichtkapazität und negativer Widerstand stark vom Arbeitspunkt abhängen können, sind Bahnwiderstand und Induktivität naturgemäß konstante Größen.

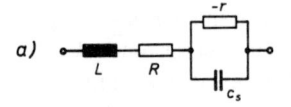

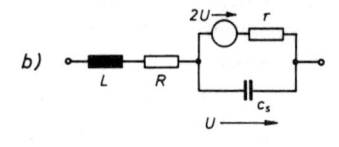

Bild 2.23
Wechselstrom-Ersatzschaltbilder der Tunneldiode bei Aussteuerung innerhalb des negativen Kennlinienteils

Der komplexe Widerstand der in Bild 2.23a gezeigten Anordnung ist

$$Z = R - \frac{r}{1 + \omega^2 c_s^2 r^2} + j\omega \left[L - \frac{c_s r^2}{1 + \omega^2 c_s^2 r^2} \right].$$

Die Tunneldiode kann zur Verstärkung (Entdämpfung) verwendet werden, solange Re(Z) < 0 ist; daraus ergibt sich die Grenzfrequenz für den Verstärkerbetrieb zu

$$\omega_{gr} = \frac{1}{c_s r} \sqrt{\frac{r}{R} - 1}.$$

Bei technischen Tunneldioden liegt dieser Wert in der Größenordnung von Gigahertz.

2.4. Durchbruchsmechanismen

2.4.6. Rückwärtsdiode

Wenn man bei einer Tunneldiode n- und p-Seite des pn-Überganges nur so hoch dotiert, daß das Ferminiveau gerade auf der Bandkante liegt, kann man sich nach demselben Verfahren klarmachen, daß in diesem Falle bei Belastung in Sperrichtung zwar ein Tunneleffekt auftritt, nicht jedoch bei Belastung in Durchlaßrichtung

Bild 2.24
Bändermodell der Rückwärtsdiode
a) unbelastet
b) Belastung in Sperrichtung
c) Belastung in Durchlaßrichtung

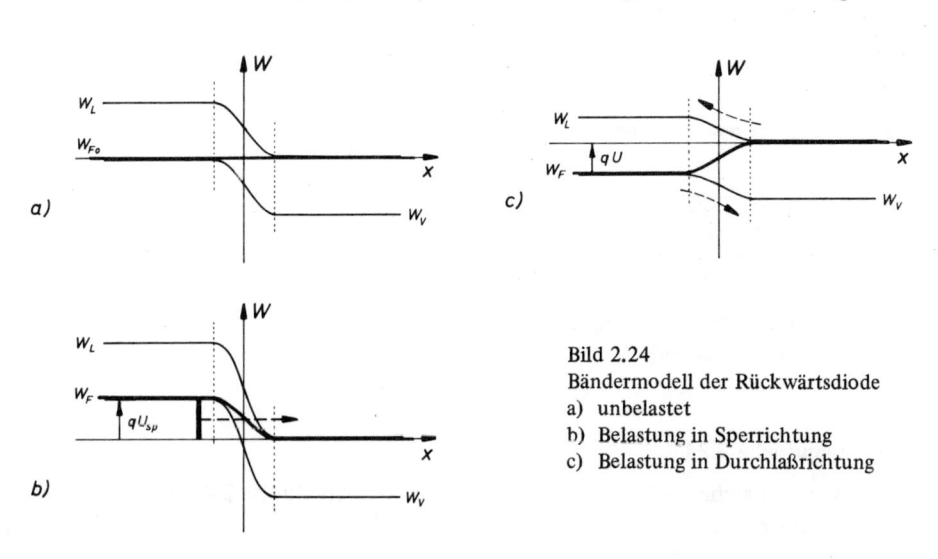

(Bild 2.24). Es ergibt sich damit die in Bild 2.25 gezeigte Kennlinie. In der konventionellen Sperrichtung zeigt dieses Bauelement eine bessere Flußkennlinie als normale Gleichrichter in der Durchlaßrichtung, in konventioneller Durchlaßrichtung sperrt es dagegen nur etwa 0,5 V („Rückwärtsdiode").

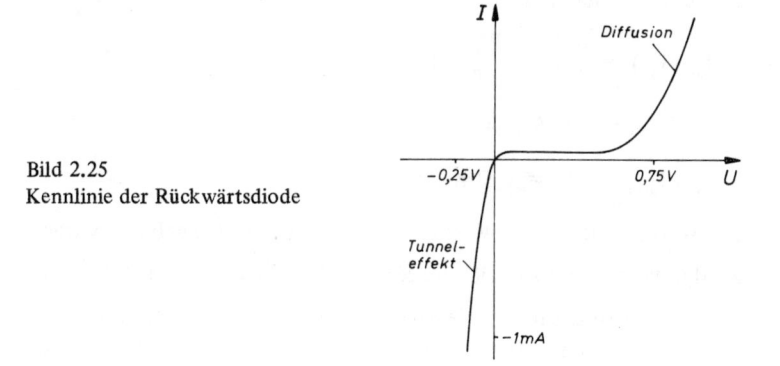

Bild 2.25
Kennlinie der Rückwärtsdiode

Hiermit hat man einmal die Möglichkeit, kleine Spannungen gleichzurichten oder aber die Krümmung der Kennlinie in der Umgebung des Nullpunktes auszunutzen; der wesentliche Vorteil liegt darin, daß der durch den Tunneleffekt bedingte Kennlinienteil nur geringe Frequenz- und Temperaturabhängigkeit aufweist und ein Betrieb bis zu recht hohen Frequenzen technisch sinnvoll ist.

2.4.7. Übungsaufgaben

Übungsaufgabe 2.20

Ein Silicium-p^+n-Gleichrichter soll so ausgelegt werden, daß er noch bei einer Belastung von 100 V sperrt.
a) Wie hoch ist die Dotierung der n-Zone zu wählen?
b) Welche Dicke des n-Bereiches ist mindestens erforderlich?

Übungsaufgabe 2.21

Man untersuche analog zu den Überlegungen des Abschnitts 2.4.2 für einen linearen pn-Übergang
a) Spannungsabhängigkeit des Multiplikationsfaktors
b) Abhängigkeit der Durchbruchsspannung vom Störstellengradienten.

Übungsaufgabe 2.22

Der isotherme Rückstrom eines Silicium-Gleichrichters sei (spannungsunabhängig) als Funktion der Gleichrichtertemperatur T_{gl} durch

$$I_{sp}(T_{gl}) \sim \exp\left(-\frac{W_{LV}}{kT_{gl}}\right)$$

gegeben. Für $T_{gl} = T_{um} = 293\ °K$ sei

$$I_{sp}(T_{um}) = I_0 = 0{,}5\ mA\ .$$

Der Wärmewiderstand zwischen Sperrschicht und Umgebung betrage $R_{Th} = 1\ °C/W$.
a) Man berechne die Gleichrichterspannung für $I_{sp}/I_0 = 1{,}2;\ 2;\ 10;\ 100$.
b) Wie groß ist die maximale Sperrspannung, die sich aufgrund der thermischen Selbsterwärmung ergeben würde? Bei welchem Strom tritt sie auf?

2.5. Sperrschicht-Photoelemente

Ein weiteres Bauelement, in welchem die elektrischen Eigenschaften eines pn-Überganges technisch ausgenutzt werden, ist das Sperrschicht-Photoelement. Bild 2.26 zeigt den prinzipiellen Aufbau. In eine n-leitende Halbleiterscheibe wurde eine dünne p-leitende Schicht eindiffundiert, so daß der pn-Übergang möglichst nahe an der Oberfläche liegt. Um die Mittelzone dieses Überganges beleuchten zu können,

Bild 2.26
Schematischer Aufbau eines pn-Photoelementes

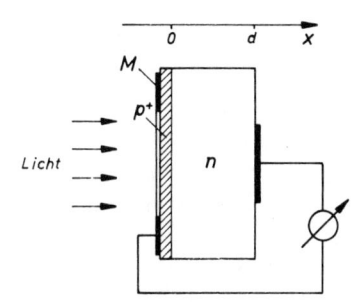

wird die p-leitende Schicht am Rande ringförmig kontaktiert. Damit der Zuleitungswiderstand zwischen Metallkontakt M und beleuchteter Stelle des pn-Überganges klein ist, soll die p-leitende Schicht eine hohe Leitfähigkeit besitzen (p^+n-Übergang).

2.5.1. Kennlinie

Um eine Berechnung der Strom-Spannungskennlinie eines solchen Photoelementes durchführen zu können, muß zunächst eine Aussage über den Mechanismus der Lichtabsorption im Halbleiter gemacht werden. Es sei vereinfachend angenommen, daß die Absorption eines Lichtquantes nur durch einen „Band-Band-Übergang" erfolgen kann, wie es in Bild 1.13a schematisch dargestellt ist. Da bei diesem Vorgang ein Elektron-Loch-Paar entsteht, handelt es sich um einen Generationsprozeß, der in den Kontinuitätsgleichungen (1.48) und (1.49) zu berücksichtigen ist. Dabei ist die Generationsrate G, die zugleich die Zahl der pro Zeit- und Volumeneinheit absorbierten Lichtquanten angibt, im allgemeinen eine Ortsfunktion. Bezeichnet man mit v_0 die Zahl der pro Zeit- und Flächeneinheit in die Halbleiteroberfläche eindringenden Lichtquanten[1]) und mit K die (wellenlängenabhängige) Absorptionskonstante,

---

[1]) Dies ist nur dann gleich der Zahl der auftreffenden Lichtquanten, wenn keine Reflexion an der Oberfläche stattfindet.

so ist die Zahl $\nu(x)$ der Lichtquanten, die an der Stelle x in der Zeiteinheit die Flächeneinheit durchqueren, durch

$$\nu(x) = \nu_0 \exp(-Kx)$$

gegeben. Damit wird allgemein

$$G(x)\,dx = \nu(x) - \nu(x+dx) = dx\,\nu_0\,K \exp(-Kx). \qquad (2.67)$$

Besonders einfache Verhältnisse ergeben sich, wenn die Absorptionskonstante K so klein ist, daß im ganzen Bereich des Halbleiterplättchens die Exponentialfunktion praktisch gleich 1 ist, d. h. $Kd \ll 1$, vgl. Bild 2.26. Damit wird

$$G = \nu_0\,K \qquad (2.68)$$

ortsunabhängig. Weiterhin kann man die p-dotierte Zone und den Sperrschichtbereich als so dünn ansehen, daß die Zahl der in diesen Schichten absorbierten Lichtquanten gegenüber der Lichtabsorption im n-Bereich zu vernachlässigen ist. Unter diesen Voraussetzungen wird der gesamte Stromfluß durch die Defektelektronen des Überschußhalbleiters bestimmt.

Der Berechnung der Strom-Spannungskennlinie wird der allgemeinere Fall zugrunde gelegt, daß auch eine äußere Spannung an den pn-Übergang angelegt werden kann. Die Rechenmethode schließt sich eng an das in Abschnitt 2.2 verwendete Verfahren an, so daß der Rechnungsgang nur kurz skizziert zu werden braucht.

Die in Abschnitt 2.2.1 gewonnenen Ergebnisse können unverändert übernommen werden. Im Bahngebiet des Überschußhalbleiters ist die zweite Gleichung (2.21) durch die Generationsrate (2.68) zu ergänzen. Nimmt man vereinfachend an, daß die Schichtdicke d des Überschußhalbleiters groß gegenüber der Diffusionslänge L_p ist, bleibt der Metallkontakt bei $x = d$ ohne Einfluß auf den Stromfluß. Man hat als Randbedingung für die Löcherkonzentration außer (2.17) die Forderung, daß sich in großer Entfernung vom pn-Übergang dieselben Verhältnisse wie in einem homogenen Halbleiter einstellen müssen, also

$$p(\infty) = p_0 + G\tau.$$

Für den Verlauf der Defektelektronenkonzentration im n-Gebiet erhält man damit

$$p(x) - p_0 = \left\{ p_0 \left[\exp\left(\frac{qU}{kT}\right) - 1 \right] - G\tau \right\} \exp\left(-\frac{x-w_n}{L_p}\right) + G\tau.$$

2.5. Sperrschicht-Photoelemente

Hieraus ergibt sich die Löcherstromdichte am Sperrschichtrand ($x = w_n$) nach (2.21) zu

$$J_p = J_{gl} - J_{ph} , \qquad (2.69)$$

wobei

$$J_{gl} = \frac{qD_p}{L_p} \, p_0 \left[\exp\!\left(\frac{qU}{kT}\right) - 1 \right] \qquad (2.70)$$

die Strom-Spannungsbeziehung eines unbeleuchteten pn-Überganges darstellt und

$$J_{ph} = qGL_p \qquad (2.71)$$

den Photostrom kennzeichnet.

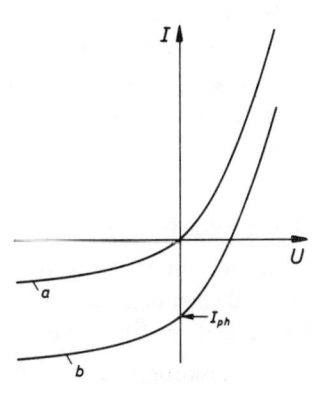

Bild 2.27
Kennlinie eines unbeleuchteten (a) und eines beleuchteten (b) pn-Überganges

Damit erhält man die Kennlinie eines pn-Gleichrichters, die um den Photostrom verschoben ist (Bild 2.27). Formeln für Kurzschlußstrom und Leerlaufspannung lassen sich aus (2.69) bis (2.71) gewinnen. Man sieht weiterhin, daß der Photostrom proportional der Zahl derjenigen Lichtquanten ist, die innerhalb der Diffusionslänge absorbiert werden; nur die in diesem Bereich erzeugten Defektelektronen gelangen ohne zu rekombinieren zur Sperrschicht und von dort weiter in den Defekthalbleiter. Die bei der Paarbildung entstehenden Elektronen laufen von der Sperrschicht weg und schließen den Stromkreis.

2.5.2. Übungsaufgaben

Übungsaufgabe 2.23

Man skizziere den Verlauf von Bändermodell und Ferminiveau eines beleuchteten p^+n-Überganges unter Berücksichtigung des Spannungsabfalls im n-Halbleiter.

Übungsaufgabe 2.24

Man berechne die Strom-Spannungskennlinie eines p^+n-Photoelementes, wenn der n-Bereich eine endliche Dicke d hat (Bild 2.26) und an dieser Stelle mit einem Metallkontakt [$n(d) = n_0$; $p(d) = p_0$] versehen ist. Die Eindringtiefe des Lichtes sei groß gegenüber der Schichtdicke, so daß praktisch eine ortsunabhängige Generationsrate vorliegt.

Übungsaufgabe 2.25

Man diskutiere anhand der in Bild 2.27 skizzierten Kennlinie:
a) Die maximal dem Photoelement entnehmbare Leistung.
b) Wie wirkt sich eine Erhöhung des Bahnwiderstandes auf Kurzschlußstrom und Leerlaufspannung aus?
c) Wie würde sich ein Nebenschluß über der Sperrschicht (etwa infolge unzureichender Oberflächenbehandlung) auf Kurzschlußstrom und Leerlaufspannung auswirken?

Übungsaufgabe 2.26

Man erweitere die in Abschnitt 2.5.1 durchgeführte Kennlinienberechnung auf den Fall einer ortsabhängigen Generationsrate (es ist wieder nur Absorption im Bahngebiet des Überschußhalbleiters zu berücksichtigen).

Man diskutiere die Grenzfälle schwacher und starker Absorption.

3. Der Transistor

In Abschnitt 1 wurden die elektrischen Eigenschaften des homogenen Halbleiters, in Abschnitt 2 die eines pn-Überganges behandelt. In der systematischen Fortführung dieser Reihe ist die Kombination von zwei pn-Übergängen und ihre gegenseitige Wechselwirkung zu untersuchen. Das führt auf das bekannteste Bauelement, den Transistor.

3.1. Prinzip

Das Prinzip des Transistors sei zunächst durch eine einfache Erweiterung der Übungsaufgabe 2.10 plausibel gemacht.

Es war gezeigt, daß durch Vorgabe der Konzentration an einem Punkt x_2 außerhalb der Sperrschicht der durch den pn-Übergang fließende Strom gesteuert werden kann. Bild 3.1 zeigt die Verhältnisse für den Fall, daß der pn-Übergang ($x_3 x_4$) in Sperrichtung belastet ist und die p-Schicht ein „kurzes" Bahngebiet hat ($d_b \ll L_n$). Die Elektronenkonzentration bei x_3 wird durch die Sperrspannung U_{cb} praktisch auf null gehalten. Für $n(x_2) = n_0$ ergibt sich der in Bild 3.1 b gestrichelt eingezeichnete Konzentrationsverlauf. Die durch den pn-Übergang fließende Elektronenstromdichte $J_n(x_3)$ ist proportional dem Anstieg dieser Geraden. Wird die Konzentration an der Stelle x_2 auf den Wert $n(x_2) > n_0$ erhöht, ändert sich damit auch die Elektronenstromdichte $J_n(x_3)$.

Es bleibt die Frage offen, wie man an einer bestimmten Stelle in einem Halbleiter die Minoritätsträgerkonzentration vorgeben kann. Die Gleichungen (2.16) und (2.17) zeigen, daß dies dadurch möglich ist, daß man einen pn-Übergang an der betreffenden Stelle anbringt und ihn so mit einer Spannung beaufschlagt, daß sich am Sperrschichtrand die gewünschte Konzentration einstellt. Mit dieser Vorstellung ergibt sich die in Bild 3.1 a gestrichelt gezeichnete Anordnung; dies ist der schematische Aufbau eines Transistors.

Die Vorzeichenwahl von Strömen und Spannungen ist in Bild 3.1 nach den bei Vierpolen üblichen Richtungen erfolgt. Die dargestellte Anordnung nennt man entsprechend der Schichtenfolge einen npn-Transistor im Gegensatz zum pnp-Transistor, bei welchem die Schichtenfolge sinngemäß vertauscht ist. Die einzelnen Schichten werden als Emitter E, Basis B und Kollektor C bezeichnet. Die Emitter-Basissperrschicht ($x_1 x_2$) wird im normalen Betrieb als Verstärker in Durchlaßrichtung, die Kollektor-Basissperrschicht ($x_3 x_4$) in Sperrichtung belastet. Das bedeutet bei der Vorzeichenwahl der angelegten Spannungen [1]

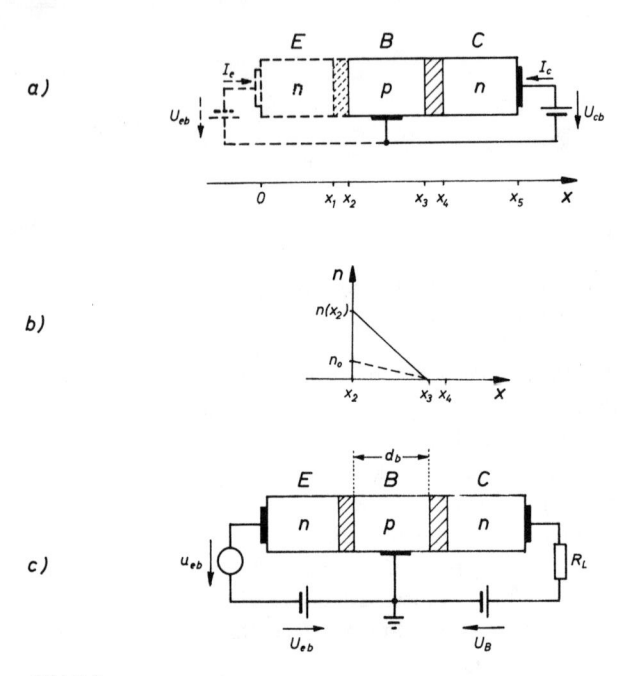

$$U_{eb} < 0, \quad U_{cb} > 0.$$

Bild 3.1
Zum prinzipiellen Mechanismus des Transistors
a) Der voll ausgezogene Bereich $x > x_2$ kennzeichnet einen pn-Übergang, dessen Elektronenstromdichte durch die Randkonzentration $n(x_2)$ gesteuert wird. Die Anordnung im Bereich $0 < x < x_2$ dient zur Einstellung dieser Konzentration.
b) Konzentrationsverlauf der Minoritätsträger in der Basis B;
gestrichelt: $n(x_2) = n_0$; ausgezogen: $n(x_2) > n_0$
c) Spannungsversorgung eines npn-Transistors in Basisschaltung

---

[1] Merkregel: Wenn die Majoritätsträger durch die angelegte Spannung auf die Sperrschicht zugetrieben werden, wird die Sperrschichtdicke verringert: Durchlaßrichtung. Wenn die Majoritätsträger durch die Spannung von der Sperrschicht weggezogen werden, vergrößert sich die Sperrschichtausdehnung: Sperrichtung.

3.1. Prinzip

Es soll nun an einem möglichst einfachen Beispiel gezeigt werden, wie man eine Spannungsverstärkung mit einem Transistor erzielen kann. Dazu wird die in Bild 3.1a dargestellte Anordnung auf der Emitterseite durch eine Signalspannung u_{eb} ($|u_{eb}| \ll kT/q$) und auf der Kollektorseite durch einen Lastwiderstand R_L ergänzt (Bild 3.1c); die Emitterzone sei wesentlich höher dotiert als die Basiszone, so daß nur ein Elektronenstrom durch die Emittersperrschicht fließt.

Dann ergibt sich (vgl. Übungsaufgabe 2.10) unter Berücksichtigung der Vorzeichen von Strom und Spannung der von Elektronen getragene Emitterstrom zu

$$I_n = -\frac{qA}{d_b} D_n\, n_0\, \exp\!\left(-\frac{qU}{kT}\right),$$

wobei die über der Emittersperrschicht liegende Gesamtspannung $U = U_{eb} + u_{eb}$ sich aus Gleichvorspannung U_{eb} und Signalspannung u_{eb} zusammensetzt. Der von der Signalspannung herrührende Anteil i_n des Stromes beträgt

$$i_n = \frac{1}{r_e}\, u_{eb}$$

mit

$$\frac{1}{r_e} = \frac{q^2 A}{kT}\, \frac{D_n}{d_b}\, n_0\, \exp\!\left(-\frac{qU_{eb}}{kT}\right).$$

Da im vorliegenden stark vereinfachten Modell derselbe Strom auch durch den Kollektor fließt, erhält man als Wechselspannung u_L am Lastwiderstand

$$u_L = R_L\, i_n = \frac{R_L}{r_e}\, u_{eb}.$$

Der differentielle Widerstand r_e der in Durchlaßrichtung belasteten Emittersperrschicht ist relativ klein, so daß man für einen hinreichend großen Lastwiderstand ($R_L \gg r_e$) eine erhebliche Spannungsverstärkung erzielen kann.

Weiter sei zur Erläuterung des Transistorprinzips ein qualitativer Vergleich mit den Verhältnissen in einer Elektronenröhre durchgeführt. In Bild 3.2a ist eine Triode schematisch dargestellt, darunter wurde der Verlauf der Elektronenenergie für negative Gittervorspannungen angegeben [1]. Der Teilchenstrom der Elektronen, der von der Kathode zur Anode fließt, wird durch die Höhe des Energieberges in Gitternähe bestimmt; durch eine Variation der Gitter-Kathodenspannung kann der Anodenstrom gesteuert werden.

---

[1] Es wurde für diese Darstellung eine Ebene betrachtet, die durch einen Gitterstab hindurchgeht, vgl. Abschnitt 6.3.1.

Ähnliche Verhältnisse liegen beim Transistor vor. Bei der npn-Struktur des Bildes 3.2b sei zur Vereinfachung der Beschreibung die Dotierung der beiden n-Zonen groß gegenüber der Dotierung der p-Zone, so daß durch die pn-Übergänge im wesentlichen nur ein Elektronenstrom fließt. Der Verlauf der Elektronenenergie im stromlosen Zustand ($U_{eb} = U_{cb} = 0$, Bild 3.1 a) ist im darunterliegenden Energiediagramm als gestrichelte Kurve aufgetragen; die Energiedifferenzen zwischen n-Halbleitern und p-Halbleiter sind durch die Diffusionsspannungen gegeben. Legt man nun zwischen Basis und Emitter eine Durchlaßspannung an, wird die Energiebarriere dieses Überganges abgebaut. Belastet man weiter den Kollektor in Sperrrichtung, wird die Elektronenkonzentration am Rande der Kollektorsperrschicht praktisch auf null abgesenkt, so daß alle vom Emitter injizierten Elektronen dorthin diffundieren und vom Kollektor „gesammelt" werden. Den vom Emitter über die Emitter-Basisbarriere fließenden Strom kann man durch Variation der Emitter-Basisspannung steuern. Im Idealfalle erfolgt sowohl im Transistor als auch in der Röhre die Steuerung stromlos, d.h. ohne daß ein Gitter- bzw. Basisstrom fließt.

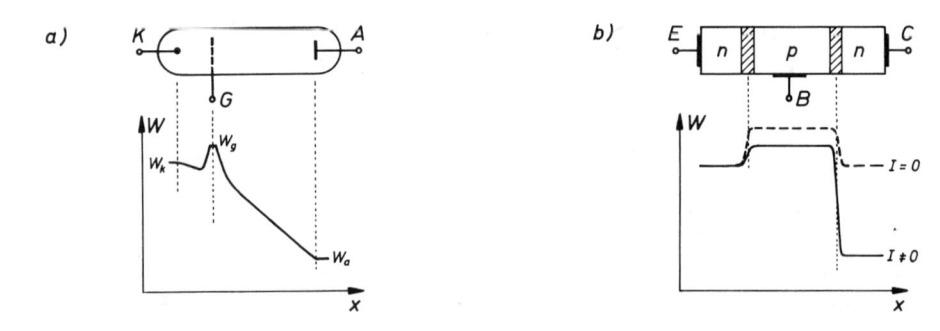

Bild 3.2
Vergleich von Vakuumtriode (a) und npn-Transistor (b)
oben: schematische Darstellung der Bauelemente
unten: Verlauf der Elektronenenergien

Neben dem quantitativ verschiedenen Verlauf der Elektronenenergie unterscheiden sich beide Anordnungen auch durch den Mechanismus des Stromtransportes; im Transistor erfolgt der Ladungsträgertransport hauptsächlich durch Diffusion, Streuprozesse im Kristall spielen eine wesentliche Rolle. In der Vakuumröhre sind dagegen Streuprozesse zu vernachlässigen, die Elektronen werden im elektrischen Feld beschleunigt.

3.2. Strom-Spannungsgleichungen

Nach der qualitativen Beschreibung der Wirkungsweise des Transistors kann die mathematische Formulierung dieses Steuerprinzips verhältnismäßig leicht durchgeführt werden. Die Diskussion sei auf einen npn-Transistor beschränkt. Beim pnp-Transistor liegen analoge Verhältnisse vor, dort haben Elektronen und Defektelektronen ihre Rolle vertauscht. Die Polarität der von außen angelegten Spannungsquellen ist umzukehren.

Bild 3.3
Verwendete Bezeichnungen zur Berechnung der Kennlinienfelder

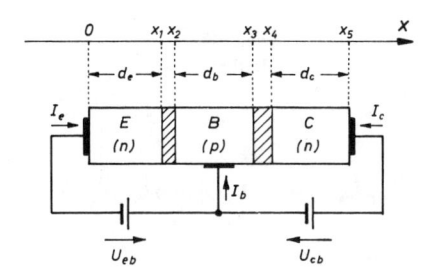

Bild 3.3 zeigt die schematische Darstellung der zu diskutierenden Anordnung unter Angabe der verwendeten Bezeichnungen. Prinzipiell ist auch ein Basisstrom I_b zu berücksichtigen, der sich aus

$$I_b = -I_e - I_c \qquad (3.1)$$

berechnen läßt; man braucht im folgenden also lediglich Emitter- und Kollektorstrom als Funktion der angelegten Spannungen U_{eb} und U_{cb} zu ermitteln [1]). Das geschieht wieder nach den in Abschnitt 2 angewendeten Prinzipien, da man die gesamte Anordnung als zwei gekoppelte Gleichrichter auffassen kann.

Der durch die Emittersperrschicht fließende Strom I_e wird wieder durch die Minoritätsträgerströme an den Sperrschichträndern ausgedrückt,

$$I_e = I_{en}(x_2) + I_{ep}(x_1). \qquad (3.2)$$

Entsprechend erhält man für den Kollektorstrom

$$I_c = I_{cn}(x_3) + I_{cp}(x_4). \qquad (3.3)$$

---

[1]) Im folgenden wird der Spannungsabfall über der Sperrschicht durch einen Strich gekennzeichnet (z.B. U_{eb}') zum Unterschied zu der betreffenden Klemmenspannung (z.B. U_{eb}). Solange Spannungsabfälle an Bahnwiderständen vernachlässigt werden, sind beide Größen gleich.

Nimmt man an den Enden bei x = 0 und x = x_5 „Rekombinationskontakte" an (Trägerkonzentrationen gleich den Gleichgewichtskonzentrationen unabhängig vom Stromfluß), kann man die Ströme $I_{ep}(x_1)$ und $I_{cp}(x_4)$ nach dem in Übungsaufgabe 2.10 behandelten Verfahren sofort hinschreiben [1]):

$$I_{ep}(x_1) = - I_{ee} \left[\exp\left(- \frac{qU_{eb}'}{kT}\right) - 1 \right]$$

mit

$$I_{ee} = \frac{q\, D_{pe}\, p_{0e}\, A}{L_{pe}\, \tanh(d_e/L_{pe})}$$

(3.4)

und

$$I_{cp}(x_4) = - I_{cc} \left[\exp\left(- \frac{qU_{cb}'}{kT}\right) - 1 \right]$$

mit

$$I_{cc} = \frac{q\, D_{pc}\, p_{0c}\, A}{L_{pc}\, \tanh(d_c/L_{pc})} \; .$$

(3.5)

Es ist lediglich noch der Stromfluß der Minoritätsträger in der Basiszone zu diskutieren. Die Randbedingungen an beiden Sperrschichträndern werden wieder durch die betreffenden Spannungen gegeben,

$$n(x_2) = n_{0b}\, \exp\left(- \frac{qU_{eb}'}{kT}\right) \quad \text{und} \quad n(x_3) = n_{0b}\, \exp\left(- \frac{qU_{cb}'}{kT}\right). \qquad (3.6)$$

Damit folgt für den Konzentrationsverlauf, wie ebenfalls in Übungsaufgabe 2.10 gezeigt,

$$n(x) - n_{0b} = \frac{n_{0b}}{\sinh\left(\frac{d_b}{L_{nb}}\right)} \left\{ \left[\exp\left(- \frac{qU_{eb}'}{kT}\right) - 1 \right] \sinh\left(\frac{x_3 - x}{L_{nb}}\right) \right.$$

$$\left. + \left[\exp\left(- \frac{qU_{cb}'}{kT}\right) - 1 \right] \sinh\left(\frac{x - x_2}{L_{nb}}\right) \right\}$$

(3.7)

---

[1]) Die Indices e, b, c kennzeichnen im folgenden die betreffenden Größen in Emitter-, Basis- und Kollektorschicht.

3.2. Strom-Spannungsgleichungen

Hieraus ergeben sich die gesuchten Stromkomponenten zu

$$I_{en}(x_2) = - I_{bb} \left\{ \left[\exp\left(- \frac{qU_{eb}'}{kT}\right) - 1 \right] - \left[\frac{\exp\left(- \frac{qU_{cb}'}{kT}\right) - 1}{\cosh(d_b/L_{nb})} \right] \right\} \quad (3.8)$$

und

$$I_{cn}(x_3) = - I_{bb} \left\{ \left[\exp\left(- \frac{qU_{cb}'}{kT}\right) - 1 \right] - \left[\frac{\exp\left(- \frac{qU_{eb}'}{kT}\right) - 1}{\cosh(d_b/L_{nb})} \right] \right\}, (3.9)$$

wobei die Kürzung

$$I_{bb} = \frac{qD_{nb} \, n_{0b} \, A}{L_{nb} \tanh(d_b/L_{nb})} \quad (3.10)$$

verwendet wurde.

Setzt man (3.4) und (3.8) in (3.2), (3.5) und (3.9) in (3.3) ein, kann man die Ströme als Funktionen der Spannungen explizite bestimmen. Während das Gleichstromverhalten eines Gleichrichters durch Angabe *einer* Kenn*linie* charakterisiert werden konnte, müssen hier *zwei* Kennlinien*felder* angegeben werden, beispielsweise

$$I_e(U_{eb}, U_{cb}) \quad \text{und} \quad I_c(U_{eb}, U_{cb}).$$

Im normalen Betrieb des Transistors als Verstärker ist

$$\frac{q \, U_{cb}}{kT} \gg 1,$$

so daß für diesen Fall in den vorangegangenen Gleichungen die betreffenden Exponentialfunktionen gegenüber 1 vernachlässigt werden können. Dann tritt zwar U_{eb} explizite in den Gleichungen auf, eine Abhängigkeit der Ströme von U_{cb} ist dagegen nicht ohne weiteres ersichtlich.

Tatsächlich ist diese Abhängigkeit indirekt durch die mit der Spannung nach (2.18) variierenden Sperrschichtdicken gegeben, ein Effekt, der sich besonders bei dem in Sperrichtung belasteten Kollektor-Basisübergang bemerkbar macht. Die Schichtdicke [1]) d_b der Basis ($x_2 x_3$) hängt davon ab, wie weit sich die Kollektorsperrschicht in die Basis hinein ausdehnt, so daß die in den Transistorgleichungen auftretende Größe d_b eine Funktion der Kollektorspannung wird,

$$d_b(U_{cb}').$$

---

[1]) Damit ist der quasineutrale Bereich (das Bahngebiet) zwischen Emitter- und Kollektorsperrschicht gemeint.

In Bild 3.4 ist skizziert, wie bei fester Emitterspannung (d.h. $n(x_2)$ = const) das Bahngebiet zwischen den beiden Sperrschichten mit zunehmender Sperrbelastung des Kollektors kleiner wird, so daß der Gradient der Elektronenkonzentration und damit der Strom wächst („Early-Effekt").

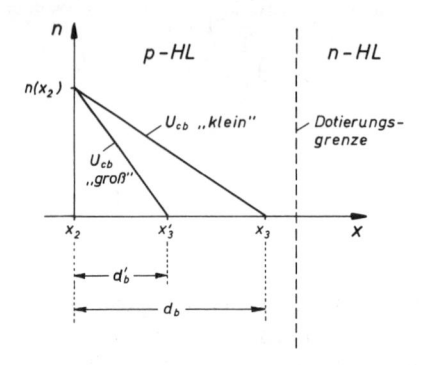

Bild 3.4
Verringerung der quasineutralen Basiszone d_b durch Ausdehnung der Kollektorsperrschicht (Early-Effekt)

Es zeigt sich, daß durch die Gleichungen (3.8) und (3.9), die den Stromfluß der Minoritätsträger in der Basis kennzeichnen, eine Kopplung zwischen Emitter und Kollektor beschrieben wird. Der Kollektorstrom hängt nicht nur über d_b von der Kollektorspannung ab, sondern auch von der Emitterspannung; das letztere ist der gewünschte Steuereffekt. Andererseits wird aber auch der Emitterstrom über $d_b(U_{cb}')$ durch die Kollektorspannung beeinflußt (Kollektorrückwirkung). Ferner erkennt man, daß im Grenzfall eines „langen" Bahngebietes, $d_b/L_{nb} \gg 1$, die Kopplung zwischen Emitter und Kollektor und damit die Steuerwirkung aufgehoben wird. In diesem Falle stellt die Anordnung zwei hintereinandergeschaltete voneinander unabhängige Gleichrichter dar. Um eine möglichst gute Kopplung zwischen beiden Sperrschichten zu erreichen, wird man den entgegengesetzten Grenzfall eines „kurzen" Bahngebietes, $d_b/L_{nb} \ll 1$, zu realisieren suchen.

Als nächstes sind die Kennlinienfelder des Transistors zu ermitteln. Die Gleichung für das Eingangskennlinienfeld,

$I_e(U_{eb})$ mit U_{cb} als Parameter,

kann unmittelbar mit (3.4) und (3.8) aus (3.2) gewonnen werden (Bild 3.5),

$$-I_e = (I_{ee} + I_{bb})\left[\exp\left(-\frac{qU_{eb}'}{kT}\right) - 1\right] - \frac{I_{bb}\left\{\exp\left(-\frac{qU_{cb}'}{kT}\right) - 1\right\}}{\cosh(d_b/L_{nb})}. \quad (3.11)$$

3.2. Strom-Spannungsgleichungen

Man sieht, daß es sich hierbei für $qU_{cb}'/kT \gg 1$ im wesentlichen um die Durchlaßkennlinie der Emittersperrschicht handelt.

Als Ausgangskennlinienfeld soll die Kurvenschar

$I_c(U_{cb})$ mit I_e als Parameter

verwendet werden. Zunächst ergibt sich durch Einsetzen von (3.5) und (3.9) in (3.3) die Gleichung

$$I_c = -(I_{cc} + I_{bb})\left[\exp\left(-\frac{qU_{cb}'}{kT}\right) - 1\right] + \frac{I_{bb}\left[\exp\left(-\frac{qU_{eb}'}{kT}\right) - 1\right]}{\cosh(d_b/L_{nb})}. \quad (3.12)$$

Bild 3.5
Eingangskennlinienfeld eines npn-Transistors in Basisschaltung, schematisch

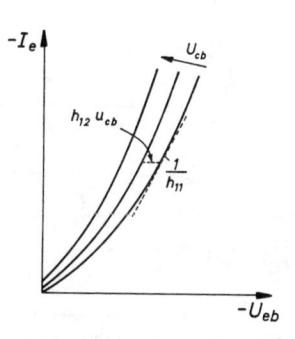

Löst man (3.11) nach der eckigen Klammer auf und setzt den so gewonnenen Ausdruck in (3.12) ein, erhält man den Zusammenhang

$$I_c = I_{c0} + \alpha(-I_e) \quad (3.13)$$

mit

$$I_{c0} = \left[1 - \exp\left(-\frac{qU_{cb}'}{kT}\right)\right]\left\{I_{cc} + I_{bb}\left[1 - \frac{\alpha}{\cosh(d_b/L_{nb})}\right]\right\} \quad (3.14)$$

und

$$\alpha = \gamma\beta \; ; \; \gamma = \frac{I_{bb}}{I_{bb} + I_{ee}} \; ; \; \beta = \frac{1}{\cosh(d_b/L_{nb})} \quad (3.15)$$

Gleichung (3.13) zeigt, daß der Kollektorstrom linear vom Emitterstrom abhängt. Die Proportionalitätskonstante wird als „Stromverstärkung" α bezeichnet.

Für $qU_{cb}'/kT \gg 1$ ist I_{co} der „Kollektorreststrom", der auch dann noch durch den Kollektor fließt, wenn $I_e = 0$ ist. Bild 3.6 zeigt das zugehörige Ausgangskennlinienfeld. Entsprechend den unterschiedlichen Betriebsbedingungen unterscheidet man drei Bereiche:

I. Sperrbereich ($I_e > 0$): Emitter und Kollektor sind in Sperrichtung belastet.

II. Aktiver Bereich: Emitter in Durchlaß-, Kollektor in Sperrichtung belastet.

III. Sättigungsbereich ($U_{cb}' < 0$): Sowohl Emitter als auch Kollektor sind in Durchlaßrichtung belastet.

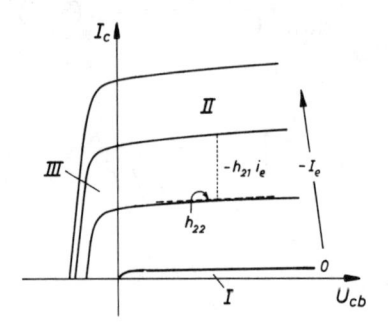

Bild 3.6
Ausgangskennlinienfeld eines npn-Transistors in Basisschaltung, schematisch

Wie die Gleichungen (3.15) zeigen, ist die Stromverstärkung α immer kleiner [1] als 1. Sie setzt sich aus „Emitterergiebigkeit" γ und „Transportfaktor" β zusammen. Wenn man den zweiten Term in der geschweiften Klammer von (3.8) als klein gegenüber dem ersten vernachlässigt, bezeichnet die Emitterergiebigkeit das Verhältnis

$$\gamma = \frac{\text{in die Basis injizierter Minoritätsträgerstrom}}{\text{gesamter Emitterstrom}},$$

wie man durch Vergleich von (3.15) mit (3.4) und (3.8) feststellt. Der Transportfaktor ist derjenige Bruchteil dieses Stromes, der die Kollektorsperrschicht erreicht, also nicht innerhalb der Basis durch Rekombination verlorengeht: wenn man den ersten Term in der geschweiften Klammer von (3.8), der den am Emitter injizierten Minoritätsträgerstrom kennzeichnet, mit β multipliziert, ergibt sich — bis auf das Vorzeichen — der zweite Term in der geschweiften Klammer von (3.9), welcher den am Kollektor ankommenden Stromanteil beschreibt.

---

[1] Soweit nicht bei einer sehr stark vorgespannten Kollektorsperrschicht die in Abschnitt 2.4.2 behandelte Ladungsträgermultiplikation einsetzt; in diesem Falle wäre der gesamte Kollektorstrom mit dem Multiplikationsfaktor M zu multiplizieren.

3.2. Strom-Spannungsgleichungen

Man kann anhand der einzelnen Stromkomponenten die Wirkungsweise des Transistors anschaulich diskutieren (Bild 3.7), ähnlich wie dies in Bild 2.8 für einen Gleichrichter durchgeführt wurde.

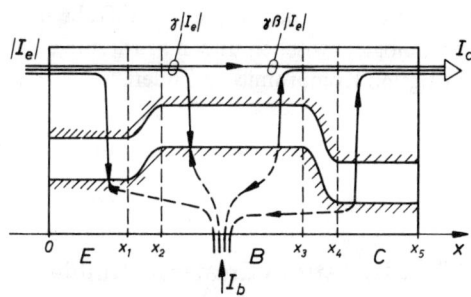

Bild 3.7
Stromkomponenten im Transistor, schematisch. Bei Berücksichtigung von Sperrschichtrekombination ist die Darstellung durch weitere Strombahnen zu vervollständigen.
───▶ Strombahnen der Elektronen
─ ─ ─▶ Strombahnen der Löcher

Der Emitterübergang ist in Durchlaßrichtung belastet. Vom metallischen Emitterkontakt fließt ein Elektronenstrom $|I_e|$ in die Emitterschicht hinein. Ein Bruchteil $(1-\gamma)$ dieser Elektronen rekombiniert mit Defektelektronen, die von der Basis- in die Emitterschicht injiziert werden. Der restliche Elektronenstrom $\gamma |I_e|$ wird in die Basis injiziert; um eine möglichst hohe Emittergiebigkeit ($\gamma \approx 1$) zu erreichen, muß die Emitterzone wesentlich stärker als die Basiszone dotiert sein (vgl. Übungsaufgabe 2.2).

Von den vom Emitter injizierten Elektronen geht der Bruchteil $(1-\beta)$ beim Durchqueren der Basiszone verloren, indem er mit Defektelektronen rekombiniert, welche durch den Basiskontakt nachgeliefert werden; um diesen Verlustanteil möglichst klein zu halten, muß die Basiszone dünn sein ($d_b \ll L_{nb}$). Der restliche Elektronenstrom $\beta\gamma |I_e|$ diffundiert zur Kollektorsperrschicht.

Die Kollektorsperrschicht ist in Sperrichtung belastet. Sie saugt die vom Emitter injizierten Elektronen — soweit sie nicht unterwegs verlorengegangen sind — in den Kollektor hinein: dies ist der wirksame Steuerstrom. Darüber hinaus fließt zwischen Basis und Kollektor der Kollektorreststrom I_{c0}, der ebenso wie bei einem pn-Gleichrichter durch Generation von Elektron-Loch-Paaren zu beiden Seiten der Sperrschicht — und ggf. innerhalb der Sperrschicht — entsteht.

Abschließend seien noch einige weitere Bemerkungen über grundsätzliche Dimensionierungsfragen angefügt. Die Basiszone soll einerseits zwar dünn sein und schwächer dotiert werden als der Emitter, andererseits soll sie aber einen möglichst kleinen Bahnwiderstand (Zuleitungswiderstand zu den Sperrschichten) aufweisen.

Weiter muß der Basis-Kollektorübergang zur Erzielung hoher Grenzfrequenzen eine möglichst kleine Sperrschichtkapazität haben (vgl. Abschnitt 3.5.2), also auf einer Seite schwach dotiert sein; das ist ebenfalls zur Erzielung einer hohen Spannungsfestigkeit erforderlich. Andererseits soll auch der Bahnwiderstand der Kollektorzone nicht zu groß werden. Es ist die Aufgabe der hier nicht behandelten Halbleiter-Technologie, zwischen diesen Forderungen jeweils für eine bestimmte Aufgabe den günstigsten Kompromiß zu finden.

3.3. Gleichstrom-Ersatzschaltbilder

Die in Abschnitt 3.2 aus dem eindimensionalen Modell abgeleiteten Stromgleichungen lassen zwar die prinzipielle Wirkungsweise der Transistoren erkennen, sie sind aber zur Kennzeichnung des Verhaltens dieser Bauelemente in elektronischen Schaltungen viel zu unhandlich. Darüber hinaus spielen bei realen Transistoren weitere Effekte eine Rolle, die von dem hier behandelten einfachen eindimensionalen Modell nicht erfaßt werden. Man ist daher für praktische Anwendungen auf andere Darstellungen der elektrischen Eigenschaften von elektronischen Bauelementen angewiesen.

Es gibt grundsätzlich drei Möglichkeiten, die Eigenschaften eines Transistors zu beschreiben, nämlich durch

1. Eingangs- und Ausgangskennlinienfeld
2. Ersatzschaltbilder
3. Vierpolparameter.

Je nach den speziell vorliegenden Verhältnissen ist die eine oder die andere Darstellungsart vorzuziehen. Aus den Kennlinienfeldern kann man in einfacher Weise für niedrige Frequenzen das Verhalten bei Großsignalaussteuerung entnehmen. Ersatzschaltbilder sind vorteilhaft zu verwenden, wenn man die Kennlinien stückweise durch Geraden ersetzen kann und evtl. Zeiteffekte durch Einführen von Kapazitäten und Induktivitäten berücksichtigen will. Vierpolparameter sind nur zweckmäßig bei Kleinsignalaussteuerung um einen festen Arbeitspunkt, solange zwischen Wechselströmen und Wechselspannungen lineare Zusammenhänge bestehen.

Da mit den Bildern 3.5 und 3.6 bereits ein Beispiel für die Charakterisierung durch Kennlinienfelder gegeben ist, sind als nächstes die grundlegenden Ersatzschaltbilder des Transistors zu besprechen. Dabei sollen die bisher verwendeten schematischen Darstellungen durch die Schaltzeichen ersetzt werden (Bild 3.8).

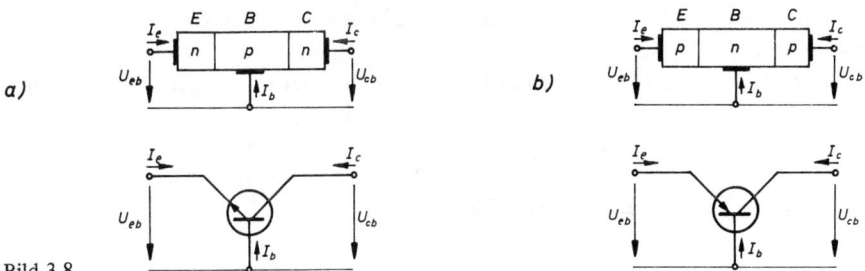

3.3. Gleichstrom-Ersatzschaltbilder

Bild 3.8
Schematischer Aufbau, Schaltzeichen und Zählpfeile für
a) npn-Transistor,
b) pnp-Transistor
Merkregel: Der Pfeil im Schaltzeichen kennzeichnet bei normalem Verstärkerbetrieb die konventionelle Stromrichtung

3.3.1. Ersatzschaltbild für Großsignalaussteuerung

Zur Aufstellung eines Ersatzschaltbildes müssen als erstes die Strom-Spannungsbeziehungen festgelegt werden, welche näherungsweise durch die Ersatzschaltung darzustellen sind. Im vorliegenden Fall soll auch die Möglichkeit berücksichtigt werden, daß der Emitter in Sperrichtung und der Kollektor in Durchlaßrichtung betrieben wird. Für diesen Fall ergeben sich aus den Gleichungen (3.2) bis (3.5) und (3.8) bis (3.10) die Stromgleichungen

$$\left. \begin{array}{l} I_e = I_{egl} - \alpha' I_{cgl} \\ I_c = I_{cgl} - \alpha I_{egl}, \end{array} \right\} \quad (3.16)$$

wobei die durch den Emitter- bzw. Kollektorgleichrichter fließenden Ströme durch

$$\left. \begin{array}{l} I_{egl} = - (I_{bb} + I_{ee}) \left[\exp\left(- \dfrac{qU_{eb}'}{kT}\right) - 1 \right] \\[2ex] I_{cgl} = - (I_{bb} + I_{cc}) \left[\exp\left(- \dfrac{qU_{cb}'}{kT}\right) - 1 \right] \end{array} \right\} \quad (3.17)$$

gegeben sind. Die Stromverstärkung α für den normalen Transistorbetrieb wird wieder durch (3.15) beschrieben. Die für den inversen Betrieb gültige Stromverstärkung α' unterscheidet sich im eindimensionalen Modell [1]) von (3.15) lediglich dadurch, daß I_{ee} durch I_{cc} ersetzt wird.

---

[1]) Im allgemeinen ist bei realen Transistoren die Kollektorfläche größer als die Emitterfläche (Bild 3.10), um möglichst alle vom Emitter injizierten Ladungsträger einzufangen. Durch diesen im eindimensionalen Modell nicht zu berücksichtigenden Effekt wird α' gegenüber α zusätzlich verringert.

Man kann nun zunächst für die durch (3.17) beschriebenen Gleichrichterkennlinien nach den in Band II, Anhang A.4 erläuterten Methoden verschiedene Ersatzschaltbilder mit stückweise linearer Charakteristik angeben; für den vorliegenden Fall sei die in Bild 3.9a gezeigte Schaltung gewählt.

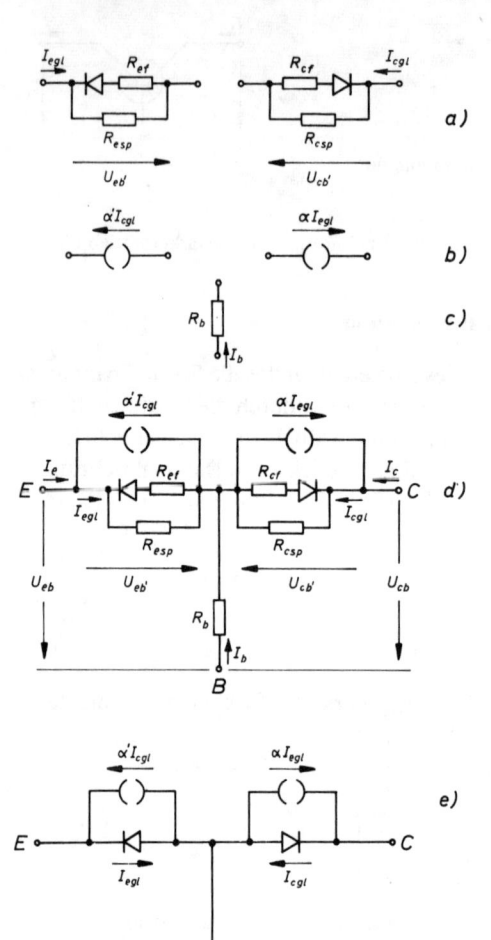

Bild 3.9
Aufbau des Transistor-Ersatzschaltbildes
a) Stromkomponenten nach (3.17) für $R_f \ll R_{sp}$
b) Steuerströme an Emitter und Kollektor
c) Spannungsabfall am Bahnwiderstand
d) Zusammengesetztes Gleichstrom-Ersatzschaltbild
e) Ein einfaches Ersatzschaltbild für die stationären Zustände eines Schalttransistors

3.3. Gleichstrom-Ersatzschaltbilder

Weiter sind die in (3.16) mit den Stromverstärkungsfaktoren versehenen Terme zu berücksichtigen; da z.B. der durch den Kollektor fließende Stromanteil $-\alpha I_{egl}$ durch den Strom I_{egl} bestimmt wird, der an einer *anderen* Stelle im Netzwerk fließt, kann zur Kennzeichnung dieser Stromkomponente eine stromgesteuerte Stromquelle gewählt werden (Bild 3.9b). Analoges gilt für $-\alpha' I_{cgl}$.

Weiter soll in dem zu entwickelnden Ersatzschaltbild der Bahnwiderstand der Basisschicht berücksichtigt werden. Bisher wurde ein Transistor symbolisch durch eine eindimensionale Dreischichtenfolge gekennzeichnet. Dadurch wird der tatsächliche geometrische Aufbau nur sehr verzerrt wiedergegeben, wie der Vergleich mit einem Legierungstransistor (Bild 3.10) zeigt. Infolge des langen Weges in der dünnen Basisschicht ist ein Spannungsabfall am Basisbahnwiderstand zu berücksichtigen. Dieser Spannungsabfall ist proportional $I_b = -I_e - I_c$, kann also im Ersatzschaltbild durch einen Widerstand R_b in der Basisleitung dargestellt werden (Bild 3.9c). Die Zusammenfügung dieser einzelnen Schaltungselemente nach Maßgabe der Gleichungen (3.16) führt auf das in Bild 3.9d wiedergegebene Gleichstrom-Ersatzschaltbild. In vielen praktischen Fällen lassen sich wesentliche Vereinfachungen vornehmen; so zeigt beispielsweise Bild 3.9e ein einfaches Ersatzschaltbild, mit dem die stationären Zustände eines Schalttransistors näherungsweise beschrieben werden können.

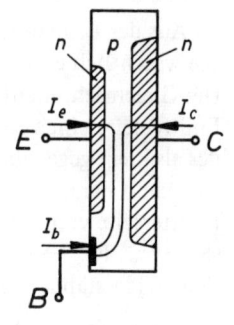

Bild 3.10
Schematischer Aufbau
eines Legierungstransistors

3.3.2. Ersatzschaltbild für Kleinsignalaussteuerung

In vielen Fällen wird der Transistor im aktiven Bereich in der Weise betrieben, daß zunächst eingangs- und ausgangsseitig durch Gleichvorspannungen U_{eb}^0, U_{cb}^0 ein konstanter Arbeitspunkt I_e^0, I_c^0, I_b^0 eingestellt wird; überlagert man auf der Eingangsseite eine variable Kleinsignalspannung $u_{eb}(t)$, überlagern sich auch entsprechende variable Größen $u_{cb}(t)$, $i_e(t)$, $i_c(t)$, $i_b(t)$ den Gleichstromwerten

(Bild 3.11 a). Im folgenden soll nur das für die Verstärkereigenschaften maßgebende Kleinsignalverhalten untersucht werden, die Festlegung der Gleichstromwerte und damit die Einstellung des Arbeitspunktes wird in Abschnitt 3.6 besprochen.

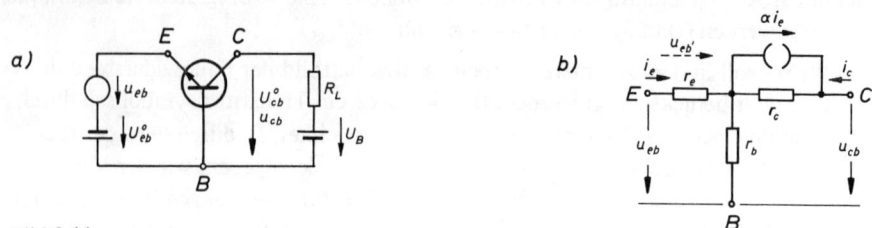

Bild 3.11
Kleinsignalparameter des Transistors
a) Prinzipschaltung
b) Ersatzschaltbild

Bei nicht zu großer Aussteuerung wird nur ein Bereich der Kennlinienfelder in der Umgebung des jeweiligen Arbeitspunktes überstrichen, in welchem in guter Näherung die einzelnen Kurven durch Geraden (Tangenten durch den Arbeitspunkt) ersetzt werden können. Damit werden die Größen der Kleinsignalersatzschaltung abhängig vom Arbeitspunkt.

Aus der Ersatzschaltung des Bildes 3.9d kann man unter diesen Bedingungen die wesentlich einfachere Kleinsignal-Ersatzschaltung des Bildes 3.11 b ableiten. Der Gleichrichter auf der Kollektorseite sperrt, während der Gleichrichter auf der Emitterseite einen Kurzschluß darstellt. I_{cgl} ist lediglich der Kollektorreststrom, der als klein gegenüber dem Durchlaßstrom I_{egl} des Emittergleichrichters anzusehen ist. Damit kann im Wechselstrom-Ersatzschaltbild die gesteuerte Quelle auf der Emitterseite vernachlässigt werden. Durch die Wahl der kleinen Buchstaben ($R_{ef} \to r_e$, $R_{csp} \to r_c$, $R_b \to r_b$) sei angedeutet, daß diese Größen nun als differentielle Widerstände aufzufassen sind.

Wie bereits erwähnt, sind die hier auftretenden vier Parameter r_e, r_c, r_b, α abhängig vom Arbeitspunkt. In besonders einfacher Weise läßt sich der Emitterwiderstand r_e aus (3.16) und (3.17) bestimmen. Da der Zusammenhang zwischen i_e und u_{eb}' durch

$$i_e = \frac{\partial I_e}{\partial U_{eb}'} \bigg|_{U_{cb}' = \text{const}} u_{eb}' = \frac{1}{r_e} u_{eb}'$$

gegeben ist, ergibt sich unter den vorliegenden Bedingungen

$$r_e = \frac{kT}{q|I_e|} \, . \tag{3.18}$$

Diese Abhängigkeit des Emitterwiderstandes vom Ruhestrom wird in der Praxis recht gut bestätigt.

Ergänzend sei darauf hingewiesen, daß in dem Widerstand r_b nicht nur der Bahnwiderstand der Basisschicht enthalten ist, sondern außerdem auch die Kollektorrückwirkung. Bei der Konstruktion des Eingangskennlinienfeldes (Bild 3.5) nach Gleichung (3.11) waren Bahnwiderstände nicht berücksichtigt. Es ergab sich infolge des Early-Effektes eine Abhängigkeit der $I_e(U_{eb})$-Kennlinie von der Kollektorspannung U_{cb}. Daß diese Abhängigkeit in der Ersatzschaltung des Bildes 3.11b ebenfalls durch r_b berücksichtigt wird, kann man durch einen Spannungsumlauf in Eingangs- und Ausgangsmasche sehen. Für die Eingangsmasche gilt

$$u_{eb} = (r_e + r_b) i_e + r_b i_c$$

und für die Ausgangsmasche

$$u_{cb} = (r_b + \alpha r_c) i_e + (r_c + r_b) i_c .$$

Eliminiert man aus beiden Gleichungen i_c, erhält man mit $(1 - \alpha) r_b \ll r_e$ die Beziehung

$$-i_e = \frac{-u_{eb}}{r_e} + \frac{r_b}{r_e(r_c + r_b)} u_{cb} .$$

Der Vergleich mit Bild 3.5 zeigt, daß das Ersatzschaltbild qualitativ die richtige Abhängigkeit des Eingangskennlinienfeldes von der Kollektorspannung wiedergibt. Andererseits verschwindet diese Abhängigkeit für $r_b = 0$, was aufgrund des Ersatzschaltbildes ohne weiteres plausibel ist.

3.4. Transistorschaltungen und Vierpolparameter

3.4.1. Formales Schaltungsprinzip

Ein Transistor ist ebenso wie eine Röhre ein „Dreipol". In Schaltungsanwendungen werden beide Bauelemente als Vierpole mit zwei Eingangs- und zwei Ausgangsklemmen behandelt; d.h., man muß einen Anschluß des Dreipols an zwei Anschlüsse des Vierpols führen. Je nachdem, ob dies Basis-, Emitter- oder Kollektoranschluß des Transistors ist, spricht man von Basis-, Emitter- oder Kollektorschaltung (Bild 3.12a). Entsprechend der in Bild 3.2a gezeigten Anordnung kann man eine Röhre in den analogen drei Schaltungen betreiben (Gitterbasis-, Kathodenbasis- und Anodenbasis-Schaltung, Bild 3.12b). Kennlinienfelder und Vierpolparameter sind im Gegensatz zu Ersatzschaltbildern von der verwendeten Schaltung abhängig.

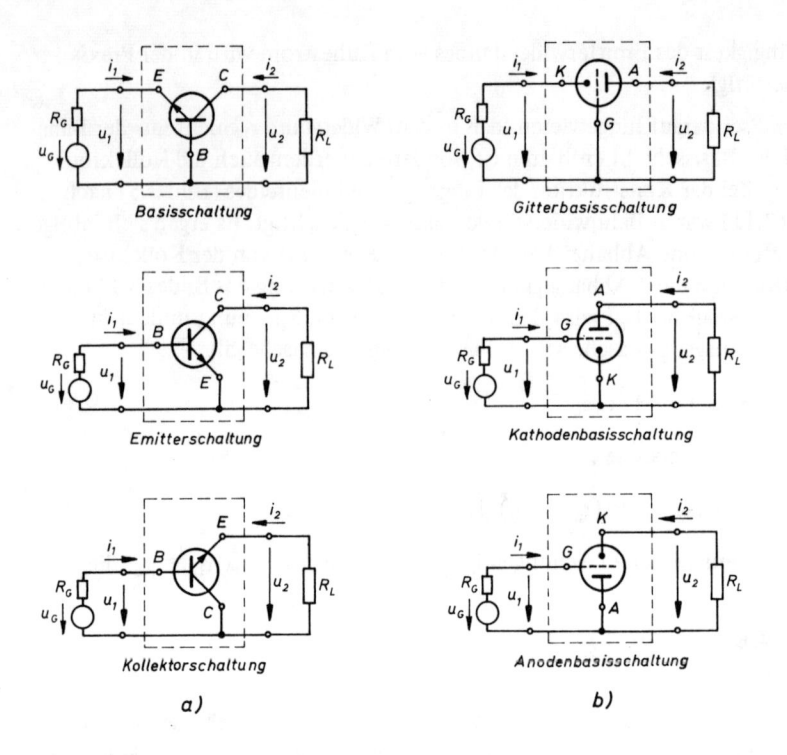

Bild 3.12
Gegenüberstellung der drei Grundschaltungsarten von Transistor (a) und Röhre (b).
Gleichspannungsquellen zur Stromversorgung und zur Einstellung des Arbeitspunktes
sind nicht mitgezeichnet

Die Eigenschaften jeder dieser Schaltungen, wie z.B. Eingangs- und Ausgangswiderstand, Strom-, Spannungs- und Leistungsverstärkung, kann man durch *einen* Satz von Vierpolparametern ausdrücken, wie dies in Band II, Anhang A.5 am Beispiel der Stromverstärkermatrix h durchgeführt wurde. Um die dort angegebenen Formeln verwenden zu können, ist es lediglich erforderlich, die h-Parameter der betreffenden Schaltung den Größen des Ersatzschaltbildes zuzuordnen.

Ebenso wie die Größen des Ersatzschaltbildes sind auch die Vierpolparameter vom Arbeitspunkt abhängig. Die Bedeutung der h-Parameter kann man in einfacher Weise an den Kennlinienfeldern (Bild 3.5 und 3.6) zeigen, wenn man auf ihre Definition (vgl. Band II, Anhang A.5) zurückgreift.

3.4.2. Zuordnung der h-Parameter

In jeder der drei Schaltungen des Bildes 3.12a kann man den Transistor durch seine Ersatzschaltung (Bild 3.11b) ersetzen und die h-Parameter des gestrichelt angedeuteten Vierpols berechnen. Eine Zuordnung ist ein-eindeutig möglich, da sowohl die Ersatzschaltung des Bildes 3.11b als auch die Vierpoldarstellung jeweils vier Parameter enthalten (r_e, r_b, r_c, α bzw. h_{11}, h_{12}, h_{21}, h_{22}).

Bild 3.13
Ersatzschaltbild eines
Transistors in Emitterschaltung

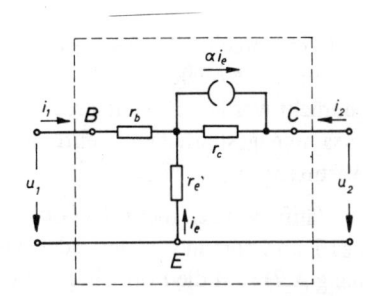

Eine solche Berechnung soll am Beispiel der Emitterschaltung explizite durchgeführt werden. Die Einfügung des Ersatzschaltbildes in die Emitterschaltung (Bild 3.12a Mitte) führt auf die Darstellung des Bildes 3.13. Der Spannungsumlauf in Eingangs- und Ausgangsmasche ergibt

$$\left. \begin{array}{l} u_1 = (r_b + r_e)\,i_1 + r_e i_2 \\ u_2 = (r_e - \alpha r_c)\,i_1 + [r_e + r_c(1-\alpha)]\,i_2 \end{array} \right\} \quad (3.19)$$

Wie ein Vergleich mit Band II, (A.7) zeigt, ist u_1 (i_1, u_2) gesucht. Eliminiert man daher aus beiden Gleichungen i_2, kann man $h_{11}^{(e)}$ und $h_{12}^{(e)}$ bestimmen[1]):

$$\left. \begin{array}{l} h_{11}^{(e)} = r_b + \dfrac{r_e r_c}{r_e + r_c(1-\alpha)} \approx r_b + \dfrac{r_e}{1-\alpha} \\[2ex] h_{12}^{(e)} = \dfrac{r_e}{r_e + r_c(1-\alpha)} \approx \dfrac{r_e}{r_c(1-\alpha)} \,. \end{array} \right\} \quad (3.20)$$

Die Näherungen in (3.20) und (3.21) gelten für die meist vorliegenden Bedingungen

$$r_e \ll r_c(1-\alpha) \quad \text{und} \quad r_e \ll \alpha r_c \,.$$

---

[1]) Die Indices (b), (e), (c) bei Vierpolparametern beziehen sich auf die jeweilige Schaltung.

Zur Ermittlung der restlichen zwei h-Parameter ist $i_2(i_1, u_2)$ darzustellen. Aus der letzten Gleichung (3.19) kann man mit Band II, (A.7) sofort die h-Parameter ablesen:

$$\left.\begin{aligned} h_{21}^{(e)} &= \frac{\alpha r_c - r_e}{r_e + r_c(1-\alpha)} \approx \frac{\alpha}{1-\alpha} \\ h_{22}^{(e)} &= \frac{1}{r_e + r_c(1-\alpha)} \approx \frac{1}{r_c(1-\alpha)} \end{aligned}\right\} \qquad (3.21)$$

In entsprechender Weise können auch die h-Parameter der Basisschaltung, $h^{(b)}$, und die der Kollektorschaltung, $h^{(c)}$, durch die Größen des Ersatzschaltbildes ausgedrückt werden. Die entsprechenden Formeln sind in Tab. 1 (Band II, Anhang A.7) zusammengestellt. Tab. 2 enthält die analogen Formeln für die Parameter der Leitwertmatrix y.

Häufig werden nicht die Größen des Ersatzschaltbildes, sondern die h-Parameter des Transistors in Emitter- oder Basisschaltung angegeben. In Tab. 3 (Band II, Anhang A.7) sind die Formeln für die Umrechnung der verschiedenen h-Parameter zusammengestellt.

3.4.3. Gegenüberstellung der Grundschaltungen

In Tab. 4 (Band II, Anhang A.7) sind für ein Zahlenbeispiel h-Parameter, Ersatzwiderstände und Verstärkungen für Basis-, Emitter- und Kollektorschaltung angegeben[1]). Durch einen Vergleich dieser Daten kann man die typischen Eigenschaften der einzelnen Schaltungen unmittelbar ablesen.

Die Basisschaltung hat einen kleinen Eingangs- und einen großen Ausgangswiderstand, bei der Kollektorschaltung ist es umgekehrt. In der Emitterschaltung unterscheiden sich Eingangs- und Ausgangswiderstand am wenigsten. Die Kurzschlußstromverstärkung ist unter der Voraussetzung $r_{e;b} \ll \alpha r_c$ für die Basisschaltung durch die Steuergröße α gegeben, also dem Betrage nach kleiner als 1. In der Emitterschaltung ist die Kurzschlußstromverstärkung α_e wesentlich größer als 1,

$$\alpha_e = \frac{\alpha}{1-\alpha} . \qquad (3.22)$$

Das ist plausibel, wenn man berücksichtigt, daß hier nicht der Emitterstrom, sondern der viel kleinere Basisstrom als Bezugsgröße für die Stromverstärkung auftritt.

---

[1]) Bei der Beschreibung des Transistors durch h-Parameter wird häufig nicht die Schaltung angegeben, auf welche sich die h-Parameter beziehen; aus Größe und Vorzeichen der Parameter, insbesondere aus h_{12} und h_{21}, kann man auf die zugrunde gelegte Schaltung schließen.

Eine ähnliche Überlegung gilt für die Kollektorschaltung. Stromverstärkungen, die dem Betrage nach größer als 1 sind, treten also nur in Emitter- und Kollektorschaltung auf.

Spannungsverstärkungen mit einem Betrag größer als 1 können dagegen nur in Basis- und Emitterschaltung erzielt werden. Die Leistungsverstärkung ist in der Emitterschaltung am größten.

Mit diesen Eigenschaften sind zugleich die prinzipiellen Anwendungsmöglichkeiten der einzelnen Schaltungen gekennzeichnet.

3.5. Hochfrequenz- und Schaltverhalten

Bei den bisherigen Untersuchungen wurde implizite vorausgesetzt, daß alle zeitlichen Änderungen hinreichend langsam erfolgen, kapazitive Effekte im Inneren des Transistors also vernachlässigt werden können. Dies kam darin zum Ausdruck, daß die Wechselstromgrößen im Prinzip durch Differenzieren der Gleichstromkennlinien gewonnen wurden, also nur differentielle Widerstände auftreten konnten. Ein solches Verfahren wird unzulässig, wenn Hochfrequenzverhalten und Grenzfrequenzen diskutiert werden sollen.

3.5.1. Wechselstrom-Ersatzschaltbilder

Zur genaueren Diskussion des frequenzabhängigen Verhaltens von Transistoren müßte man wieder auf die physikalischen Ausgangsgleichungen zurückgreifen und diese unter den gegebenen zeitabhängigen Bedingungen lösen. Das würde für den praktischen Gebrauch viel zu kompliziert werden. Hier soll es genügen, die bisher bei Gleichrichtern behandelten Ursachen für das Auftreten von Zeiteffekten sinngemäß auf den Transistor zu übertragen.

Zunächst ist die Sperrschichtkapazität von Emitter (c_{es}) und Kollektor (c_c) in das Wechselstrom-Ersatzschaltbild aufzunehmen. Da der Emitter in Durchlaßrichtung belastet ist, muß an dieser Stelle auch die Diffusionskapazität (c_{eD}) berücksichtigt werden. Darüber hinaus machen sich mit der Injektion verbundene Trägheitseffekte entscheidend in einer Frequenzabhängigkeit des Stromverstärkungsfaktors α bemerkbar. Das kann man folgendermaßen einsehen: während der einen Halbperiode werden Elektronen durch die Emittersperrschicht in die Basis hineininjiziert; infolge des Konzentrationsgefälles diffundieren sie auf die Kollektorsperrschicht zu. Da sie hierzu jedoch eine endliche Zeit benötigen, wird bei hinreichend hohen Frequenzen in der folgenden Halbperiode die Minoritätskonzentration an der Emittersperrschicht bereits wieder abgesenkt, bevor die injizierten Elektronen den Kollektor erreicht haben; sie werden dadurch wieder teilweise in Richtung auf den Emitter zurücklaufen, so daß sich bei hinreichend hohen Frequenzen eine geringere Steuerwirkung am Kollektor ergibt.

Diese zunächst qualitativ diskutierten Effekte sollen im folgenden mathematisch präzisiert werden. Bei der Diskussion der Gleichrichter war gezeigt worden, daß man die Frequenzabhängigkeit dadurch berücksichtigen kann, daß man einmal in den Gleichstromformeln

$$\frac{1}{\tau} \rightarrow \frac{1}{\tau}(1 + j\omega\tau) \qquad (3.23)$$

ersetzt und zum anderen den Verschiebungsstrom, der zur Sperrschichtkapazität führt, zum Teilchenstrom hinzufügt. In demselben Sinne sind auch sämtliche für den Transistor abgeleiteten Gleichungen zu ergänzen [1]). Das bedeutet, daß man außer Einführung der Substitution (3.23) auf der rechten Seite von (3.2) und (3.3) den Verschiebungsstrom hinzuaddieren muß und den Einfluß dieser Änderungen auf die weitere Rechnung zu verfolgen hat. Das soll im einzelnen nicht durchgeführt werden, es sei sogleich das Ergebnis angegeben.

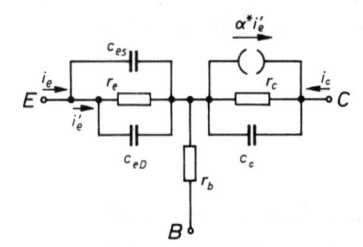

Bild 3.14
Wechselstrom-Ersatzschaltbild des Transistors. Die Stromverstärkung α^* ist komplex

Bild 3.14 zeigt das Wechselstrom-Ersatzschaltbild des Transistors, wie es sich aus dieser Vorstellung ergibt. Zum Kollektorwiderstand r_c ist die Sperrschichtkapazität c_c hinzugekommen, wegen der Sperrbelastung spielt eine Diffusionskapazität keine Rolle. Dem Emitterwiderstand r_e ist die Diffusionskapazität c_{eD} parallelgeschaltet, der durch diese Parallelschaltung hindurchfließende Strom i'_e wirkt am Kollektor als Steuerstrom. Es ist plausibel, daß der durch die Emittersperrschichtkapazität c_{es} fließende Strom keine Steuerwirkung ausübt, da mit diesem Stromanteil keine Injektion verbunden ist. Schließlich ist noch zu berücksichtigen, daß die Stromverstärkung α^* komplex wird [2]), da sie nach (3.15) von der Diffusionslänge und damit von der Lebensdauer abhängt.

---

[1]) Mit dieser Darstellung werden lediglich Zeiteinflüsse, die mit dem Early-Effekt verbunden sind, nicht erfaßt.

[2]) Im folgenden werden komplexe mit der Stromverstärkung zusammenhängende Faktoren zum Unterschied von den Gleichstromwerten durch einen Stern gekennzeichnet.

3.5. Hochfrequenz- und Schaltverhalten

Weiterhin ist zu berücksichtigen, daß Widerstände und Kapazitäten außer von der Vorspannung auch von der Frequenz abhängen können, so daß eine solche Darstellung zunächst nur allgemeinen formalen Charakter hat.

Um die Frequenzabhängigkeit des Stromverstärkungsfaktors α^* explizite zu bestimmen, möge es für den vorliegenden Zweck ausreichen, die Emittergiebigkeit $\gamma^* = \gamma$ als frequenzunabhängig anzunehmen. Dann ist nur die Frequenzabhängigkeit des Transportfaktors β^* zu berücksichtigen. Wie in Abschnitt 3.2 diskutiert, muß zur Erreichung einer hohen Niederfrequenz-Stromverstärkung ($\alpha \approx 1$) die Basisdicke d_b klein gegenüber der Diffusionslänge L_{nb} sein,

$$d_b/L_{nb} \ll 1 \, .$$

Entwickelt man daher den in (3.15) auftretenden hyperbolischen Cosinus bis zum quadratischen Glied, kann man die Substitution (3.23) in einfacher Weise ausführen. Aus

$$\alpha^* = \frac{\gamma}{\cosh(d_b/L_{nb}^*)} \approx \frac{\gamma}{1 + \frac{1}{2}(d_b/L_{nb}^*)^2} \tag{3.24}$$

folgt

$$\alpha^* \approx \frac{\gamma}{1 + \frac{1}{2}(d_b/L_{nb})^2 \ (1 + j\omega\tau)} \approx \frac{\alpha}{1 + j\frac{\omega}{\omega_\alpha}}$$

mit

$$\omega_\alpha \approx \frac{2D_n}{d_b^2} \, , \tag{3.25}$$

wobei von (2.28) Gebrauch gemacht wurde. Damit ist näherungsweise die Frequenzabhängigkeit des Stromverstärkungsfaktors festgelegt. Die zunächst als Kürzung eingeführte Größe ω_α hat die Bedeutung einer Grenzfrequenz („α-Grenzfrequenz"). Für $\omega = \omega_\alpha$ ist der Betrag der Stromverstärkung auf $1/\sqrt{2}$ des Gleichstromwertes abgesunken [1]. Man sieht, daß diese Grenzfrequenz nicht von der Lebensdauer abhängt, sondern nur von Basisdicke d_b und Diffusionskonstante D_n bestimmt wird. Man ist daher bestrebt, für Hochfrequenztransistoren geringe Basisdicken zu realisieren.

Das zunächst aus dem physikalischen Modell gewonnene Wechselstrom-Ersatzschaltbild ist für praktische Anwendungen weiter zu vereinfachen und umzuformen.

---

[1] Genau genommen ist die obige Entwicklung in dieser einfachen Form nur für $\omega \ll \omega_\alpha$ statthaft; die Größenordnung wird jedoch richtig wiedergegeben.

Im folgenden soll das am häufigsten verwendete von Giacoletto angegebene Hochfrequenz-Ersatzschaltbild abgeleitet werden. Der Gültigkeitsbereich dieses Ersatzschaltbildes wird durch die Forderung $\omega \ll \omega_\alpha$ begrenzt.

Zur Kürzung werden die komplexen Widerstände z_e und z_c eingeführt,

$$\frac{1}{z_e} = \frac{1}{r_e} + j\omega c_{eD} \quad \text{und} \quad \frac{1}{z_c} = \frac{1}{r_c} + j\omega c_c. \tag{3.26}$$

c_c ist die frequenzunabhängige Sperrschichtkapazität des Kollektors. Im Rahmen der vorliegenden Näherung ($\omega \ll \omega_\alpha$, $\gamma = 1$) ist aber auch die Diffusionskapazität des Emitters, c_{eD}, frequenzunabhängig. Ihren Wert findet man, indem man in der Gleichrichterkennlinie des Emitters (3.17) wegen $\gamma = 1$ die Größe I_{ee} vernachlässigt und den hyperbolischen Tangens entwickelt analog zu der Rechnung, welche zu (3.25) führte. Der komplexe Emitterwiderstand ergibt sich zu

$$\frac{1}{z_e} = \frac{1}{r_e} + j\omega \left(\frac{2}{3\omega_\alpha} \frac{1}{r_e} \right). \tag{3.27}$$

Die in Klammern stehende Größe kennzeichnet die Diffusionskapazität.

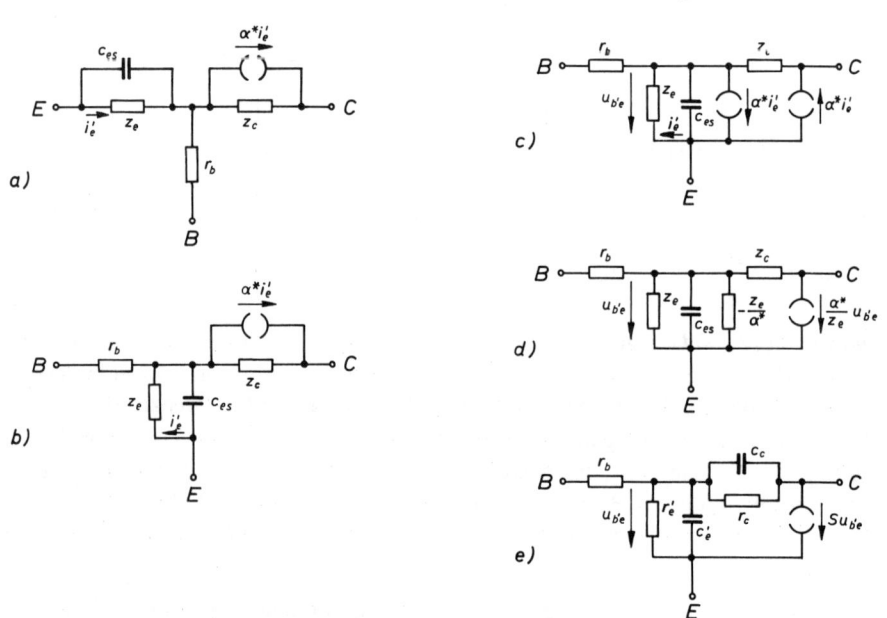

Bild 3.15
Zur Entwicklung des Giacoletto-Ersatzschaltbildes. Erläuterung im Text

3.5. Hochfrequenz- und Schaltverhalten

Damit erhält man aus Bild 3.14 die in Bild 3.15a gezeigte Schaltung. Teilbild b stellt nur eine einfache geometrische Umzeichnung dar. Um zum Teilbild c zu gelangen, wurde von dem Zweiteilungssatz für Stromquellen [1]) Gebrauch gemacht: Die Schaltungen in Teilbild b und c sind gleichwertig, weil sich an den Einspeisungen in den einzelnen Knoten nichts geändert hat. Weiterhin kann man den Steuerstrom i'_e durch die Spannung $u_{b'e}$ ausdrücken,

$$z_e \, i'_e = - u_{b'e},$$

und $u_{b'e}$ als Steuergröße für die Stromquellen einführen. Ferner ist die linke gesteuerte Stromquelle durch einen Widerstand zu ersetzen [2]), da der durch diesen Zweig fließende Strom proportional dem Spannungsabfall über den Anschlüssen ist [3]). Man erhält damit die in Teilbild d gezeigte Anordnung. Nun ist nach (3.25) und (3.27) die Steuergröße

$$\frac{\alpha^*}{z_e} = \frac{\alpha}{r_e} \, \frac{1 + \frac{2}{3} j \frac{\omega}{\omega_\alpha}}{1 + j \frac{\omega}{\omega_\alpha}} \approx \frac{\alpha}{r_e} = S.$$

Wegen $\omega/\omega_\alpha \ll 1$ ist die „Steilheit" S eine reelle Größe. Die Zusammenfassung der parallelgeschalteten Widerstände z_e und $-\frac{z_e}{\alpha^*}$ führt auf

$$\frac{1}{z} = \frac{1}{z_e} (1 - \alpha^*) \approx \frac{1}{r_e} \left[(1 - \alpha) + j \frac{\omega}{\omega_\alpha} \right].$$

Auf der rechten Seite der obigen Gleichung ist jedoch nicht wie bisher ω/ω_α mit 1, sondern mit $(1 - \alpha)$ zu vergleichen, so daß man den zweiten Term nicht gegenüber dem ersten vernachlässigen darf. Der komplexe Widerstand z setzt sich aus einer Parallelschaltung von einem frequenzunabhängigen Widerstand und einer frequenzunabhängigen Kapazität zusammen, so daß man das Ersatzschaltbild des Bildes 3.15d zur „Giacoletto-Ersatzschaltung" (Bild 3.15e) mit

$$r'_e = \frac{r_e}{1 - \alpha} \quad ; \quad c'_e = \frac{1}{\omega_\alpha r_e} + c_{es}$$

vereinfachen kann.

---

[1]) Vgl. Band II, Abschnitt 3.6

[2]) Substitutionssatz, vgl. Band II, Abschnitt 3.4.

[3]) Daß sich formal ein negativer Widerstand ergibt, ist für das Prinzip belanglos.

In der Praxis geht man hier — wie übrigens bei allen Ersatzschaltungen — so vor, daß man den prinzipiellen Aufbau des Ersatzschaltbildes aus der physikalischen Wirkungsweise des zugrunde gelegten Modells ableitet, die Größen der einzelnen Schaltungselemente dagegen empirisch bestimmt.

3.5.2. Grenzfrequenzen

Man hat verschiedene Möglichkeiten, für Transistoren Grenzfrequenzen zu definieren. Als α-Grenzfrequenz bezeichnet man diejenige Frequenz, bei welcher der Betrag von α^* auf $1/\sqrt{2}$ des Gleichstromwertes abgesunken ist. Dieser Wert wurde für die Basisschaltung bereits angegeben (3.25). Den entsprechenden Ausdruck für die Emitterschaltung kann man finden, indem man (3.25) in (3.22) einsetzt,

$$\alpha_e^* = \frac{\alpha^*}{1-\alpha^*} \approx \frac{\alpha}{1-\alpha+j\frac{\omega}{\omega_\alpha}} \ . \tag{3.28}$$

Man sieht, daß der Betrag von α_e^* bei einer Kreisfrequenz von

$$\omega_e = (1-\alpha)\,\omega_\alpha \approx (1-\gamma)\,\omega_\alpha + \frac{\gamma}{\tau} \tag{3.29}$$

auf $1/\sqrt{2}$ des Gleichstromwertes abgesunken ist. Für $\gamma = 1$ hängt die Grenzfrequenz ω_e der Emitterschaltung nur von der Lebensdauer ab. Sie ist etwa um den Faktor 50 ... 150 kleiner als die Grenzfrequenz ω_α der Basisschaltung.

Bei der Emitterschaltung wird daneben zur Kennzeichnung einer Frequenzgrenze die Transitfrequenz ω_T eingeführt. Das ist diejenige Frequenz, bei welcher der Betrag der Stromverstärkung α_e^* auf den Wert 1 abgesunken ist. Für $\alpha \approx 1$ folgt aus (3.28)

$$\omega_T \approx \omega_\alpha \ . \tag{3.30}$$

Eine weitere Möglichkeit zur Definition einer Frequenzgrenze bezieht sich auf die Leistungsverstärkung und auf die Möglichkeit, einen Transistor durch Rückkopplung zur Schwingungserzeugung zu verwenden. Es soll zunächst die Leistungsverstärkung

$$G_m' = \frac{P_A}{P_E}$$

eines Transistors in Emitterschaltung für den Fall der ausgangsseitigen Anpassung abgeschätzt werden. Die Frequenzen seien so hoch, daß der Kollektorleitwert $1/r_c$ gegenüber ωc_c vernachlässigt werden kann,

$$1/r_c \ll \omega c_c \ .$$

3.5. Hochfrequenz- und Schaltverhalten

Ferner sei $r_e = 0$ gesetzt [1]). Damit ergeben sich nach (3.20) und (3.21) für die komplexen h-Parameter, wenn man $1/r_c$ durch $j\omega c_c$ ersetzt, die Werte

$$h_{11}^{(e)} = r_b \quad ; \quad h_{12}^{(e)} = 0 \quad ; \quad h_{21}^{(e)} = \alpha_e^* \quad ; \quad h_{22}^{(e)} = \frac{j\omega c_c}{1 - \alpha^*} \ .$$

Es liegen die Bedingungen vor, unter denen die Gleichung (A.27) des Anhanges (Band II) abgeleitet wurde; man kann also die gesuchte Leistungsverstärkung formal sofort angeben. Mit (3.25) und (3.28) lassen sich die komplexen h-Parameter explizite hinschreiben[2]),

$$\left| h_{21}^{(e)} \right|^2 \approx \frac{\alpha^2}{(1-\alpha)^2 + \left(\frac{\omega}{\omega_\alpha}\right)^2} \quad ; \quad \mathrm{Re}\left(h_{22}^{(e)} \right) \approx \frac{\alpha c_c \frac{\omega^2}{\omega_\alpha}}{(1-\alpha)^2 + \left(\frac{\omega}{\omega_\alpha}\right)^2} \ .$$

Damit führt (A.27) zu der näherungsweise gültigen Beziehung

$$G'_m \approx \frac{\alpha \, \omega_\alpha}{4 \, r_b \, c_c \, \omega^2} \ . \tag{3.31}$$

Man wird grundsätzlich einen Transistor nur bei solchen Frequenzen zur Schwingungsanfachung durch Rückkopplung verwenden können, bei denen unter günstigsten Bedingungen (d.h. bei ausgangsseitiger Anpassung und verlustlosem Rückkopplungsnetzwerk) die Ausgangsleistung größer als die Eingangsleistung ist. Die Grenzfrequenz ω_m, bei welcher $G'_m = 1$ wird, bezeichnet man als maximale Schwingfrequenz oder Schwing-Grenzfrequenz. Aus (3.31) folgt mit $\alpha \approx 1$ die Formel

$$\omega_m \approx \frac{1}{2} \sqrt{\frac{\omega_\alpha}{r_b \, c_c}} \ . \tag{3.32}$$

Die maximale Schwingfrequenz wird nicht nur durch die α-Grenzfrequenz bestimmt, sondern auch durch Basiswiderstand und Kollektorkapazität. Man ist daher bemüht, bei Hochfrequenztransistoren die beiden letztgenannten Größen möglichst klein zu halten.

---

[1]) Eine genauere Untersuchung zeigt, daß nur die Bedingung $r_e (\omega = 0) \ll r_b$ erforderlich ist.

[2]) Es zeigt sich, daß man bei der vorliegenden Abschätzung die Formeln (3.25) und (3.28) in einem Frequenzbereich $\omega \gtrsim \omega_\alpha$ verwendet, in welchem nur noch die Größenordnungen richtig wiedergegeben werden.

3.5.3. Schaltverhalten

Häufig wird der Transistor als elektronischer Schalter verwendet, so daß neben der Frequenzabhängigkeit der Verstärkereigenschaften auch das Impulsverhalten untersucht werden muß. Die beim Schaltvorgang auftretenden Zeiteffekte sollen lediglich am Beispiel der Basisschaltung anschaulich diskutiert werden, auf eine genauere rechnerische Untersuchung sei an dieser Stelle verzichtet.

Da Schaltvorgänge als Großsignalaussteuerung anzusehen sind, erläutert man sie vorteilhaft anhand von Kennlinienfeldern. In Bild 3.16 ist das Ausgangskennlinienfeld eines Transistors in Basisschaltung dargestellt, die Batteriespannung U_B und die durch den Lastwiderstand R_L bestimmte Arbeitsgerade sind eingezeichnet.

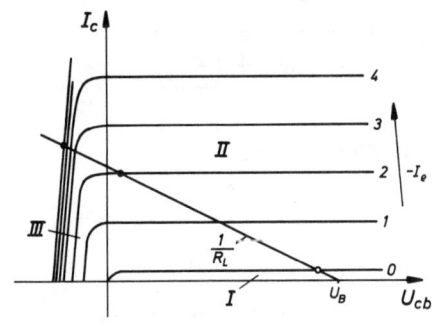

3.16
Ausgangskennlinienfeld des Transistors in Basisschaltung; Parameter I_e in willkürlichen Einheiten
I Sperrbereich, II aktiver Bereich, III Sättigungsbereich
 • • stationäre Arbeitspunkte; Schalter schließt kurz,
 o stationärer Arbeitspunkt; Schalter sperrt

Liegt der Arbeitspunkt im Sperrbereich I, ist der Emitter in Sperrichtung belastet, über dem Kollektor-Basisanschluß fällt fast die gesamte Batteriespannung ab, es fließt nur ein geringer Strom: der Schalter sperrt. Liegt der Arbeitspunkt im Sättigungsbereich III (oder hart an der Grenze dieses Bereiches), fließen hohe Kollektorströme bei nur geringem Spannungsabfall über dem Kollektor-Basisanschluß, der Schalter stellt einen Kurzschluß dar. Das Wort „Sättigungsbereich" deutet an, daß unter diesen Betriebsbedingungen der Kollektorstrom praktisch vollständig durch den Arbeitswiderstand R_L bestimmt wird; eine Erhöhung des Emitterstromes führt nicht mehr zu einer wesentlichen Vergrößerung des Kollektorstromes.

Es sollen die verschiedenen Effekte, die für den zeitlichen Ablauf des Schaltvorganges eine Rolle spielen, qualitativ anhand des physikalischen Transistormodells diskutiert werden. Dabei ist zu unterscheiden, ob im eingeschalteten Zustand der stationäre Arbeitspunkt im aktiven Bereich II oder im Sättigungsbereich III liegt.

3.5. Hochfrequenz- und Schaltverhalten

Als erstes sei der einfachere Vorgang des Schaltens vom Sperrbereich I in den aktiven Bereich II untersucht. Dazu wird angenommen, daß der Emitterstrom $-I_e$ als Rechteckimpuls vorgegeben ist [1]) (Bild 3.17a). Der Kollektorstrom wird erst nach einer gewissen Zeit seinen stationären Wert erreicht haben (Bild 3.17b), da beim Einschaltvorgang die injizierten Ladungsträger erst vom Emitter bis zum Kollektor laufen müssen, bevor ein Kollektorstrom fließt. Die Zeit, nach welcher der Kollektorstrom auf 1/10 seines Endwertes angestiegen ist, wird als „Einschalt-Verzögerung" oder „Verzögerungszeit" t_v bezeichnet; die Zeit, die für den Anstieg von dem 0,1-fachen auf den 0,9-fachen Wert des stationären Stromes im Endzustand benötigt wird, nennt man „Anstiegszeit" [2]) t_{an}.

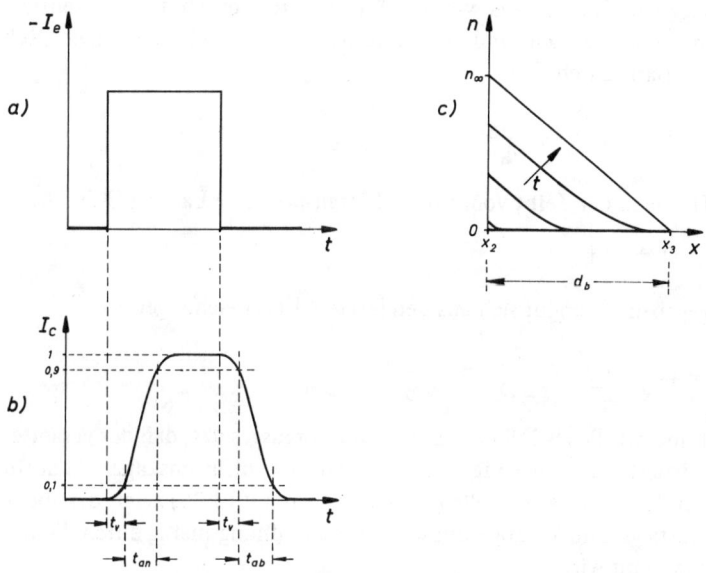

Bild 3.17
Schaltvorgang zwischen Sperrgebiet und aktivem Gebiet
a) Emitterstromimpuls
b) zeitlicher Verlauf des Kollektorstromes, willkürliche Einheiten
   t_{an} Anstiegszeit, t_{ab} Abfallzeit, t_v Verzögerungszeit
c) Konzentrationsverlauf der Minoritätsträger in der Basis mit der Zeit t als Parameter; I_e = const bedeutet konstanten Gradienten an der Stelle x_2

---

[1]) Bei Schaltvorgängen ist sorgfältig darauf zu achten, welche Größe in ihrer Zeitabhängigkeit fest vorgegeben ist. Es kann z.B. auch die Emitterspannung als Zeitfunktion festgelegt sein. In der Praxis ist durch die äußere Beschaltung meist eine Kombination von Strom und Spannung vorgegeben.

[2]) In der Literatur werden zum Teil auch andere Definitionen verwendet.

Die zeitliche Verzögerung des Einschaltvorganges kann man größenordnungsmäßig abschätzen, wenn man berücksichtigt, daß die injizierten Ladungsträger zunächst zum Auffüllen der „Diffusionskapazität" C_{eD} verwendet werden (Bild 3.17c). Die im stationären (eingeschalteten) Zustand vorliegende Ladungsträgerverteilung in der Basis wird erst allmählich aufgebaut; die hierzu erforderliche Zeit liegt in der Größenordnung $t_v + t_{an}$.

Nun ist die gespeicherte Ladung Q durch

$$|Q| = q\, A\, n_\infty \frac{d_b}{2}$$

gegeben. Andererseits wird der Emitterstrom durch den Konzentrationsgradienten im stationären Zustand bestimmt, also bei Vernachlässigung der Rekombination in der Basis durch

$$|I_e| = q\, A\, D_n \frac{n_\infty}{d_b}\ .$$

Da die in der Zeit t vom Strom I_e transportierte Ladung Q durch

$$Q = I_e\, t$$

gegeben ist, ergibt sich aus den letzten drei Gleichungen

$$t_v + t_{an} \approx \frac{d_b^2}{2 D_n} \approx \frac{1}{\omega_\alpha}\ . \tag{3.33}$$

Dabei wurde als Näherungsannahme vorausgesetzt, daß der gesamte Strom der injizierten Ladungsträger zunächst nur die Diffusionskapazität auffüllt, ohne über den Kollektor abzufließen. Ein Vergleich mit (3.25) zeigt, daß die Summe von Anstiegs- und Verzögerungszeit größenordnungsmäßig durch die α-Grenzfrequenz bestimmt wird.

Beim Abschalten des Emitterstromes wird der Kollektorstrom nicht trägheitslos folgen. Es müssen erst wieder die in der Basis gespeicherten Ladungen abgebaut werden. Die „Abfallzeit [1]" t_{ab} (Bild 3.17b) liegt in derselben Größenordnung wie die Anstiegszeit, auf weitere Einzelheiten soll hier nicht eingegangen werden.

Etwas andere Verhältnisse liegen beim Schalten zwischen Sperrbereich I und Sättigungsbereich III vor. In diesem Fall ist stationär im eingeschalteten Zustand der Emitterstrom größer als der Kollektorstrom (Bild 3.16). Der Kollektor ist in

---

[1] Definition analog zu derjenigen der Anstiegszeit; auch hier werden in der Literatur teilweise abweichende Definitionen verwendet.

3.5. Hochfrequenz- und Schaltverhalten

Durchlaßrichtung belastet, hat also nur einen kleinen Widerstand, so daß der Kollektorstrom I_c praktisch durch Batteriespannung U_B und Lastwiderstand R_L bestimmt wird,

$$I_c = \frac{U_B}{R_L} . \tag{3.34}$$

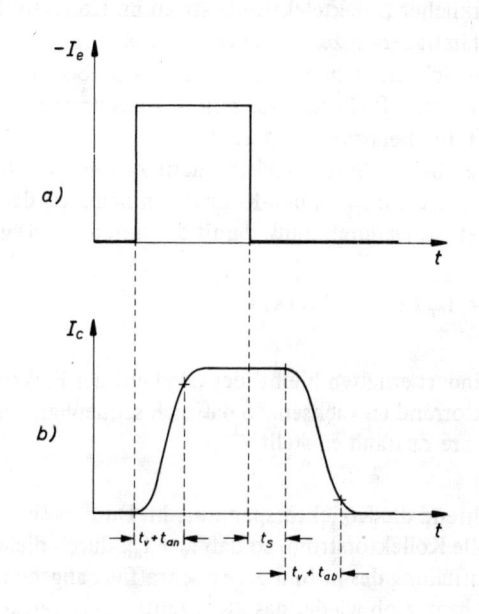

Bild 3.18
Schaltvorgang zwischen Sperrgebiet und Sättigungsgebiet
a) Emitterstromimpuls
b) zeitlicher Verlauf des Kollektorstromes
   t_S Speicherzeit; t_{an}, t_{ab} und t_v sind ebenso wie in Bild 3.17 definiert
c) Konzentrationsverlauf der Minoritätsträger in Basis- und Kollektorzone. Erläuterungen im Text

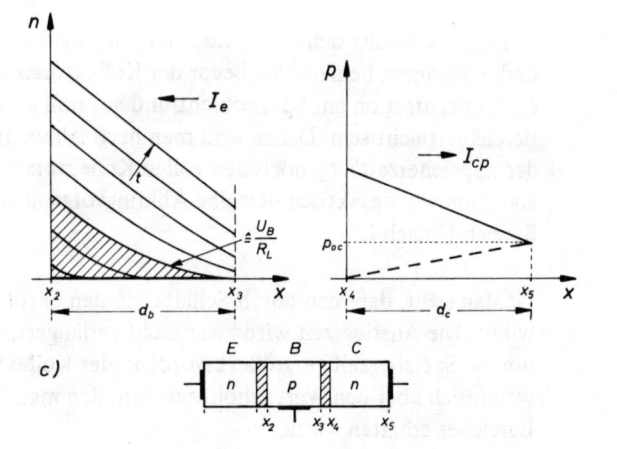

Beim Einschalten ergeben sich zunächst dieselben Verhältnisse wie bei der oben besprochenen Aussteuerung in den aktiven Bereich II (Bild 3.18). Wenn jedoch der Konzentrationsgradient am Kollektor denjenigen Wert erreicht hat, der dem maximalen Kollektorstrom (3.34) entspricht, ist der stationäre Zustand noch nicht erreicht. Das System kommt in den Bereich, in welchem die Kollektorsperrschicht in Durchlaßrichtung belastet wird (Bild 3.16). Das bedeutet aber, daß nun auch ein merklicher Defektelektronenstrom im Kollektor fließt. In Bild 3.18c sind die Minoritätsträgerkonzentrationen in Basis- und Kollektorschicht dargestellt, darunter zur Übersicht der schematisierte Transistor. Solange der Kollektor in Sperrichtung belastet bleibt, fließt nur der geringe Rückstrom (gestrichelter Konzentrationsverlauf). Bei Belastung in Durchlaßrichtung werden die Minoritätsträgerkonzentrationen an beiden Sperrschichträndern x_3 und x_4 erhöht, es fließt nun ein Defektelektronenstrom I_{cp} in den Kollektor hinein, der dem Emitterstrom entgegengerichtet ist. Dadurch muß, damit der durch (3.34) gegebene Strom

$$I_c = I_{cn}(x_3) + I_{cp}(x_4)$$

unverändert erhalten bleibt, der Gradient der Elektronenkonzentration am Kollektorrand anwachsen, so daß sich schließlich der in Bild 3.18c skizzierte stationäre Zustand einstellt.

Während die Kollektorspannung im Durchlaßbereich ansteigt, fließt also schon der volle Kollektorstrom, so daß $t_v + t_{an}$ durch diejenige Zeit bestimmt wird, die zur Auffüllung des in Bild 3.18c schraffiert angedeuteten Bereichs erforderlich ist; das ist ganz grob wieder das „Konzentrationsdreieck" des Bildes 3.17c. Man wird dieselbe Größenordnung für die Zeitabhängigkeit des Einschaltvorganges erwarten.

Dagegen macht sich beim Ausschaltvorgang die Speicherung von zusätzlichen Ladungsträgern bemerkbar. Bevor der Kollektorstrom wesentlich abnimmt, muß die Konzentration am Sperrschichtrand auf null absinken, d.h. es muß der aktive Bereich erreicht sein. Daher wird man nach Abschalten des Emitterstromes während der „Speicherzeit" t_S noch den vollen Kollektorstrom beobachten (Bild 3.18b); erst dann setzt praktisch derselbe Abklingvorgang ein wie beim Schalten von Bereich II nach I.

Man sieht, daß man durch Schalten in den Sättigungsbereich nicht sehr viel gewinnt. Die Anstiegszeit wird zwar nicht verlängert, die Abschaltzeit ist dagegen um die Speicherzeit vergrößert worden; der Kollektorstrom kann auch nicht wesentlich über den Wert erhöht werden, den man hart an der Grenze des aktiven Bereiches erhalten würde.

3.6. Temperatureinfluß und Stabilität

Ebenso wie die Gleichrichterkennlinie sind auch die Kennlinienfelder des Transistors stark temperaturabhängig. Einmal kann die beim Betrieb entstehende Joulesche Wärme zu einer Zerstörung des Bauelementes führen. Zum anderen ist mit der Temperaturerhöhung aber auch eine Verschiebung des Arbeitspunktes verbunden. Da Emitter- und Kollektorstrom beim Betrieb im aktiven Bereich nahezu gleich groß sind, wird wegen der geringeren Emitterspannung die Verlustleistung zum überwiegenden Teil am Kollektor entstehen; damit ergeben sich im Hinblick auf die thermische Spannungsfestigkeit ähnliche Bedingungen wie bei dem in Abschnitt 2.4.1 behandelten pn-Übergang.

Es sollen hier lediglich die Verschiebung des Arbeitspunktes sowie Maßnahmen zu seiner Stabilisierung näher diskutiert werden.

3.6.1. Wahl des Arbeitspunktes

Die Untersuchung der Kleinsignalaussteuerung eines Transistors, wie sie beispielsweise bei Verwendung als Verstärker vorliegt, befaßte sich bisher nur mit dem Wechselstromverhalten. Im folgenden sollen die Gesichtspunkte kurz zusammengestellt werden, die zur Wahl der Gleichvorspannungen und damit zur Festlegung des Arbeitspunktes führen.

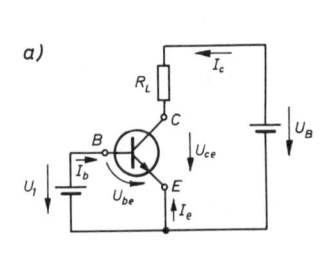

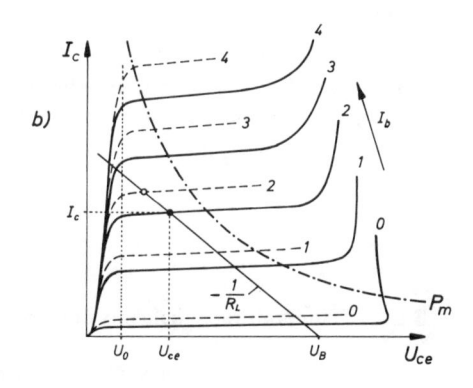

Bild 3.19
Zur Wahl des Arbeitspunktes
a) Gleichspannungsversorgung eines Transistors in Emitterschaltung, schematisch
b) Ausgangskennlinienfeld für zwei Temperaturen, schematisch; Basisstrom I_b in willkürlichen Einheiten

————	niedrige Temperatur
●	Arbeitspunkt für $I_b = 2$
— — —	höhere Temperatur
○	Arbeitspunkt für $I_b = 2$

Bild 3.19a zeigt schematisch die Gleichspannungsversorgung eines Transistors. Die Wahl des Arbeitspunktes läßt sich weitgehend am zugehörigen Ausgangskennlinienfeld (Bild 3.19b) diskutieren. Ein Umlauf in der Ausgangsmasche des Teilbildes a zeigt, daß

$$U_{ce} = U_B - R_L I_c$$

ist. Trägt man diesen Zusammenhang in das Kennlinienfeld ein, erhält man die Arbeitsgerade. Der Arbeitspunkt wird bestimmt durch den Schnittpunkt dieser Geraden mit derjenigen $I_c(U_{ce})$-Kurve, die durch den Basisstrom I_b eingestellt wird. Die Festlegung dieses Arbeitspunktes erfolgt nach folgenden Überlegungen:

1. Die maximal zulässige Kollektor-Verlustleistung P_m darf nicht überschritten werden,

$$I_c U_{ce} < P_m \;.$$

In Bild 3.19b ist die maximale Verlustleistung $I_c U_{ce} = P_m = $ const (Verlusthyperbel) eingezeichnet.

2. Es muß ein Sicherheitsabstand von der Durchbruchsspannung des Kollektors eingehalten werden.

3. Um nichtlineare Verzerrungen der Kleinsignale zu vermeiden, darf das Kennlinienfeld nur im linearen Teil ausgesteuert werden. Diese Grenzen sind durch die Kniespannung U_0 auf der einen Seite und durch $I_b = 0$ auf der anderen Seite gegeben.

Durch diese Forderungen ist der zur Verfügung stehende Teil des Kennlinienfeldes abgegrenzt. Zusätzliche spezielle Bedingungen wie z.B. maximale Verstärkung oder maximaler Wirkungsgrad führen im allgemeinen zu einer mehr oder weniger eindeutigen Festlegung des Arbeitspunktes.

3.6.2. Temperaturabhängigkeit des Kollektorstromes

In Bild 3.19b ist angedeutet, daß der Arbeitspunkt wandert, wenn sich das Kennlinienfeld infolge Temperaturänderung verschiebt. Zur Vermeidung dieses unerwünschten Effektes wird man bestrebt sein, den Kollektorstrom I_c möglichst konstant zu halten.

Zunächst ist zu zeigen, durch welche physikalischen Größen eine Temperaturabhängigkeit zustande kommt. Nach (3.13) ist

$$I_c = I_{c0} - \alpha I_e \;.$$

3.6. Temperatureinfluß und Stabilität

Die Temperaturabhängigkeit von I_{c0} ist nach (2.29) im wesentlichen durch n_i^2 bestimmt, also mit (1.22)

$$I_{c0} \sim \exp\left(-\frac{W_{LV}}{kT}\right).$$

I_e ist der Durchlaßstrom des Emittergleichrichters, für dessen Temperaturabhängigkeit

$$I_e \sim \exp\left(-\frac{W_{LV}}{kT}\right) \exp\left(\frac{qU_{be}}{kT}\right)$$

gilt. Die Stromverstärkung $\alpha \approx 1$ kann zwar ebenfalls temperaturabhängig sein, soll im folgenden aber als nahezu konstant angesehen werden.

Damit sind aufgrund des physikalischen Modells die einzelnen Temperaturabhängigkeiten festgelegt.

3.6.3. Stabilisierung des Arbeitspunktes und Gleichspannungsversorgung

Den bisherigen Diskussionen war implizite zugrunde gelegt, daß auf der Emitterseite die Spannung U_{be} (temperaturunabhängig) vorgegeben ist (Bild 3.19 a). Das ist im vorliegenden Fall offensichtlich unzweckmäßig, da dann nach (3.13) der Kollektorstrom nicht nur über I_{c0}, sondern auch noch über I_e temperaturabhängig ist. Sinnvoller erscheint es, nach Möglichkeit den Emitterstrom I_e als konstant unabhängig von der Temperatur vorzugeben, dann ist im Idealfall die Temperaturabhängigkeit des Kollektorstromes lediglich durch I_{c0} bestimmt. Diese Konstanz kann man näherungsweise erreichen (Bild 3.20a), indem man dem Emitter einen so großen Widerstand R vorschaltet, daß I_e praktisch durch diesen Widerstand bestimmt wird und nicht mehr durch den Spannungsabfall U_{be} über der Sperrschicht.

Um den Einfluß dieses Emittervorwiderstandes rechnerisch zu fassen, wird für den Transistor die Ersatzschaltung des Bildes 3.20b eingeführt; R_b und R_{ef} kennzeichnen analog zu Bild 3.9d Basis- und Emitterwiderstand, die beide temperaturabhängig sein können. Die Kollektorseite wurde gemäß (3.13) durch eine gesteuerte Quelle dargestellt. Damit erhält man die Schaltung des Bildes 3.20c, welche in einfacher Weise berechnet werden kann. Die Knotengleichung [1]) im Punkt Ⓚ und ein Spannungsumlauf in der Eingangsmasche führen mit (3.13) auf

$$I_c = \frac{I_{c0}(R + R_{ef} + R_b) + \alpha U_1}{R + R_{ef} + R_b(1-\alpha)}.$$

---

[1]) s. Band II, Abschnitt 2.2

Wählt man

$$R \gg R_{ef}(T) + R_b(T),$$

vereinfacht sich dies zu

$$I_c = I_{c0} + \frac{\alpha U_1}{R}.$$

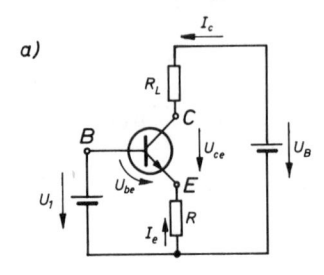

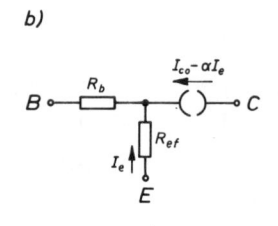

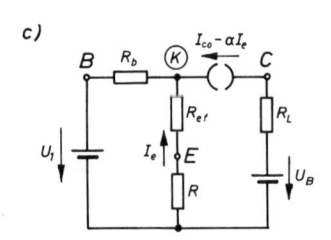

Bild 3.20
Stabilisierung des Arbeitspunktes durch Emittervorwiderstand R
a) Schaltung
b) Ersatzschaltbild des Transistors
c) zu berechnende Schaltung

Man sieht durch Vergleich mit (3.13), daß in diesem Grenzfall eine Temperaturabhängigkeit nur in der Größe I_{c0} enthalten ist und daß

$$-I_e \approx \frac{U_1}{R}$$

durch die äußere Beschaltung vorgegeben ist (d.h., in Bild 3.20a ist U_{be} als klein gegenüber $I_e R$ zu vernachlässigen).

Damit ist die stabilisierende Wirkung des Emittervorwiderstandes gezeigt.

In der Praxis verwendet man zur Gleichspannungsversorgung meist nicht zwei getrennte Spannungsquellen wie in Bild 3.20a, sondern begnügt sich mit einer Spannungsquelle U_B. Die Spannung U_1 wird dann z.B. durch einen aus zwei Widerständen R_1 und R_2 bestehenden Spannungsteiler eingestellt (Bild 3.21a); für

$$I_1 \approx I_2 \gg I_b$$

ist das Spannungsverhältnis durch das Widerstandsverhältnis gegeben.

Schließlich ist in Bild 3.21 b angedeutet, wie ein Transistor mit dieser Gleichspannungsbeschaltung beispielsweise für eine Wechselspannungsansteuerung in Emitterschaltung betrieben werden kann. Der Generator mit der Spannung u_G und dem Innenwiderstand R_G ist über die Koppelkapazität C_G an die Basis angeschlossen. Der Emittervorwiderstand R wird wechselstrommäßig durch die Kapazität C kurzgeschlossen. Das Ausgangssignal u_A wird zwischen Kollektor und Masse abgegriffen.

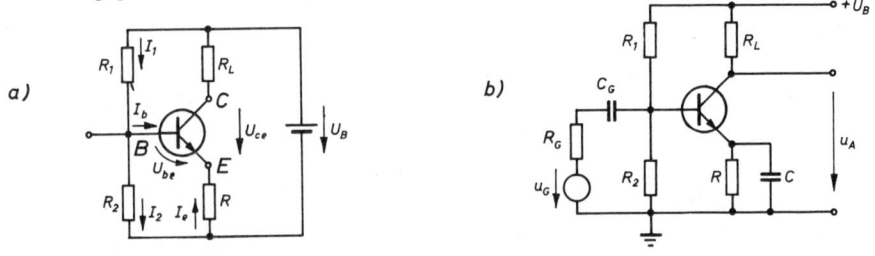

Bild 3.21
a) Stabilisierung durch Emittervorwiderstand R und Gleichstromversorgung eines Transistors
b) Wechselspannungseinspeisung für Betrieb in Emitterschaltung

3.7. Übungsaufgaben

Übungsaufgabe 3.1

Ein Siliciumtransistor sei durch die in Bild 3.3 skizzierte Schichtenfolge symbolisiert. Das Verhältnis der Dotierungen sei

$$N_{De} : N_{Ab} : N_{Dc} = 100 : 10 : 1,$$

die Basis sei mit $N_{Ab} = 10^{13}$ cm^{-3} dotiert, alle Störstellen seien ionisiert. Die geometrische Breite des p-leitend dotierten Bereiches (Basisschicht) betrage 50 μm. Sind keine anderen Angaben gemacht, soll der pn-Übergang zwischen Emitter und Basis mit 0,2 V in Durchlaßrichtung belastet sein. $T = T_0$.

a) Man skizziere für $U_{eb} = U_{cb} = 0$ Raumladung, Feldstärke und Bändermodell als Funktion des Ortes.

b) Man skizziere für $U_{cb} = 0$ den Konzentrationsverlauf der Elektronen und Löcher in halblogarithmischem Maßstab und das Bändermodell. Wie groß ist die Dicke d_b des quasineutralen Bereiches?

c) Welche Spannung U_{cb} muß an der Basis-Kollektorsperrschicht liegen, damit die in b) berechnete Dicke auf die Hälfte zusammenschrumpft? Man skizziere für diesen Fall das Bändermodell.

d) Unter Vernachlässigung der Rekombination in der Basiszone ist die Stromdichte an der Stelle x_3 für $U_{cb} = 0$ und für die unter c) berechnete Spannung anzugeben.

Übungsaufgabe 3.2

Man skizziere Raumladung, Feldstärke und Bändermodell als Funktion des Ortes für einen im aktiven Bereich betriebenen pnp-Transistor.

Übungsaufgabe 3.3

Beim Schalttransistor soll im ausgeschalteten Zustand ein möglichst kleiner Kollektorstrom fließen. Man berechne und diskutiere den Kollektorstrom, wenn Emitter und Kollektor in Sperrichtung belastet sind.

Übungsaufgabe 3.4

Man bestimme aus den folgenden Werten der h-Parameter die Größen des Transistor-Ersatzschaltbildes:

$$h_{11} = 30\,\Omega \;;\; h_{12} = 5\cdot 10^{-4} \;;\; h_{21} = -0{,}98 \;;\; h_{22} = 0{,}6\cdot 10^{-6}\,\Omega^{-1}.$$

Übungsaufgabe 3.5

a) Ein Transistor in Basisschaltung wird eingangsseitig von einer Spannungsquelle mit dem Innenwiderstand R_G gespeist und am Ausgang durch den Lastwiderstand R_L belastet. Mit den in Übungsaufgabe 3.4 angegebenen h-Parametern sind $r_E, r_A, i_A/i_E, u_A/u_G$ und G'_m zu berechnen für den Fall, daß R_G und R_L angepaßt sind.

b) Welche Werte ergeben sich, wenn statt der Basisschaltung die Emitterschaltung vorliegt?

c) Es sind die entsprechenden Werte für die Kollektorschaltung zu berechnen.

Übungsaufgabe 3.6

Ein Transistor, dessen Daten bei einem Emitterstrom von $I_e = 0{,}5$ mA die Werte

$$\alpha = 0{,}99 \;;\; r_b = 100\,\Omega \;;\; r_c = 2\,M\Omega$$

haben, wird in Emitterschaltung betrieben, der Generator-Innenwiderstand sei $600\,\Omega$.

a) Wie groß sind Eingangswiderstand und Spannungsverstärkung, wenn der Lastwiderstand $R_L = 5\,k\Omega$ beträgt?

b) Wie groß sind Spannungsverstärkung und Leistungsverstärkung G, wenn sowohl Generator- als auch Lastwiderstand $600\,\Omega$ betragen?

Übungsaufgabe 3.7

Ein Transistor soll als Niederfrequenzverstärker in Emitterschaltung betrieben werden. Die h-Parameter lauten:

$h_{11} = 800\,\Omega$; $h_{21} = 47$; $h_{22} = 80\,\mu S$; h_{12} sei zu vernachlässigen.

a) Wie groß sind Spannungsverstärkung und Leistungsverstärkung G bei eingangs- und ausgangsseitigem Abschluß mit 600 Ω?

b) Wie groß müssen Generator- und Lastwiderstand bei Anpassung sein, wie groß sind dann Spannungsverstärkung und Leistungsverstärkung G?

Übungsaufgabe 3.8

Man skizziere das Eingangskennlinienfeld

$I_e\,(U_{eb})$ mit U_{cb} als Parameter

und das Ausgangskennlinienfeld

$I_c\,(U_{cb})$ mit I_e als Parameter,

das durch die in Bild 3.9d gezeigte Ersatzschaltung ($R_b = 0$) beschrieben wird, für den Betrieb des Transistors in Basisschaltung.

Übungsaufgabe 3.9

Ein Germanium-Transistor soll mit der in Bild 3.21a angegebenen Schaltung stabilisiert werden. Es sei

$\alpha = 0{,}975$; $U_B = 10\,V$; $R = 2\,k\Omega$.

Ferner sind bei der Temperatur $T = T_0$ die folgenden Daten bekannt:

$I_e = -0{,}5\,mA$; $I_{c0} = 5\,\mu A$.

Bei einer Temperaturerhöhung um 28 °C steigt I_{c0} auf 65 μA an. Der in der Schaltung fließende Kollektorstrom soll sich jedoch nur verdoppeln.

Welche Dimensionierung ist für R_1 und R_2 vorzusehen? Anmerkung: Der Berechnung ist die Ersatzschaltung des Bildes 3.20b mit $R_b = 0$, $R_{ef} \ll R$ zugrunde zu legen.

Übungsaufgabe 3.10

Man untersuche und diskutiere unter Verwendung der Ersatzschaltung Bild 3.20b die stabilisierende Wirkung des Widerstandes R in der Schaltung des Bildes 3.22.

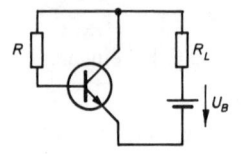

Bild 3.22
Zur Stabilisierung des Arbeitspunktes eines Transistors durch den Widerstand R

Übungsaufgabe 3.11

a) Man stelle, ausgehend von den Formeln (3.1) bis (3.10), unter Vernachlässigung des Early-Effektes Gleichungen für folgende Kennlinienfelder auf:

1. Für die Basisschaltung I_c (U_{cb}) mit I_e als Parameter.
2. Für die Emitterschaltung I_c (U_{ce}) mit I_b als Parameter
   und I_b (U_{be}) mit U_{ce} als Parameter.

b) Man skizziere die Kennlinienfelder.

4. Der Thyristor

In Fortführung des systematischen Aufbaues sind nach der Diskussion des Zweischichten-Elementes in Abschnitt 2 und des Dreischichten-Elementes in Abschnitt 3 die Eigenschaften einer Vierschichtenfolge zu diskutieren; das führt zum Thyristor (Bild 4.1), den man als eine Kopplung von drei pn-Übergängen auffassen kann. Die Wirkungsweise beruht im Prinzip auf denselben Vorgängen, die auch schon beim

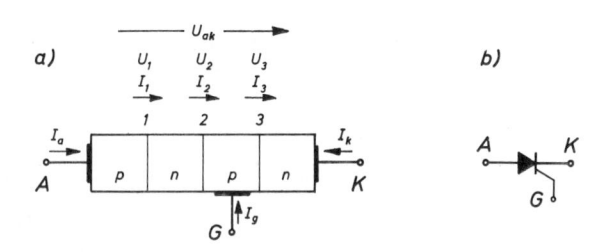

Bild 4.1
a) Schematischer Aufbau des Thyristors als Vierschichtenelement
b) Schaltzeichen

Transistor auftraten. Da dieses Bauelement sich zwar einerseits an die vorangegangenen Überlegungen unmittelbar anschließt, seine Bedeutung andererseits aber vorzugsweise auf dem Energiesektor liegt, sei die Wirkungsweise lediglich phänomenologisch beschrieben. Dieses Vorgehen möge zugleich als Beispiel dafür dienen, wie man durch Anwendung der in den vorangegangenen Abschnitten entwickelten Grundvorstellungen die prinzipielle Wirkungsweise auch komplizierterer Sperrschicht-Bauelemente verstehen kann.

4.1. Schematischer Aufbau und Kennlinienfeld

Bild 4.1 zeigt den grundsätzlichen Aufbau, die verwendeten Bezeichnungen und das Schaltzeichen des Thyristors. Die Kontakte an den Endzonen werden in Analogie zur Röhre als Anode A und Kathode K, die an einer der Mittelzonen angebrachte Steuerelektrode G als „Gate" bezeichnet. In Bild 4.2 ist das statische Kennlinienfeld dieser Anordnung schematisch dargestellt; es ist der Anodenstrom I_a als Funktion der Anoden-Kathodenspannung U_{ak} mit dem Steuerstrom I_g als Parameter aufgetragen.

Es sei zunächst der Fall $I_g = 0$ diskutiert. Man sieht, daß sich mit der Aussteuerung vom Nullpunkt beginnend in jeder Richtung die Sperrkennlinie eines Gleichrichters ergibt. Das ist plausibel, da bei positiver Spannung U_{ak} der Übergang 2, bei negativer Spannung die Übergänge 1 und 3 in Sperrichtung belastet werden. Die angelegte Spannung wird zum überwiegenden Teil an den jeweils in Sperrichtung belasteten pn-Übergängen abfallen. Wird in der positiven Sperrichtung eine Grenzspannung, die „Kippspannung" U_{BO}, erreicht, bricht die Spannung am Element zusammen, über einen Kennlinienteil mit negativer Charakteristik läuft das System in den Durchlaßbereich, der praktisch der Flußkennlinie eines pn-Überganges entspricht.

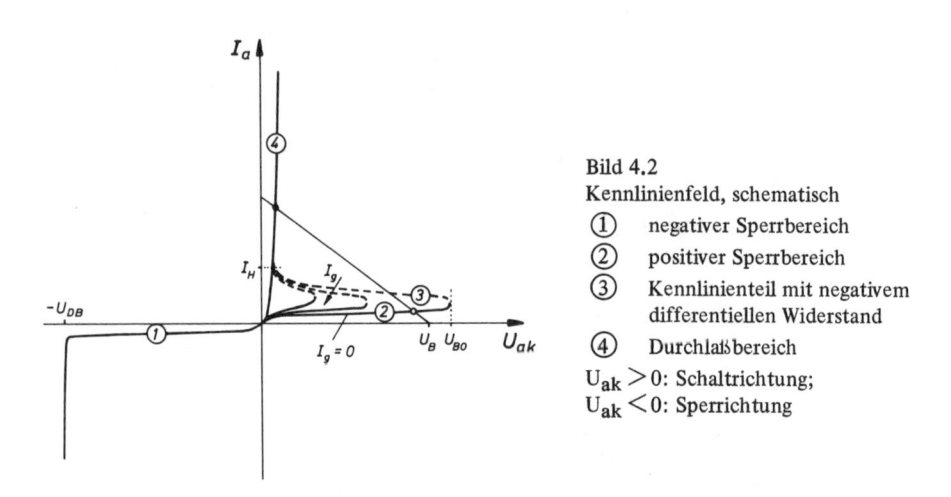

Bild 4.2
Kennlinienfeld, schematisch
① negativer Sperrbereich
② positiver Sperrbereich
③ Kennlinienteil mit negativem differentiellen Widerstand
④ Durchlaßbereich
$U_{ak} > 0$: Schaltrichtung;
$U_{ak} < 0$: Sperrichtung

Bei Einschalten des Steuerstromes I_g wird die maximal in Schaltrichtung erreichbare Spannung verringert, durch hinreichend hohen Steuerstrom läßt es sich erreichen, daß positiver Sperrbereich und negativer Kennlinienteil vollständig fehlen, es ergibt sich die normale Kennlinie eines pn-Gleichrichters. Aus diesem Grund wird der Thyristor auch als „Steuerbarer Gleichrichter" bezeichnet, da man in Schaltrichtung je nach Steuerstrom die Sperr- oder die Durchlaßkennlinie eines Gleichrichters erhält. Man hat die Möglichkeit, den Thyristor als elektronischen Schalter für hohe Leistungen zu verwenden.

In Bild 4.2 ist eine Arbeitsgerade eingezeichnet. Bei $I_g = 0$ sperrt der Schalter, es fließt nur ein geringer Anodenstrom I_a. Übersteigt I_g einen bestimmten Wert, springt der Arbeitspunkt vom Sperrbereich in den Durchlaßbereich, es fließt ein hoher Strom I_a bei geringem Spannungsabfall U_{ak}, der Schalter stellt einen „Kurzschluß" dar (vgl. auch das Kennlinienfeld des Schalttransistors in Bild 3.16). Nach Abschalten des Steuerstromes bleibt der Arbeitspunkt des Thyristors auf dem oberen Kennlinienteil. Zum Ausschalten muß der „Haltestrom" I_H unterschritten werden; es sind im allgemeinen besondere Maßnahmen für das Ausschalten erforderlich.

4.1. Schematischer Aufbau und Kennlinienfeld

Bild 4.3a zeigt eine Steuerungsschaltung in ihrer einfachsten Form. Der Thyristor ist in einen Wechselstromkreis ($U_\sim$, A, K, R_L) als Schalter eingebaut. Eine Steuerung durch den Steuerkreis (G, K) kann auf zwei Arten erfolgen.

1. Vertikale Steuerung. Die Stromquelle I_g ist eine Gleichstromquelle (Bild 4.3b). Je nach Größe des Steuerstromes wird der im Lastkreis fließende Strom I_a erst von einer bestimmten Höhe ab eingeschaltet. Je größer der Steuerstrom, desto früher erfolgt der „Anschnitt" (Bild 4.3d). Der Stromfluß wird unterbrochen, wenn I_a den Wert des Haltestromes I_H unterschreitet. Man sieht, daß es damit möglich wird, den Effektivwert des Stromes im Lastkreis zu variieren.

2. Horizontalsteuerung. Dasselbe läßt sich mit einem hinreichend hohen Stromimpuls I_g erreichen, dessen Einsetzen den „Zündzeitpunkt" bestimmt (Bild 4.3c). Durch Verschieben der Phasenlage des Zündimpulses kann der Stromflußwinkel im Lastkreis variiert werden.

In der Praxis wird meist die Horizontalsteuerung verwendet, da sie einmal gestattet, den Zündwinkel zwischen 0° und 180° zu variieren; zum anderen hängt die Vertikalsteuerung sehr empfindlich von der Höhe des Steuerstromes ab und weist darüber hinaus eine außerordentlich große Exemplarstreuung auf.

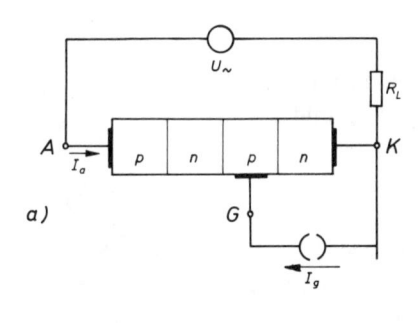

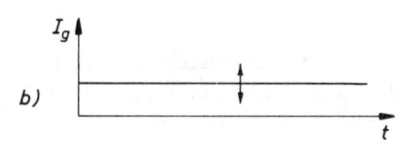

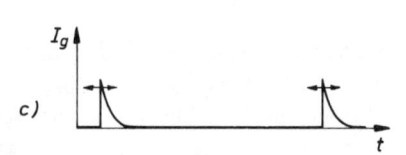

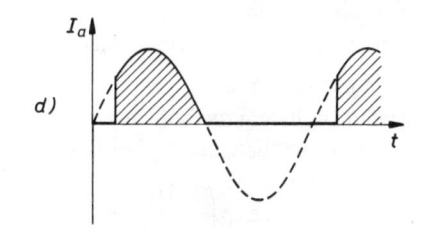

Bild 4.3
Der Thyristor als Schalter
a) Prinzipschaltung
b) Vertikalsteuerung
c) Horizontalsteuerung
d) Stromfluß im Lastkreis

4.2. Physikalisches Prinzip

Nach dieser kurzen Einführung in die Anwendungsmöglichkeiten des Thyristors ist nun das prinzipielle Zustandekommen des Kennlinienfeldes in Bild 4.2 zu diskutieren. Hier interessiert insbesondere die Schaltrichtung und das Auftreten eines negativen differentiellen Widerstandes, also der Übergang vom positiven Sperrbereich ② in den Durchlaßbereich ④.

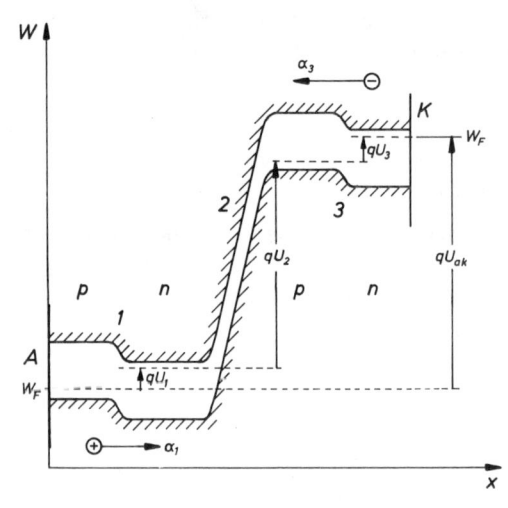

Bild 4.4
Bändermodell des Thyristors im positiven Sperrbereich

Im positiven Sperrbereich sind die Sperrschichten 1 und 3 in Durchlaßrichtung, die Sperrschicht 2 in Sperrichtung belastet (Bild 4.1). Bild 4.4 zeigt für diesen Fall den Verlauf des Bändermodells. Die angelegte Spannung

$$U_{ak} = U_1 + U_2 + U_3 \tag{4.1}$$

wird zum überwiegenden Teil an der Sperrschicht 2 abfallen. Die in Durchlaßrichtung belastete Sperrschicht 1 injiziert wie der Emitter eines pnp-Transistors Defektelektronen in Richtung auf die Sperrschicht 2, die als Kollektor wirkt. Aber auch die in Durchlaßrichtung belastete Sperrschicht 3 wirkt wie der Emitter eines npn-Transistors und injiziert Elektronen in Richtung auf Sperrschicht 2. Letztere fungiert also als gemeinsamer Kollektor für beide Transistoren, sie erhält von der einen Seite injizierte Defektelektronen, von der anderen Seite injizierte Elektronen.

Man kann näherungsweise eine Gleichung für die Kennlinie des Bauelementes gewinnen, indem man für Sperrschicht 2 die Strombilanz aufstellt. Der durch diese Sperrschicht fließende Strom I_2 setzt sich zusammen aus einem Stromanteil

$$I_{2gl} = -I_0 \left[\exp\left(-\frac{qU_2}{kT}\right) - 1 \right], \tag{4.2}$$

4.2. Physikalisches Prinzip

der den Gleichrichterstrom des pn-Überganges 2 darstellt; dieser Strom würde auch dann fließen, wenn keine Injektion von seiten der Sperrschichten 1 und 3 erfolgen würde. Der Rückstrom I_0 wird dabei noch (relativ schwach) von der Spannung U_2 abhängen. Weiter liefern außer I_{2gl} noch die injizierten Ladungsträger einen Beitrag zu I_2. Bezeichnet man mit α_1 den Stromverstärkungsfaktor des (linken) pnp-Transistors, so ist dieser Anteil durch $\alpha_1 I_1$ gegeben. Entsprechend wird der von der Sperrschicht 3 herrührende Anteil $\alpha_3 I_3$, wobei α_3 der Stromverstärkungsfaktor des (rechten) npn-Transistors ist. Damit ergibt sich durch Zusammenfassung

$$I_2 = I_{2gl} + \alpha_1 I_1 + \alpha_3 I_3 . \tag{4.3}$$

Nun verlangt die Kontinuität des Stromes (vgl. Bild 4.1 a), daß

$$I_1 = I_2 = I_a \tag{4.4}$$

und weiter

$$I_a + I_g = I_3 \; (= -I_k) \tag{4.5}$$

ist. Setzt man (4.4) und (4.5) in (4.3) ein, erhält man eine Gleichung für den Strom,

$$I_a = \frac{I_{2gl} + \alpha_3 I_g}{1 - (\alpha_1 + \alpha_3)} . \tag{4.6}$$

Dies ist im Prinzip bereits die gesuchte Strom-Spannungskennlinie, die allerdings eine ausführlichere Diskussion verlangt.

Im Gegensatz zu *Transistoren* ist für die Wirkungsweise von *Thyristoren* von entscheidender Bedeutung, daß die Stromverstärkungsfaktoren α nicht konstant sind, sondern vom Strom abhängen. Eine solche Abhängigkeit kann z. B.[1]) dadurch zustande kommen, daß die Emitterergiebigkeit γ stromabhängig wird: es wurde bereits in Bild 2.8 angedeutet, daß bei Rekombination bzw. Generation innerhalb der Sperrschicht ein weiterer Stromanteil I_{rg} zu den Diffusionsströmen an den Sperrschichträndern hinzukommt, so daß beispielsweise die Gleichung (3.2) für den gesamten Emitterstrom nun in der Form

$$I_e = I_{en}(x_2) + I_{ep}(x_1) + I_{rg}$$

zu schreiben ist. Die in Abschnitt 3.2 eingeführte Definition der Emitterergiebigkeit γ bleibt bestehen, es wird

$$\gamma = \frac{I_{en}(x_2)}{I_{en}(x_2) + I_{ep}(x_1) + I_{rg}} .$$

---

[1]) Für eine genauere Diskussion vgl. F.E. Gentry, F.W. Gutzwiller, N. Holonyak, E.E. von Zastrow, Semiconductor Controlled Rectifiers, Prentice-Hall, N.J. (Abschnitt 1.10).

Eine genauere Untersuchung zeigt, daß bei Belastung in Durchlaßrichtung

$$I_{rg} \sim \exp\left(\frac{qU}{2kT}\right)$$

ist, wobei U den Spannungsabfall über der betreffenden Sperrschicht kennzeichnet; da andererseits die Diffusionsströme

$$I_{en}(x_2) \; ; \; I_{ep}(x_1) \sim \exp\left(\frac{qU}{kT}\right)$$

sind, wird mit zunehmender Spannung, also auch mit zunehmendem Strom, der Einfluß von I_{rg} geringer, so daß sich ein Ansteigen der Emitterergiebigkeit und damit des Stromverstärkungsfaktors ergibt.

Ohne auf weitere Einzelheiten einzugehen, soll für das Folgende diese Stromabhängigkeit als gegeben hingenommen werden. Bild 4.5 zeigt einen für Silicium typischen Verlauf der $\alpha(I)$-Kurve. Als wesentlich für die Deutung der Thyristorkennlinie sei festgehalten, daß α in dem hier interessierenden Bereich mit steigendem Strom zunimmt.

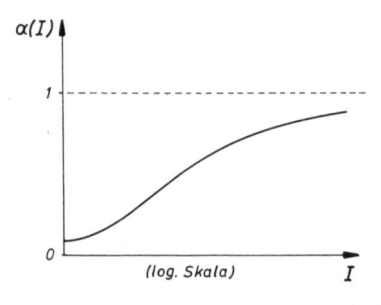

Bild 4.5
Abhängigkeit des
Stromverstärkungsfaktors α vom Strom I

Dann sind bei niedrigen Strömen α_1 und α_3 noch klein gegenüber 1, so daß man – für den zunächst diskutierten Fall $I_g = 0$ – aus (4.6) einfach eine Gleichrichterkennlinie erhält,

$$I_a = I_{2gl} \; .$$

In diesem Bereich können die Spannungsabfälle U_1 und U_3 an den in Durchlaßrichtung belasteten Sperrschichten 1 und 3 vernachlässigt werden, praktisch liegt die gesamte Spannung an der mittleren Sperrschicht, $U_2 \approx U_{ak}$. Da jedoch der Sperrstrom eines Gleichrichters nicht völlig konstant ist, sondern schwach mit der Spannung ansteigt[1]), wird mit zunehmender Spannung die Summe $(\alpha_1 + \alpha_3)$ größer

---

[1]) Auf jeden Fall wird im Bereich des Durchbruchs ein starker Stromanstieg erfolgen.

4.2. Physikalisches Prinzip

werden und sich schließlich dem Wert 1 nähern. Damit erfolgt ein steilerer Anstieg des Stromes I_a als dem Gleichrichterrückstrom I_{2gl} entspricht. Im positiven Sperrbereich ist also

$$\alpha_1 + \alpha_3 < 1 \,.$$

Wenn bei weiterem Stromanstieg die α-Summe den Wert 1 erreicht,

$$\alpha_1 + \alpha_3 = 1 \,,$$

wird der Nenner in (4.6) gleich null; da jedoch kein unendlich großer Strom fließen kann, muß für diesen Fall auch der Zähler, d. h. I_{2gl}, verschwinden. Das ist jedoch nach (4.2) nur dann möglich, wenn

$$U_2 = 0$$

wird, über der mittleren Sperrschicht also kein Spannungsabfall liegt. Wegen (4.1) ist die gesamte an der Anordnung liegende Spannung U_{ak} nur noch sehr klein, nämlich von der Größenordnung des Spannungsabfalles zweier in Durchlaßrichtung belasteter Sperrschichten. Das System befindet sich jetzt in der Nähe des Knickpunktes zwischen negativem Ast ③ und Durchlaßbereich ④ des Bildes 4.2. Zwischen dem positiven Sperrbereich ② und diesem Punkt muß ein kontinuierlicher Übergang erfolgen, also ein Kennlinienteil mit negativer Charakteristik auftreten.

Bei weiterer Stromerhöhung würde formal der Nenner negativ werden. Da der Strom I_a seine Richtung nicht umkehren kann (U_{ak} ist in diesem Bereich stets größer 0), muß auch der Zähler sein Vorzeichen umkehren, U_2 muß negativ werden. Dann ist die mittlere Sperrschicht ebenfalls in Durchlaßrichtung belastet. Der gesamte Spannungsabfall U_{ak} bleibt klein. Für

$$\alpha_1 + \alpha_3 > 1$$

wird die Durchlaßkennlinie ④ durchlaufen[1]).

Wie ändern sich die oben geschilderten Vorgänge für $I_g > 0$? Aus (4.6) ersieht man, daß einmal durch den im Zähler auftretenden Term $\alpha_3 I_g$ der Strom erhöht wird. Das entspricht in etwa dem Einfluß des Basisstromes bei einem Transistor in Emitterschaltung; für hinreichend kleine Spannungen ergibt sich auch tatsächlich ein ähnliches Kennlinienfeld. Außerdem ist aber für die Stromverstärkung α_3 statt wie bisher $\alpha_3 (I_a)$ der neue Wert $\alpha_3 (I_a + I_g)$ einzusetzen; nach Bild 4.5 ist α_3 größer geworden. Damit wird bereits bei niedrigeren Spannungen ein höherer Strom fließen, somit wird die maximal erreichbare Spannung U_{BO} kleiner als ohne Steuerstrom. Es ergibt sich qualitativ das Kennlinienfeld des Bildes 4.2.

---

[1]) Tatsächlich versagt jedoch in diesem Bereich der Ansatz (4.3). Wenn der pn-Übergang 2 ebenfalls in Durchlaßrichtung gepolt ist, findet auch eine Injektion von seiten der Sperrschicht 2 in die Sperrschichten 1 und 3 statt, so daß (4.3) entsprechend ergänzt werden müßte. Auf diese Erweiterung sei jedoch verzichtet.

Mit diesen einfachsten Überlegungen sei die Diskussion der prinzipiellen Wirkungsweise des Thyristors abgeschlossen. Bei diesem Vierschichtenelement spielen selbstverständlich alle diejenigen Vorgänge, die in den einfacheren Fällen des Gleichrichters und Transistors von Bedeutung waren, ebenfalls eine wesentliche Rolle. Insbesondere interessiert bei Schaltern neben der statischen Kennlinie das dynamische Verhalten. Auch hier liegen ähnliche Verhältnisse wie beim Schalttransistor vor, deren Diskussion jedoch zu weit führen würde.

4.3. Übungsaufgaben

Übungsaufgabe 4.1

Das prinzipielle Zustandekommen des negativen Astes der Thyristor-Kennlinie kann man an folgendem stark vereinfachten Modell plausibel machen[1]):

Die Stromverstärkungsfaktoren eines Thyristors seien durch

$$\alpha_1 (I) = K \cdot I \text{ mit } K = 5 \text{ A}^{-1} ; \alpha_3 = 0{,}25 = \text{const}$$

beschrieben. Die Rückstromkennlinie des mittleren pn-Überganges genüge der Gleichung

$$I_{2gl} = G U_2 \text{ mit } G = 5 \cdot 10^{-5} \text{ } \Omega^{-1} .$$

1. Man skizziere die Kennlinien im positiven Sperrbereich und im negativen Ast für
   a) $I_g = 0$;
   b) $I_g = 50$ mA.
   Man gebe I_H und U_{BO} an.
2. Bei welchem Steuerstrom verschwindet positiver Sperrbereich und negativer Kennlinienast?

Übungsaufgabe 4.2

Ein „pn-Hook-Transistor" (Bild 4.6a) ist formal wie ein Thyristor aufgebaut, die Stromverstärkungen können jedoch als konstant angesehen werden. Man kann ihn wie jeden Transistor im einfachsten Falle durch Angabe von Stromverstärkungsfaktor α und Kollektorreststrom I_{c0} kennzeichnen (vgl. (3.13)),

$$I_c = I_{c0} - \alpha I_e .$$

---

[1]) Es sei ausdrücklich betont, daß dieses Modell selbst zur Abschätzung von Größenordnungen viel zu primitiv ist und lediglich zur Veranschaulichung des Prinzips dienen kann.

4.3. Übungsaufgaben

Dieser Transistortyp läßt sich simulieren durch Zusammenschalten eines pnp-Transistors (Index 1) mit einem npn-Transistor (Index 2) in der Weise, wie es in Bild 4.6b angedeutet ist.

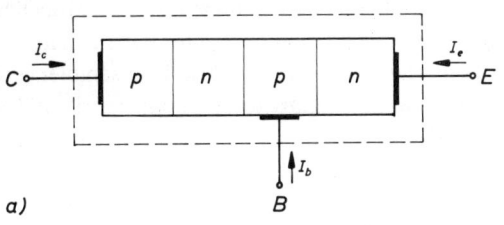

Bild 4.6
Prinzip des Hook-Transistors
a) Schematischer Aufbau
b) Ersatzschaltung mit pnp- und npn-Transistor

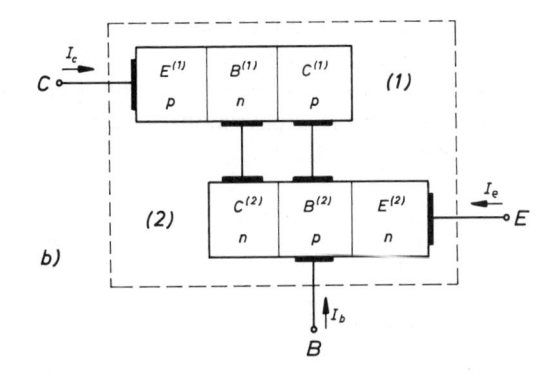

Man untersuche, wie Stromverstärkungsfaktor α und Kollektorreststrom I_{c0} der gesamten Anordnung von den Daten $\alpha^{(1)}$, $\alpha^{(2)}$, $I_{c0}^{(1)}$, $I_{c0}^{(2)}$ der einzelnen Transistoren 1 und 2 abhängen.

5. Der Feldeffekttransistor

Die prinzipielle Wirkungsweise der bisher besprochenen Sperrschichtanordnungen konnte anhand eines eindimensionalen Modelles diskutiert werden. Das trifft für diejenige Gruppe von Halbleiter-Bauelementen nicht mehr zu, die unter dem Begriff „Feldeffekttransistoren" (F E T) zusammengefaßt werden. Darüber hinaus haben diese „Unipolartransistoren" zwar transistorähnliche Kennlinienfelder, sie unterscheiden sich in ihrer Wirkungsweise jedoch grundsätzlich von den in Abschnitt 3 besprochenen Transistoren. Während bei letzteren der entscheidende Mechanismus die Injektion von *Minoritäts*trägern ist, welche durch Anlegen einer Spannung gesteuert werden kann, wird beim Feldeffekttransistor der Stromfluß von *Majoritäts*trägern gesteuert, Injektion von Minoritätsträgern spielt hier keine Rolle.

Um das Steuerungsprinzip in möglichst einfacher Weise erläutern zu können, sei – ohne Rücksicht auf praktische Ausführungsformen – der Diskussion wieder ein stark schematisiertes Modell zugrunde gelegt, welches ohne zusätzliche Kenntnisse aus der Halbleiterphysik, speziell aus der Physik der Halbleiteroberfläche, verstanden werden kann.

5.1. Prinzip

Man kann in einfachster Weise einen Feldeffekttransistor als einen gesteuerten Widerstand auffassen. Eine dünne, überschußleitende Halbleiterscheibe wird an zwei gegenüberliegenden Schmalseiten mit sperrfreien [1]) Metallkontakten („Source" S und „Drain" D) versehen (Bild 5.1a) und als Widerstand in einen Lastkreis geschaltet. Um diesen Widerstand steuern zu können, sind an den Längsseiten der Scheibe zwei p^+n-Übergänge angebracht, deren Kontakt mit „Gate" G bezeichnet wird und als Steuerelektrode dient. Belastet man diese p^+n-Übergänge in Sperrichtung durch Anlegen einer Spannung $U_{sg} > 0$, wird sich die Sperrschicht nach den Überlegungen des Abschnittes 2 im wesentlichen in das n-Gebiet ausdehnen. Dadurch wird die Breite der Strombahn, die für den Drain-Strom I_d zur Verfügung steht, eingeengt; der Widerstand zwischen den Kontakten D und S wird vergrößert. Man wird das in Bild 5.1b skizzierte Kennlinienfeld $I_d(U_{ds})$ mit U_{sg} als Parameter erwarten. Erhöht man die Spannung U_{sg} so weit, daß sich beide Sperrschichten in der Mitte berühren, wird der Stromfluß im Idealfall vollständig unterbunden.

---

[1]) Als „sperrfrei" soll ein Kontakt dann bezeichnet werden, wenn er lediglich zur Stromzuführung dient und keine Gleichrichterwirkung an ihm auftritt.

5.2. Ausgangskennlinienfeld

Anhand dieser einfachsten qualitativen Diskussion lassen sich bereits die wesentlichsten Unterschiede zu dem in Abschnitt 3 behandelten „Bipolartransistor" erkennen. Da der auf der Eingangsseite durch die Steuerelektrode G fließende Strom von der Größenordnung des Rückstromes eines pn-Überganges ist, wird der Feldeffekttransistor einen weit höheren Eingangswiderstand aufweisen als der normale Transistor; die Steuerung erfolgt nahezu stromlos, der Gate-Strom kann im folgenden vernachlässigt werden. Da weiter Injektion und damit die Lebensdauer der Minoritätsträger keine Rolle spielt, wird die Frequenzgrenze nicht mehr durch die Lebensdauer, sondern nur durch Sperrschicht- und Schaltungskapazitäten bestimmt.

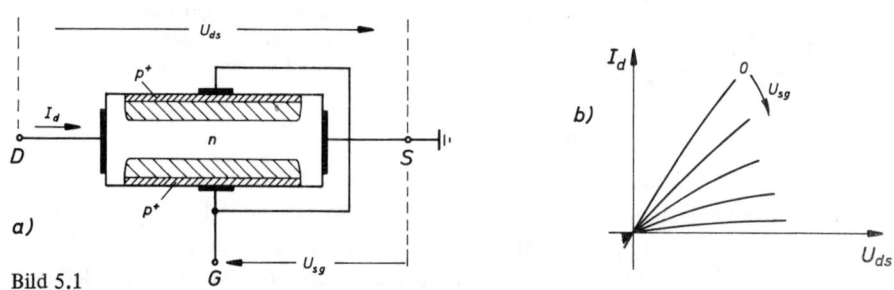

Bild 5.1
Prinzip des Feldeffekttransistors (für hinreichend kleine Spannungen U_{ds})
a) Geometrisches Modell
b) Kennlinienfeld

5.2. Ausgangskennlinienfeld

Das im vorangegangenen entwickelte einfache Modell muß allerdings noch in einem wesentlichen Punkt ergänzt werden. Es war zunächst stillschweigend vorausgesetzt, daß auf der gesamten Fläche der Gate-Elektroden G der Spannungsabfall über der p^+n-Sperrschicht räumlich konstant ist. Das ist nur für $U_{ds} = 0$ exakt richtig. Für $U_{ds} > 0$ fällt diese Spannung längs des n-leitenden Kanals („n-Channel") ab, so daß der Spannungsabfall über der Sperrschicht und damit die Sperrschichtdicke räumlich variiert [1]). Das ist in Bild 5.2 schematisch dargestellt. Der Spannungsabfall $U_s(x)$ über der Sperrschicht ist mit der vorgegebenen äußeren Spannung U_{sg} über den Spannungsabfall $U(x)$ am Bahnwiderstand durch [2])

$$U_s(x) = U(x) + U_{sg} \qquad (5.1)$$

---

[1]) Man kann annehmen, daß in den hochdotierten p^+-Zonen kein Spannungsabfall in Längsrichtung erfolgt, so daß diese Zonen Äquipotentialflächen darstellen.

[2]) Die Zuleitungswiderstände zum Channel sollen als konstante Bahnwiderstände vernachlässigt werden.

verknüpft. Mit zunehmendem Spannungsabfall $U_s(x)$ über der Sperrschicht nimmt auch ihre Dicke $w(x)$ zu, so daß man qualitativ die in Bild 5.2 dargestellte Ortsabhängigkeit der Sperrschichtgrenzen erhält. Zum Vergleich ist die Sperrschichtausdehnung für $U_{ds} = 0$ gestrichelt eingezeichnet. Mit zunehmender Spannung U_{ds}

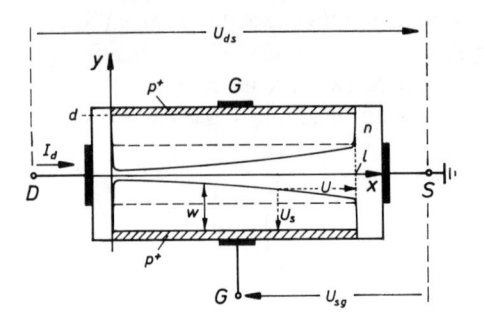

Bild 5.2
Einfluß des Spannungsabfalls U am Bahnwiderstand auf die Ortsabhängigkeit der Sperrschichtdicke w

wird also der Widerstand des Channels anwachsen, so daß die in Bild 5.1b gezeigten Kennlinien für größere Spannungen U_{ds} nach unten vom geradlinigen Verlauf abweichen (Bild 5.3). Bei weiterer Erhöhung von U_{ds} kann man es erreichen, daß sich infolge anwachsenden Bahnwiderstandes die Sperrschichten berühren („pinch-off"-Effekt). Damit setzt ein weiterer Stromflußmechanismus ein, der zu einer Sättigung führt. Man teilt daher das Kennlinienfeld in einen „linearen" Bereich und einen „Sättigungsbereich" auf.

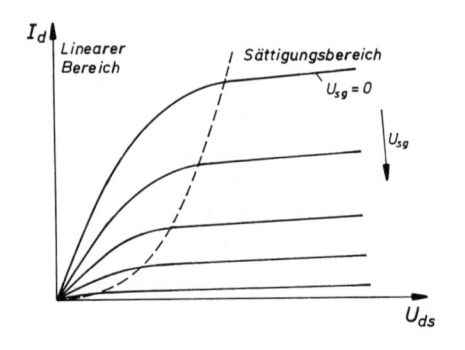

Bild 5.3
Ausgangskennlinienfeld des Feldeffekttransistors, schematisch. Die gestrichelte Kurve kennzeichnet das Einsetzen des pinch-off und die Lage von I_{dm}

Es hat sich gezeigt, daß im vorliegenden Falle selbst zur qualitativen Kennlinienberechnung ein zweidimensionales Raumladungs- und Stromflußproblem zu lösen ist. Näherungsweise kann das dann besonders einfach geschehen, wenn die Einschnürung des Channels nur allmählich erfolgt. Dann kann man zur Abschätzung die Sperrschichtdicke $w(x)$ an jeder Stelle so berechnen, als ob in x-Richtung homogene

5.2. Ausgangskennlinienfeld

Verhältnisse vorlägen, d.h., man darf die aus einem eindimensionalen Modell abgeleitete Gleichung (2.19) verwenden. Mit (5.1) wird

$$w = \sqrt{\frac{2\epsilon\,(U_D + U_s)}{q\,N_D}} = \sqrt{\frac{2\epsilon\,(U_D + U_{sg} + U)}{q\,N_D}}. \tag{5.2}$$

Weiterhin darf man zur Berechnung des Spannungsabfalls U längs des Channels ebenfalls ein eindimensionales Modell zugrunde legen. Da im Channel nur ein Feldstrom fließt, kann man den Gesamtstrom I_d finden, indem man die Stromdichte

$$J = q\,\mu_n\,N_D\,E$$

mit der Fläche $[2\,(d-w)\,a]$ des stromführenden Querschnittes [1]) multipliziert; damit ergibt sich ein Zusammenhang zwischen Feldstärke und Sperrschichtdicke,

$$E = \frac{I_d}{2\,q\,\mu_n\,N_D\,a\,(d-w)}. \tag{5.3}$$

Diese Gleichung ist nur sinnvoll, solange $w < d$ ist. Das Berühren der Sperrschichten tritt bei $w = d$ ein; die dann am Bahnwiderstand abfallende Spannung U wird mit U_{PO} bezeichnet, sie ist nach (5.2) durch

$$U_D + U_{sg} + U_{PO} = \frac{q\,N_D\,d^2}{2\epsilon} \equiv V_{PO} \tag{5.4}$$

gegeben, wobei die Größe V_{PO} als Kürzung eingeführt wurde.

Wegen

$$E = -\frac{dU}{dx}$$

ergibt sich durch Einsetzen von (5.2) in (5.3) die Differentialgleichung

$$-\frac{dU}{dx}\,2\,q\,\mu_n\,N_D\,a\left(d - \sqrt{\frac{2\epsilon\,(U_D + U_{sg} + U)}{q\,N_D}}\right) = I_d.$$

Integriert man diese Gleichung von x bis l (Bild 5.2), erhält man mit der Kürzung (5.4) den Ausdruck

$$I_d = \frac{2\,q\,\mu_n\,N_D\,a\,d}{l - x}\,U(x)\cdot$$

$$\cdot\left\{1 - \frac{2}{3}\frac{V_{PO}}{U(x)}\left[\left(\frac{U_D + U_{sg} + U(x)}{V_{PO}}\right)^{3/2} - \left(\frac{U_D + U_{sg}}{V_{PO}}\right)^{3/2}\right]\right\}; \tag{5.5}$$

---
[1]) a sei die Ausdehnung der Anordnung senkrecht zur Zeichenebene.

diese Gleichung ist näherungsweise gültig, solange

$$U(x) < U_{PO}$$

ist.

Für hinreichend kleine Spannungen U_{ds}, für die noch kein pinch-off eintritt, kann man als Integrationsgrenze $x = 0$ wählen. Wegen

$$U(0) = U_{ds}$$

stellt (5.5) dann die Kenniniengleichung

$$I_d(U_{ds}) \text{ mit } U_{sg} \text{ als Parameter}$$

dar (Bild 5.3, „linearer Bereich"). Die weitere Diskussion dieses Kennlinienbereiches ist in Übungsaufgabe 5.1 selbständig durchzuführen.

Es bleibt noch die Frage offen, wie die Kennlinien für größere Spannungen U_{ds} weiter verlaufen. Da längs des Channels nur die durch (5.4) gegebene maximale Spannung U_{PO} abfallen kann, muß sich das Channel-Ende zu größeren x-Werten, beispielsweise x_{PO} (Bild 5.4), verschieben. Die restliche Spannung $U_{ds} - U_{PO}$ fällt dann über der Raumladungszone $0 < x < x_{PO}$ ab.

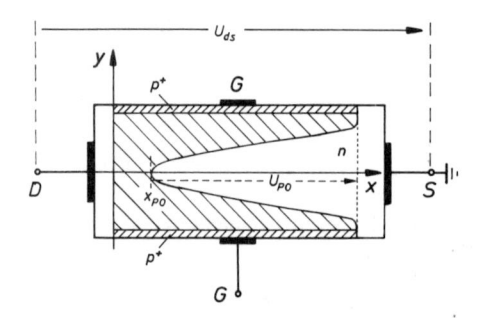

Bild 5.4
Channel unter pinch-off-Bedingung

Zur Durchführung einer genaueren Rechnung müßte man die zweidimensionale Poissongleichung (1.52) mit den gegebenen Randbedingungen lösen, um die Lage des Punktes x_{PO} in Abhängigkeit von U_{ds} zu finden. Statt dessen soll hier lediglich eine qualitative Diskussion des weiteren Kennlinienverlaufes durchgeführt werden.

Man wird bei Einsetzen des pinch-off nicht mehr $x = 0$ als Integrationsgrenze in (5.5) wählen, sondern den Wert $x = x_{PO}$. Wegen $U(x_{PO}) = U_{PO}$ ergibt sich aus (5.5)

$$I_d = I_{dm} \frac{l}{l - x_{PO}}, \qquad (5.6)$$

5.2. Ausgangskennlinienfeld

wobei I_{dm} der Drain-Strom für $x_{PO} = 0$ ist. Eine genauere Rechnung zeigt, daß für

$l \gg d$

$x_{PO} \ll l$ bleibt, so daß der in diesem Bereich fließende Strom immer nur etwas größer als I_{dm} ist [1]).

Schließlich sei noch die Frage erörtert, durch welchen Mechanismus ein Strom durch die Raumladungszone zur Drain-Elektrode fließen kann. Zur qualitativen Beantwortung ist in Bild 5.5 der Verlauf des Bändermodells längs der x-Achse schematisch skizziert. Alle Elektronen, die durch den Channel angeliefert werden, fallen den Energieberg hinunter. Es liegen hier *ähnliche* Verhältnisse vor wie beispielsweise beim Transistor, wo die in Sperrichtung belastete Kollektorsperrschicht,

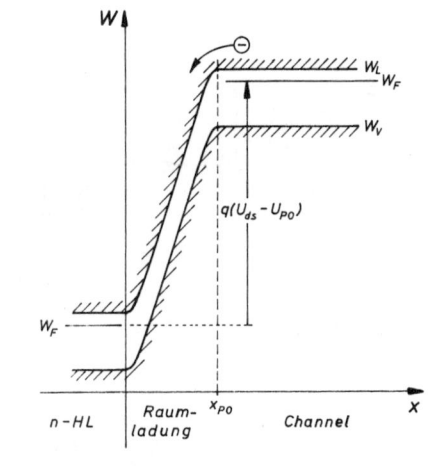

Bild 5.5
Zur Veranschaulichung des Stromtransportes in der Raumladungszone. Bändermodell unter pinch-off-Bedingung

die an sich wegen der geringen Konzentration an beweglichen Ladungsträgern einen sehr hohen Widerstand darstellt, die vom Emitter injizierten Ladungsträger hindurchläßt. Allerdings hat hier auf beiden Seiten der Raumladungszone der Halbleiter *denselben* Leitungstyp. Solange $x_{PO} \ll l$ bleibt, ist der vom Channel angelieferte Strom nahezu konstant, man erhält qualitativ den Kennlinienverlauf im Sättigungsbereich des Bildes 5.3.

---

[1]) Hier liegt eine Analogie zum Early-Effekt (vgl. Abschnitt 3.2) vor, in beiden Fällen wird die Länge einer raumladungsfreien Zone durch Sperrschichtausdehnung verkürzt und damit der Stromfluß erhöht.

5.3. Ersatzschaltbild

Der vorangegangenen Diskussion war ein Feldeffekttransistor mit überschußleitendem Channel zugrunde gelegt worden (n-Channel FET). Das Schaltungssymbol zeigt Bild 5.6a. In analoger Weise kann man durch Vertauschung der n- und p-leitenden Bereiche einen p-Channel FET herstellen; das zugehörige Schaltungssymbol ist in Bild 5.6b dargestellt. Generell wird diejenige Elektrode, durch welche die Majoritätsträger in das Element hineinfließen, als Source S bezeichnet und diejenige Elektrode, durch welche die Majoritätsträger das Element verlassen, als Drain D.

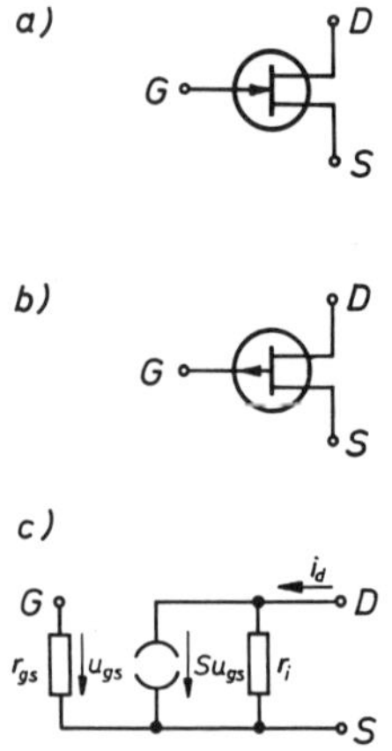

Bild 5.6
a) Schaltungssymbol eines n-Channel FET
$U_{gs} < 0; \ U_{ds} > 0$

b) Schaltungssymbol eines p-Channel FET
$U_{gs} > 0; \ U_{ds} < 0$

Merkregel: Der Pfeil im Schaltungssymbol gibt diejenige Richtung an, in welcher der Strom bei Durchlaßbelastung des pn-Überganges fließen würde.

c) Ersatzschaltbild für Kleinsignalaussteuerung im Sättigungsbereich bei niedrigen Frequenzen

Wie Bild 5.3 zeigt, stimmt das Kennlinienfeld eines Feldeffekttransistors im Sättigungsbereich weitgehend mit dem einer Pentode überein. Daher kann man auch formal das Kleinsignal-Ersatzschaltbild einer Röhre für den Feldeffekttransistor verwenden (Bild 5.6c). Der Widerstand r_{gs} ist der differentielle Sperrschichtwiderstand der in Sperrichtung belasteten pn-Übergänge zwischen Gate G und Source S, der in erster Näherung als unendlich groß angesehen werden kann. Der Ausgangskreis zwischen Drain D und Source S wird durch eine gesteuerte Stromquelle $S \, u_{gs}$ (S = Steilheit) mit Innenwiderstand r_i gekennzeichnet. Da für $U_{sg} > 0$ nach Bild 5.3 der Strom I_d abnimmt, ergibt sich der eingezeichnete Richtungssinn der Stromquelle ($u_{gs} = - u_{sg}$). Man kann dieses einfachste Ersatzschaltbild für den jeweils vorliegenden Fall ebenso wie Röhren- und Transistorersatzschaltbilder durch Hinzunahme weiterer Schaltungselemente, wie z.B. Kapazitäten, erweitern.

5.4. Übungsaufgaben

Übungsaufgabe 5.1

Man bestimme formelmäßig für den linken Bereich des in Bild 5.3 gezeigten Kennlinienfeldes

a) die Steigungen $\dfrac{\partial I_d}{\partial U_{ds}}$;

b) die Größe des maximalen Stromes, I_{dm} (vgl. (5.6));

c) diejenige Gate-Spannung U_{sg}, bei welcher das Bauelement für alle Spannungen U_{ds} sperrt („turn-off"-Spannung);

d) die Steilheit S, definiert als

$$S = -\left.\frac{\partial I_d}{\partial U_{sg}}\right|_{U_{ds}\,=\,\text{const}}$$

Man spezialisiere die Formel auf den Sättigungsbereich ($I = I_{dm}$).

6. Die Elektronenröhre

Neben Halbleiter-Bauelementen spielen auch Elektronenröhren als aktive elektronische Bauelemente eine wesentliche Rolle, so daß sie im Rahmen der vorliegenden Einführung ebenfalls behandelt werden müssen. Dabei soll die Diskussion auf die grundsätzliche physikalische Wirkungsweise beschränkt bleiben, die an möglichst einfachen Modellen erläutert wird. Das bedeutet, daß man ohne Rücksicht auf technologische Einzelheiten und tatsächlichen geometrischen Aufbau den Rechnungen ein ebenes Elektrodenmodell zugrunde legen kann.

6.1. Thermische Elektronenquellen

Als erstes ist die Elektronenemission aus einer Glühkathode zu untersuchen. Dazu ist es erforderlich, einen Überblick über die Energieverhältnisse an der Oberfläche eines Metalles zu gewinnen. Bild 6.1 zeigt für x < 0 den Verlauf des „Bändermodells" in einem Metall. Zum Unterschied vom Halbleiter liegt das Ferminiveau W_F im Metall weit im Inneren des Leitungsbandes, so daß hier nur dieses eine Band von Interesse ist und die verbotene Zone keine Rolle spielt. Faßt man die Unterkante des Leitungsbandes als potentielle Energie auf, so kennzeichnet

$$W - W_L = \frac{m_L}{2} v^2 = W_{kin} \qquad (6.1)$$

die kinetische Energie eines Elektrons mit der Gesamtenergie W.

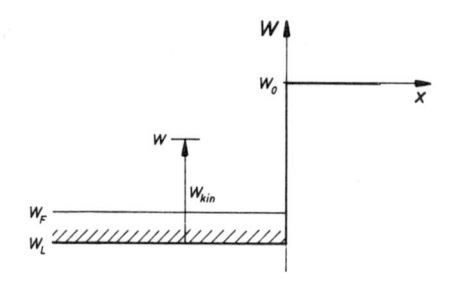

Bild 6.1
Verlauf der Elektronenenergie an einer Metalloberfläche, einfaches Modell: Energiesprung

Die Oberfläche des Metalles kann im Bändermodell in einfachster Weise durch eine Energiebarriere der Höhe $(W_O - W_L)$ gekennzeichnet werden, welche verhindert, daß Elektronen bei normalen Temperaturen das Metall verlassen. Dabei wird diese Größe außer vom Metall auch von der Oberflächenbeschaffenheit abhängen. So können z. B. elektrische Doppelschichten auf der Oberfläche eine Beeinflussung des Energiesprunges hervorrufen. Im folgenden soll diese Größe als frei wählbarer konstanter Parameter angesehen werden.

6.1. Thermische Elektronenquellen

Als nächstes ist zu untersuchen, wie der Emissionsstrom von diesem Parameter abhängt. Im einfachsten Falle geht man von der Vorstellung aus, daß alle diejenigen Elektronen, die an der Stelle x = 0 eine so hohe Energie haben, daß sie die Energiebarriere überwinden können, das Metall auch tatsächlich verlassen[1]). Es soll im folgenden an der Stelle x = 0 die Stromdichte derjenigen Elektronen berechnet werden, welche eine Energiebarriere der Höhe $(W_O - W_L)$ überwinden können.

Hätten alle Elektronen dieselbe Geschwindigkeit v_x, so wäre die Stromdichte analog zu (1.31) durch

$$J_{Th} = - q v_x n$$

gegeben. Bezeichnet man mit $\hat{n}(v_x) dv_x$ die Konzentration derjenigen Elektronen, welche eine Geschwindigkeit zwischen v_x und $v_x + dv_x$ besitzen (und beliebige Geschwindigkeiten in v_y- und v_z-Richtung), so ergibt sich die Stromdichte entsprechend zu

$$J_{Th} = - q \int_{v_{xmin}}^{\infty} v_x \, \hat{n}(v_x) \, dv_x \, . \tag{6.2}$$

Dabei ist v_{xmin} die minimale Geschwindigkeit in +x-Richtung, die zur Überwindung des Energiewalles erforderlich ist, also

$$\frac{m_L}{2} v_{xmin}^2 = W_O - W_L \, . \tag{6.3}$$

Es wurde vorausgesetzt, daß man im Metall ebenso wie in einem Halbleiter mit einer effektiven Elektronenmasse m_L rechnen darf.

Zur Auswertung von (6.2) ist $\hat{n}(v_x) dv_x$ zu bestimmen. Dazu ermittelt man zunächst die Zahl der Elektronen $\check{n}(W) dW$ im Energieintervall zwischen W und W + dW,

$$\check{n}(W) \, dW = f(W) \, 2 \, D_L(W) \, dW \tag{6.4}$$

(vgl. Abschnitt 1.3). f(W) ist durch (1.9) und $D_L(W)$ durch (1.5) gegeben. Die Annahme, daß man die für Halbleiter berechnete Zustandsdichte $D_L(W)$ auch hier verwenden darf, stellt bereits eine recht grobe Näherung dar, die keineswegs erfüllt zu sein braucht. Bei Halbleitern wurde (1.4) nur auf die Umgebung der Leitungsband*kante* angewendet und auch nur für diesen Fall abgeleitet. Dies ist als weitere Fehlermöglichkeit anzusehen.

---

[1]) Diese Vorstellung ist klassisch zwar richtig, quantenmechanisch können aber auch Elektronen, deren Energie zum Überqueren des Energiewalles ausreicht, reflektiert werden.

Da in (6.2) die Integration nur über einen Bereich erstreckt werden soll, in welchem $W > W_O$ ist, kann man wegen

$$\exp\left(\frac{W_O - W_F}{kT}\right) \gg 1$$

die Fermiverteilung (1.9) durch die Boltzmannverteilung (1.18) approximieren. Drückt man weiter auf der rechten Seite von (6.4) die Energie W nach (6.1) durch die Geschwindigkeit v aus, geht diese Gleichung über in

$$\check{n}(W)\, dW = N_L\, V \left(\frac{m_L}{2\pi kT}\right)^{3/2} \exp\left(\frac{W_F - W_L}{kT}\right) \exp\left(-\frac{m_L v^2}{2kT}\right) 4\pi v^2\, dv\ .$$

Nun kann man die Zahl der Elektronen im Intervall zwischen W und W + dW auch gewinnen, indem man die Zahl der Elektronen $\tilde{n}(v)\, d^3v$ im Geschwindigkeitsintervall zwischen v und v + d^3v über alle Raumrichtungen integriert:

$$\check{n}(W)\, dW = \int_0^{2\pi} d\varphi \int_0^{\pi} \sin\vartheta\, d\vartheta\, v^2\, dv\, \tilde{n}(v)\ .$$

Da alle Koordinatenrichtungen gleichwertig sind, hängt $\tilde{n}(v)$ tatsächlich nur vom Betrag der Geschwindigkeit ab, nicht von der Richtung; damit liefert die Integration über die Winkel den Faktor 4π. Man kann nun $\check{n}(W)\, dW$ durch $\tilde{n}(v)\, 4\pi v^2\, dv$ ersetzen und erhält

$$\tilde{n}(v)\, d^3v = N_L\, V \left(\frac{m_L}{2\pi kT}\right)^{3/2} \exp\left(\frac{W_F - W_L}{kT} - \frac{m_L v^2}{2kT}\right) d^3v\ .$$

Integration über v_y und v_z von $-\infty$ bis $+\infty$ liefert nach Division durch das Volumen V die gesuchte Größe

$$\hat{n}(v_x)\, dv_x = \frac{1}{V}\, dv_x \int_{-\infty}^{+\infty} dv_y \int_{-\infty}^{+\infty} dv_z\, \tilde{n}(v)$$

$$= N_L \left(\frac{m_L}{2\pi kT}\right)^{1/2} \exp\left(\frac{W_F - W_L}{kT} - \frac{m_L v_x^2}{2kT}\right) dv_x\ .$$

6.1. Thermische Elektronenquellen

Einsetzen dieses Ausdruckes in (6.2) und Integration führt mit (6.3) und (1.6) auf die Richardson-Dushman-Formel

$$\left| J_{Th} \right| = A' T^2 \exp\left(-\frac{W_{OF}}{kT}\right)$$

$$\text{mit } A' = \frac{4\pi q m k^2}{h^3} = 120 \frac{A}{(cm\,°K)^2} \,.$$

(6.5)

Die Energiedifferenz

$$W_{OF} = W_O - W_F \qquad (6.6)$$

wird als „thermische Austrittsarbeit" bezeichnet; sie ist die Differenz zwischen der Energie W_O eines Elektrons im Außenraum vor der Oberfläche und der Fermienergie W_F. Weiter wurde in (6.5) vereinfachend die effektive Elektronenmasse m_L durch die Masse m eines freien Elektrons ersetzt.

Aus (6.5) folgt, daß man für Kathoden möglichst solche Materialien wählen sollte, die eine möglichst kleine Austrittsarbeit W_{OF} haben und/oder eine möglichst hohe Betriebstemperatur zulassen.

Experimentell wird (6.5) verhältnismäßig gut bestätigt bis auf die Größe der Richardson-Konstanten A'. In der nachfolgenden Tabelle sind für die drei wichtigsten Gruppen von Kathodenmaterialien (Massivkathode: Wolfram; Atomfilmkathode: Thoriertes Wolfram; Oxidkathode: Bariumoxid) typische Zahlenwerte zusammengestellt[1]). Die Emissionsstromdichten liegen allgemein bei gleicher Kathoden-Lebensdauer etwa im Bereich 0,1 ... 1 A/cm². Der Vorteil der Oxidkathoden beruht hauptsächlich auf dem geringen Bedarf an Heizleistung.

Material	T_k	A'	W_{OF}	J_{Th}/P_H
	(°K)	(A/(cm °K)²)	(eV)	(mA/(cm²W))
Wolfram	2500	60 ... 100	4,5	5
Thoriertes Wolfram	1800	3	2,6	50
Bariumoxid	1100	$10^{-3} ... 10^{-2}$	1,0	1000

T_k = Kathodentemperatur
P_H = Heizleistung

---

[1]) Die Angaben der einzelnen Autoren weichen stark voneinander ab, es wird lediglich die Größenordnung richtig wiedergegeben.

6.2. Diode

In Bild 6.2a sind Schaltungssymbol und verwendete Bezeichnungen für eine Hochvakuumdiode dargestellt; Bild 6.2b zeigt das im folgenden benutzte Modell mit ebener Elektrodenanordnung. Man kann die Strom-Spannungskennlinie der Diode (Bild 6.2c) in drei Gebiete aufteilen, nämlich in den Bereich von Anlauf-, Raumladungs- und Sättigungsstrom. Eine genaue Abgrenzung dieser einzelnen Bereiche kann erst in Abschnitt 6.2.2 erfolgen.

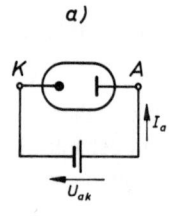

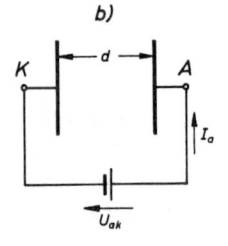

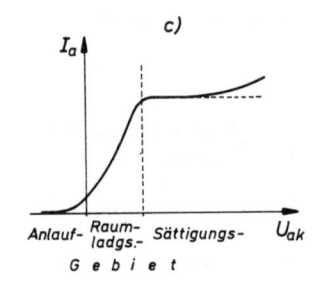

Bild 6.2
Hochvakuumdiode
a) Schaltzeichen und Bezeichnungen
b) Modell mit ebenen Elektroden
c) Kennlinie

6.2.1. Anlaufstrom

Wie in Bild 6.2c angedeutet, fließt der Anlaufstrom bereits bei negativen Anodenspannungen. Das Zustandekommen dieses Effektes kann man anhand des Energiediagramms des Bildes 6.3 erläutern. Es ist das Ferminiveau W_{Fk} der Kathode und das der Anode, W_{Fa}, eingezeichnet. Die Differenz beider Energien ist gleich der mit der Elementarladung multiplizierten äußeren Spannung U_{ka},

$$qU_{ka} = W_{Fa} - W_{Fk}.$$

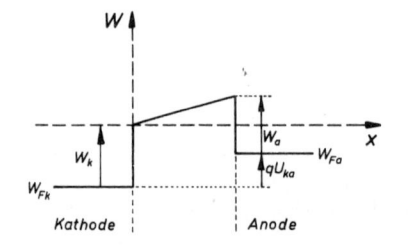

Bild 6.3
Verlauf der Elektronenenergie zwischen Kathode und Anode im Anlaufgebiet, $U_{ak} = -U_{ka} < 0$

W_k = Austrittsarbeit der Kathode
W_a = Austrittsarbeit der Anode

6.2. Diode

Die von der Glühkathode emittierten Elektronen müssen, um in das Innere der Anode zu gelangen, nicht nur die Austrittsarbeit W_k der Kathode überwinden, sondern die Energiebarriere

$$W_a + qU_{ka} > W_k \,, \tag{6.7}$$

wobei W_a die Austrittsarbeit der Anode kennzeichnet. Setzt man diesen Wert anstelle von W_{OF} in die Emissionsformel (6.5) ein, erhält man für die Stromdichte

$$J = A' T_k^2 \exp\left(-\frac{W_a}{kT_k}\right) \exp\left(-\frac{qU_{ka}}{kT_k}\right) ,$$

wobei T_k die Kathodentemperatur kennzeichnet. Der Anlaufstrom wird also durch die Austrittsarbeit der *Anode* bestimmt.

Der Gültigkeitsbereich dieser Gleichung, der das Gebiet des Anlaufstromes begrenzt, ist im Rahmen der vorliegenden Näherung durch (6.7) gegeben. Man sieht, daß hierfür die Differenz der Austrittsarbeiten von Anoden- und Kathodenmaterial maßgebend ist. Allerdings müßten exakterweise auch noch Raumladungseffekte im Bereich zwischen den Elektroden berücksichtigt werden, vgl. Fußnote [1]) S. 160.

6.2.2. Raumladungsstrom

Bei hinreichend großen positiven Werten von U_{ak} entsteht im Kathoden-Anodenraum eine beschleunigende Feldstärke (Bild 6.4). Mit den von der Kathode

Bild 6.4
Energieverlauf im Raumladungsbereich, schematisch; $U_{ak} > 0$ (Differenz der Austrittsarbeiten zwischen Kathode und Anode vernachlässigt).
gestrichelt: Energieverlauf ohne Raumladung

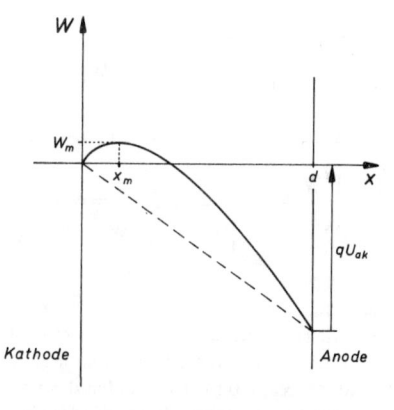

emittierten Elektronen ist eine Raumladung verbunden. Der Bereich des Raumladungsstromes ist dadurch gekennzeichnet, daß sich in dem Raum zwischen den Elektroden infolge dieser negativen Raumladung an der Stelle x_m ein Energiemaximum W_m ausbildet; die emittierten Elektronen müssen zunächst gegen das Feld der vor der Kathode befindlichen Elektronen anlaufen, sie werden durch dieses Feld teilweise wieder in die Kathode zurückgetrieben. Dadurch ist der Strom in diesem Kennlinienbereich kleiner als der Sättigungsstrom. Erst wenn alle aus der Kathode austretenden Elektronen vom beschleunigenden Feld abgesaugt werden, fließt der Sättigungsstrom[1]).

Zur Berechnung der Strom-Spannungsbeziehung geht man von der Poissongleichung (1.52) aus, die für den vorliegenden eindimensionalen Fall in der Form

$$\frac{d^2 W}{dx^2} = - \frac{q^2}{\epsilon_0} n \qquad (6.8)$$

geschrieben werden kann, wobei n wieder die Elektronendichte bedeutet. Diese Gleichung soll auf den Bereich $x > x_m$ angewendet werden. Zur Bestimmung von n steht einmal die Stromgleichung[2]) (vgl. (1.31))

$$J = - q n v_x \qquad (6.9)$$

zur Verfügung; bezeichnet man die x-Komponente der Geschwindigkeit, mit welcher die Elektronen die Energiebarriere W_m überqueren, mit v_0, so folgt aus dem Energiesatz für die Elektronenenergie W die Beziehung

$$\frac{m}{2} v_0^2 + W_m = \frac{m}{2} v_x^2 + W \qquad (6.10)$$

(d. h. die Summe von kinetischer und potentieller Energie ist konstant). Setzt man v_x aus (6.10) in (6.9) ein, erhält man für die Elektronenkonzentration

$$n = \frac{-J}{q \sqrt{v_0^2 + \frac{2}{m}(W_m - W)}} \ .$$

Einsetzen dieses Wertes in (6.8) führt auf die Differentialgleichung

$$\frac{d^2 W}{dx^2} = \frac{qJ}{\epsilon_0 \sqrt{v_0^2 + \frac{2}{m}(W_m - W)}} \ . \qquad (6.11)$$

---

[1]) Mit zunehmender Anodenspannung rückt die Lage des Energiemaximums näher an die Kathode heran, die Höhe nimmt ab. Die Grenze zum Bereich des Sättigungsstromes ist durch $x_m = 0$ (Verschwinden des Energieberges) bestimmt. Umgekehrt wandert mit abnehmender Anodenspannung das Maximum auf die Anode zu; die Grenze zum Bereich des Anlaufstromes ist erreicht, wenn das Energiemaximum mit der Anode zusammenfällt. Hieraus ersieht man, daß für eine genauere Diskussion des Anlaufstromes Raumladungen berücksichtigt werden müssen.

[2]) Es wurde vereinfachend angenommen, daß alle Elektronen dieselbe Geschwindigkeit haben.

6.2. Diode

Zur Durchführung der Integration wird berücksichtigt, daß

$$\frac{dW}{dx} \frac{d^2W}{dx^2} = \frac{1}{2} \frac{d}{dx} \left(\frac{dW}{dx}\right)^2$$

ist; multipliziert man (6.11) mit $\frac{dW}{dx}$, ergibt sich

$$\frac{d}{dx}\left(\frac{dW}{dx}\right)^2 = \frac{2qJ}{\epsilon_0 \sqrt{v_0^2 + \frac{2}{m}(W_m - W)}} \frac{dW}{dx} .$$

Diese Gleichung kann man einmal über x integrieren. Als Randbedingung wird definitionsgemäß verlangt, daß

$$\left.\frac{dW}{dx}\right|_{x=x_m} = 0$$

ist. Damit wird

$$\left(\frac{dW}{dx}\right)^2 = -\frac{2qJm}{\epsilon_0}\left[\sqrt{v_0^2 + \frac{2}{m}(W_m - W)} - v_0\right] .$$

Zieht man die Wurzel unter Berücksichtigung, daß sowohl die Elektronenstromdichte J als auch dW/dx negativ ist, erhält man

$$\frac{dW}{\left[\sqrt{v_0^2 + \frac{2}{m}(W_m - W)} - v_0\right]^{1/2}} = -\sqrt{-\frac{2qJm}{\epsilon_0}} \, dx .$$

Um zu einer Strom-Spannungsbeziehung zu gelangen, ist diese Gleichung von $x = x_m$ bis $x = d$ zu integrieren, wobei $W(d) = -qU_{ak}$ zu setzen ist. Für nicht zu geringe Anodenspannungen, d. h. solange

$$W_m + qU_{ak} \gg \frac{m}{2} v_0^2 \tag{6.12}$$

bleibt, erhält man

$$-J = \frac{4\epsilon_0}{9q} \sqrt{\frac{2}{m}} \frac{(W_m + qU_{ak})^{3/2}}{(d - x_m)^2} . \tag{6.13}$$

Da $\frac{m}{2} v_0^2$ von der Größenordnung der mittleren thermischen Energie der Elektronen an der Stelle x_m ist,

$$\frac{m}{2} v_0^2 \approx kT ,$$

wird (6.12) praktisch im gesamten Bereich des Raumladungsstromes erfüllt; lediglich der Übergang zum Anlaufgebiet wird von (6.13) nicht mehr erfaßt.

Genau genommen wären die in (6.13) auftretenden Größen $W_m(J)$ und $x_m(J)$ noch zu berechnen. Das kann im Prinzip durch eine Untersuchung des Bereiches unmittelbar vor der Kathode, $0 < x < x_m$, geschehen. Da jedoch die genauen Werte dieser Größen im vorliegenden Falle nur eine untergeordnete Rolle spielen, sei hierauf verzichtet.

Praktisch kann man bei nicht zu kleinen Anodenspannungen

$$W_m \ll qU_{ak}, \quad x_m \ll d$$

vernachlässigen. Dann geht (6.13) nach Multiplikation mit der Fläche A in das bekannte Raumladungsgesetz („$U^{3/2}$–Gesetz") über,

$$I_a = K U_{ak}^{3/2} \quad \text{mit} \quad K = \frac{4\epsilon_0}{9} \sqrt{\frac{2q}{m}} \frac{A}{d^2} . \tag{6.14}$$

Dieser Zusammenhang läßt sich auch in einfacher Weise aus einer Abschätzungsmethode gewinnen. Da von diesem Verfahren bei der Berechnung der Triode in Abschnitt 6.3 Gebrauch gemacht wird, sei hier der Gedankengang kurz skizziert und das Ergebnis zur Abschätzung der Genauigkeit mit (6.14) verglichen.

Man berechnet zunächst Elektronenenergie, Feldstärke und Laufzeit der Elektronen aus einem raumladungsfreien Modell:

$$W(x) = -qU_{ak}\frac{x}{d} ; \quad E = -\frac{U_{ak}}{d} .$$

Da unter diesen Bedingungen die Feldstärke konstant ist (gestrichelte Gerade des Bildes 6.4), erfahren die Elektronen eine konstante Beschleunigung

$$b = -\frac{qE}{m} .$$

Die Zeit t_0, welche sie zum „Durchfallen" der Kathoden-Anodenstrecke d benötigen, ist dann entsprechend den Fallgesetzen

$$t_0 = d\sqrt{\frac{2m}{qU_{ak}}} .$$

Ferner kann man die positive Ladung Q auf der Anode aus der Formel für den Plattenkondensator bestimmen:

$$Q = \frac{\epsilon_0}{d} A U_{ak} .$$

6.2. Diode

Damit ist die Berechnung des raumladungsfreien Modelles abgeschlossen. Berücksichtigt man nun, daß die entsprechende negative Ladung $-Q$ sich im Raum zwischen den Elektroden befinden muß[1]), so erhält man einen Zusammenhang zwischen Raumladung, Strom und Laufzeit:

$$Q = I_a t_0 \ .$$

Die Elimination von Q und t_0 aus den letzten drei Gleichungen führt wieder auf (6.14), wobei lediglich in der Konstanten K anstelle von 4/9 der Faktor 1/2 auftritt. Man sieht, daß sich mit diesem einfachen Verfahren das Stromgesetz im Raumladungsgebiet recht gut abschätzen läßt.

6.2.3. Sättigungsstrom

Der Bereich des Sättigungsstromes ist dadurch gekennzeichnet, daß alle von der Kathode emittierten Elektronen vom elektrischen Feld „abgesaugt" werden. Man sollte also eine konstante, durch (6.5) gegebene Stromdichte erwarten. Tatsächlich findet man aber noch einen schwachen Anstieg (Bild 6.2c). Das ist darauf zurückzuführen, daß das der Rechnung zugrunde gelegte Modell der Metalloberfläche (Bild 6.1) zu stark vereinfacht war.

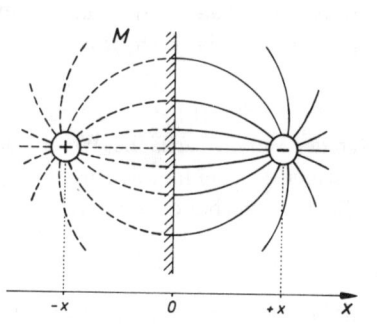

Bild 6.5. Bildkraft

Die Annahme eines Energie*sprunges* an der Oberfläche ist nicht exakt richtig. Wenn sich ein Elektron vor der Oberfläche des Metalles befindet, influenziert es – makroskopisch gesehen – eine Ladung auf dem Metall, die ihrerseits eine Anziehung auf das Elektron ausübt („Bildkraft", Bild 6.5). Damit ist die Elektronenenergie vor der Metalloberfläche nicht mehr konstant. Da die Bildkraft durch

$$K(x) = -\frac{q^2}{4\pi\epsilon_0 (2x)^2}$$

---

[1]) Es wird hier vorausgesetzt, daß die Feldstärke an der Kathode gleich null ist, vgl. Übungsaufgabe 6.1.

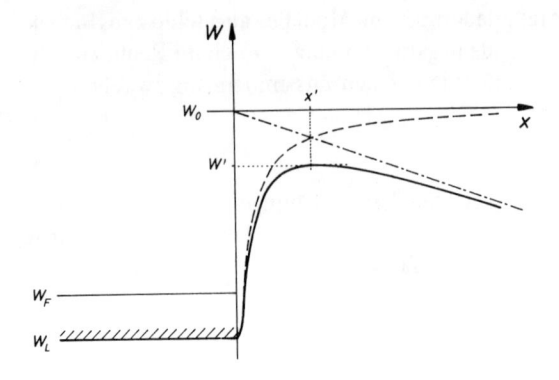

Bild 6.6
Energieverlauf an einer Metalloberfläche unter Berücksichtigung von Bildkraft (gestrichelt) und äußerem Feld (strichpunktiert)
Ausgezogene Kurve: resultierender Energieverlauf

gegeben ist, wird die potentielle Energie im Außenraum

$$W(x) - W_O = - \frac{q^2}{16\pi\epsilon_0 x} \; . \qquad (6.15)$$

Dieser Verlauf ist in Bild 6.6 gestrichelt eingezeichnet. Für $x \to 0$ ist diese makroskopische Betrachtung sicherlich nicht mehr zulässig. Nun interessiert erfreulicherweise der genaue Verlauf in diesem Bereich auch nicht, so daß man vereinfachend die Kurve an das Energieniveau W_L anschließen kann.

Die Bildkraft hat an sich noch keinen Einfluß auf die Höhe der Energiebarriere an der Metalloberfläche. Wenn jedoch ein äußeres beschleunigendes Feld E angelegt wird, wie es bei hinreichend hohen Anodenspannungen der Fall ist, überlagert sich die damit verbundene Energie (strichpunktierte Gerade)

$$W(x) - W_O = q \, x \, E \; (E < 0)$$

der Bildkraft-Energie (6.15), so daß sich als resultierender Energieverlauf

$$W(x) - W_O = q \, x \, E - \frac{q^2}{16\pi\epsilon_0 x} \qquad (6.16)$$

ergibt (ausgezogene Kurve des Bildes 6.6). Die Energieschwelle ist von $(W_O - W_F)$ auf $(W' - W_F)$ abgesenkt worden („Schottky-Effekt"). Um den unter diesen Bedingungen fließenden Emissionsstrom zu finden, ist in (6.5) und (6.6) die Größe W_O durch W' zu ersetzen[1]).

---

[1]) Nach der Quantentheorie können Elektronen, deren Energie zum Überwinden des Energieberges nicht ausreicht, die Energiebarriere durchtunneln („Tunneleffekt"); dies würde eine weitere Vergrößerung des Emissionsstromes bedeuten, auf die hier nicht näher eingegangen werden soll.

6.3. Triode   165

Die Lage x′ des Energiemaximums findet man durch Differenzieren von (6.16); damit ist auch der Wert (W′ − W_O) bestimmt. Mit

$$E = -\frac{U_{ak}}{d}$$

erhält man

$$W_O - W' = q\sqrt{\frac{qU_{ak}}{4\pi\epsilon_0 d}}\ .$$

Ersetzt man in (6.5) W_O durch W', ergibt sich die Stromdichte

$$J = J_{Th}\ \exp\!\left(\frac{\widetilde{K}}{T}\sqrt{\frac{U_{ak}}{d}}\right)\quad \text{mit}\quad \widetilde{K} = \frac{q}{k}\sqrt{\frac{q}{4\pi\epsilon_0}} = 4{,}4\ \left[°K\sqrt{\frac{cm}{V}}\right],\quad (6.17)$$

wobei J_{Th} durch (6.5) gegeben ist.

(6.17) beschreibt qualitativ den in Bild 6.2c skizzierten Verlauf des „Sättigungsstromes".

6.3. Triode

Man kann den zwischen Kathode K und Anode A fließenden Raumladungsstrom steuern, indem man eine weitere Elektrode, das Gitter G, anbringt; in Bild 6.7a sind für eine solche Triode Schaltungssymbol und verwendete Bezeichnungen angegeben, Bild 6.7b zeigt das Modell einer ebenen Elektrodenanordnung. Zwischen zwei massiven Elektroden A und K befindet sich ein aus Stäben bestehendes Gitter G.

Bild 6.7
Hochvakuumtriode
a) Schaltzeichen und Bezeichnungen
b) ebenes Modell einer Elektrodenanordnung

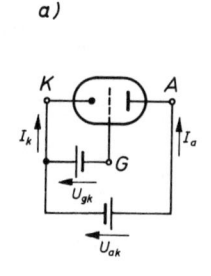

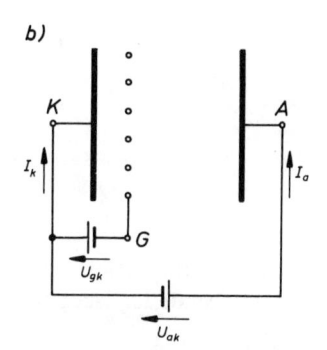

Bei der Untersuchung des Raumladungsstromes einer Diode hatte sich bereits gezeigt, daß eine genaue Berechnung unter Berücksichtigung der Raumladung recht aufwendig wird. Dies trifft in erhöhtem Maße für Röhren mit Steuergitter zu. Hier soll daher lediglich ein stark vereinfachtes Modell verwendet werden, dessen Zulässigkeit für die Diode in Abschnitt 6.2.2 geprüft wurde; zur Abschätzung der Stromgleichung konnte man den Energieverlauf aus einer raumladungsfreien Anordnung berechnen. Diese Möglichkeit soll im folgenden auf die Triode übertragen werden.

6.3.1. Statische Kennlinien

Es wird das in Bild 6.7b skizzierte ebene Elektrodenmodell untersucht; der Rechnung wird die Annahme eines engmaschigen ebenen Gitters aus dünnen Runddrähten zugrunde gelegt (Bild 6.8). Dabei bedeutet „engmaschig", daß die Beziehung

$$a \ll 2\pi\, d_{k;a}$$

gilt und „dünner Runddraht", daß weiter

$$2\pi\, r_0 \ll a$$

ist, wobei r_0 den Radius der Gitterdrähte bezeichnet. Eine Begrenzung der Anordnung in $\pm y$-Richtung möge keine Rolle spielen.

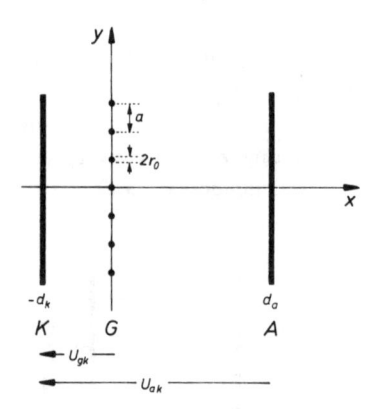

Bild 6.8
Ebenes Modell einer Triode mit Bezeichnungen zur Berechnung der statischen Kennlinien

Für das vorausgesetzte raumladungsfreie Modell ist die zweidimensionale, aus (1.52) folgende Laplacegleichung

$$\frac{\partial^2 W}{\partial x^2} + \frac{\partial^2 W}{\partial y^2} = 0 \qquad (6.18)$$

zu lösen. Dabei sind als Randbedingungen die Werte der Elektronenenergie auf den einzelnen Elektroden vorgegeben.

6.3. Triode

Es wird behauptet, daß der Energieverlauf durch die Funktion

$$W(x,y) = K_1 \ln\left(2\left[\cosh\left(\frac{2\pi x}{a}\right) - \cos\left(\frac{2\pi y}{a}\right)\right]\right) + \frac{4\pi x}{a}\left(\frac{K_1}{2} + K_2\right) - qU_{äq}$$

(6.19)

dargestellt wird, wobei die drei Konstanten K_1, K_2, $U_{äq}$ durch die vorgegebenen Elektrodenpotentiale bestimmt werden. Diese Behauptung soll zunächst geprüft werden.

1. Durch Einsetzen von (6.19) in (6.18) kann man sich davon überzeugen, daß die Differentialgleichung erfüllt wird.

2. Für $\left|\frac{x}{a}\right| \gg 1$ vereinfacht sich (6.19) zu

$$W(x,y) = K_1 \frac{2\pi}{a} |x| + \frac{4\pi x}{a}\left(\frac{K_1}{2} + K_2\right) - qU_{äq} .$$

Damit ergibt sich für große positive Werte von x

$$W(x,y) = \frac{4\pi}{a} x (K_1 + K_2) - qU_{äq} \qquad (6.20)$$

und für große negative Werte von x

$$W(x,y) = \frac{4\pi}{a} x K_2 - qU_{äq} . \qquad (6.21)$$

Man sieht, daß sich im Gültigkeitsbereich dieser Formeln für x = const Flächen konstanter Energie ergeben, so daß ein eindimensionales Modell vorliegt. Insbesondere kann man für $x = -d_k$ bzw. $x = d_a$ die Randbedingungen auf den Metalloberflächen, W = const, durch geeignete Wahl der Konstanten erfüllen.

3. Für $|x| \ll a$ und $|\Delta y| \equiv |y - na| \ll a$, (n = 0, ±1, ±2, ±3, ...) kann man die Cosinus-Funktionen in eine Reihe entwickeln und nach dem zweiten Glied abbrechen, es ergibt sich mit

$$x^2 + (\Delta y)^2 = r^2 \geqslant r_0^2$$

die Beziehung

$$W(x,y) = 2K_1 \ln\left(\frac{2\pi r}{a}\right) - qU_{äq} .$$

Das ist ein Energieverlauf, wie man ihn in der Umgebung eines metallischen Zylinders mit kreisförmigem Querschnitt erwartet. Der Energieverlauf wird also auch in der Umgebung der einzelnen Gitterstäbe richtig wiedergegeben.

Als letztes sind noch die Konstanten zu bestimmen. Diese ergeben sich aus den Energiewerten an den einzelnen Elektroden; es sei

$$W(-d_k) = 0 \ ; \quad W(d_a) = - q \, U_{ak} \ ; \quad W_{Gitter} = - q \, U_{gk} \ .$$

Damit erhält man die drei Gleichungen

$$0 = - \frac{4\pi d_k}{a} K_2 - q U_{äq}$$

$$-q U_{ak} = \frac{4\pi d_a}{a} (K_1 + K_2) - q U_{äq}$$

$$-q U_{gk} = 2 K_1 \ln\left(\frac{2\pi r_0}{a}\right) - q U_{äq} \ .$$

Hieraus kann man K_1, K_2 und $U_{äq}$ bestimmen. Für den vorliegenden Fall soll nur $U_{äq}$ angegeben werden. Mit den Kürzungen

$$D_{k;a} \equiv \frac{a}{2\pi d_{k;a}} \ln\left(\frac{a}{2\pi r_0}\right)$$

erhält man

$$U_{äq} = \frac{U_{gk} + D_a U_{ak}}{1 + D_a + D_k} \ . \tag{6.22}$$

Nachdem in entsprechender Weise die Konstanten K_1 und K_2 bestimmt worden sind, ist der aus dem verwendeten Modell folgende Energieverlauf $W(x,y)$ im gesamten Raum zwischen Kathode und Anode bekannt. Wie (6.21) zeigt, hängt im Raum unmittelbar vor der Kathode ($x \approx -d_k$) die Energie W nicht von y ab, man darf in diesem Bereich mit einem eindimensionalen Modell rechnen. Dasselbe gilt nach (6.20) für den Raum unmittelbar vor der Anode. Der Verlauf W(x), der sich aus (6.20) und (6.21) ergibt, ist in Bild 6.9 gestrichelt dargestellt.

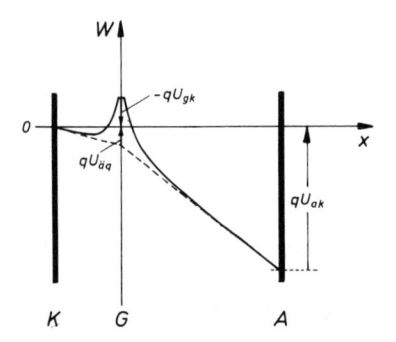

Bild 6.9
Verlauf der Elektronenenergie W in einer Triode, schematisch. Ausgezogene Kurve: Energieverlauf in der Ebene eines Gitterstabes. Gestrichelte Geraden: Extrapolation der Näherungsformeln (6.20) und (6.21)

6.3. Triode

In der Umgebung des Gitters ist W auch eine Funktion von y. Der in Bild 6.9 einzutragende Energieverlauf W(x) wird also davon abhängen, ob man den Schnitt durch einen Gitterstab hindurchlegt oder ob er zwischen zwei Gitterstäben verläuft. In der Abbildung ist lediglich der prinzipielle Energieverlauf für den ersten Fall dargestellt, da man hier bereits ohne Rechnung den Wert $W(0,0) = -qU_{gk}$ angeben kann.

Damit sei die Diskussion des Energieverlaufs im raumladungsfreien Modell der Triode abgeschlossen. Man kann in einfacher Weise zu einer Strom-Spannungsbeziehung gelangen, wenn man voraussetzt, daß der Emissionsstrom der Kathode durch den Feldstärkeverlauf in demjenigen Bereich bestimmt wird, in welchem die Energieverhältnisse hinreichend genau durch ein eindimensionales Modell bestimmt werden (Gültigkeitsbereich der Gleichung (6.21); das ist derjenige Bereich, in welchem die gestrichelte Gerade und die ausgezogene Kurve vor der Kathode in Bild 6.9 zusammenfallen). In diesem Fall ist der Strom der Triode ebenso groß wie der Strom durch eine Diode, welche anstelle des Gitters G eine massive Anode A mit der Spannung $U_{ak} = U_{äq}$ hätte. Dieser Strom ist aber nach den Ausführungen des Abschnittes 6.2.2 durch (6.14) gegeben,

$$-I_k = K U_{äq}^{3/2} \;;$$

die durch (6.22) definierte Größe $U_{äq}$ wird als „Äquivalent-Spannung" bezeichnet. Durch Einführung einer gitterlosen Ersatzröhre hat man damit in einfacher Weise eine Kennliniengleichung gewonnen, die man meist in der Form

$$-I_k = K^* U_{st}^{3/2} \text{ mit } K^* = \frac{K}{(1 + D_k + D_a)^{3/2}} \qquad (6.23)$$

darstellt. Die „Raumladungskonstante" K^* einer Triode ist also etwas kleiner als diejenige einer Diode. Die „Steuerspannung" U_{st} wird in der Form

$$U_{st} = U_{gk} + D_a U_{ak} \qquad (6.24)$$

geschrieben, wobei D_a als „Durchgriff" (der Anode durch das Gitter zur Kathode) bezeichnet wird; in analoger Weise ist D_k der Durchgriff der Kathode durch das Gitter zur Anode. Da man schließlich noch den zwischen Gitter und Kathode fließenden Strom vernachlässigen kann, ist $-I_k = I_a$; dann beschreibt (6.23) das Kennlinienfeld[1]

$$I_a(U_{ak}, U_{gk}) = K^* U_{st}^{3/2} = K^*(U_{gk} + D U_{ak})^{3/2} \;; \qquad (6.25)$$

---
[1] Im folgenden wird der Index a beim Durchgriff entsprechend der allgemeinen Konvention weggelassen, $D_a \equiv D$.

in Bild 6.10a ist $I_a(U_{gk})$, in Bild 6.10b $I_a(U_{ak})$ schematisch dargestellt. Dabei wurde die von (6.23) nicht mehr erfaßte Sättigung des Anodenstromes berücksichtigt.

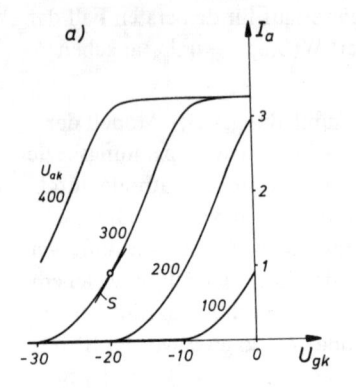

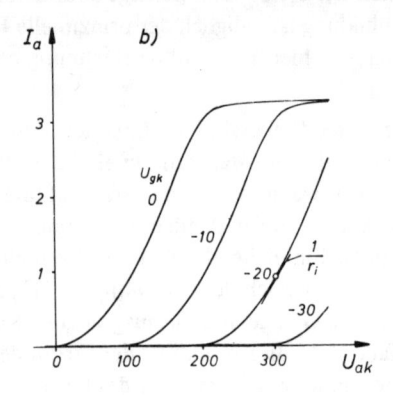

Bild 6.10
Kennlinienfelder einer Triode, schematisch (willkürliche Einheiten)
a) $I_a(U_{gk})$ mit U_{ak} als Parameter
b) $I_a(U_{ak})$ mit U_{gk} als Parameter

6.3.2. Differentielle Kennliniendaten

Wenn man eine Triode nur in der Umgebung eines Arbeitspunktes U_{ak}^0, U_{gk}^0 betreibt,

$$U_{ak} = U_{ak}^0 + u_{ak}, \quad U_{gk} = U_{gk}^0 + u_{gk} \;,$$

kann man den durch (6.25) gegebenen Anodenstrom

$$I_a = I_a^0 + i_a$$

in eine Taylorreihe entwickeln und nach dem ersten Glied abbrechen:

$$I_a(U_{ak}, U_{gk}) = I_a^0(U_{ak}^0, U_{gk}^0) + i_a$$

mit

$$i_a = \frac{1}{r_i} u_{ak} + S u_{gk} \;. \tag{6.26}$$

6.3. Triode

Dabei ist r_i der differentielle innere Widerstand,

$$\frac{1}{r_i} = \frac{\partial I_a}{\partial U_{ak}}\bigg|_{U_{ak}^0, U_{gk}^0} \qquad (6.27)$$

und

$$S = \frac{\partial I_a}{\partial U_{gk}}\bigg|_{U_{ak}^0, U_{gk}^0} \qquad (6.28)$$

die Steilheit. Die anschauliche Bedeutung dieser Größen kann man den Kennlinienfeldern des Bildes 6.10 entnehmen. Weiter gibt der Durchgriff D an, in welchem Verhältnis Gitterspannung und Anodenspannung geändert werden müssen, damit der Anodenstrom konstant bleibt:

$$-\frac{u_{gk}}{u_{ak}}\bigg|_{i_a = 0} = D = \frac{1}{\mu} \; ; \qquad (6.29)$$

μ ist die Leerlaufspannungsverstärkung, vgl. Bild 6.11c. Setzt man in (6.26) $i_a = 0$, erhält man mit der Definition (6.29) die „Barkhausen-Formel"

$$S r_i D = 1 \; . \qquad (6.30)$$

Bild 6.11
Ersatzschaltbilder der Triode
a) Schaltungssymbol und Bezeichnungen
b) Kleinsignal-Ersatzschaltbild mit Stromquelle, niedrige Frequenzen
c) Kleinsignal-Ersatzschaltbild mit Spannungsquelle, niedrige Frequenzen
d) Berücksichtigung der Röhrenkapazitäten im Kleinsignal-Ersatzschaltbild
C_{ag} = Anoden-Gitterkapazität
C_{ak} = Anoden-Kathodenkapazität
C_{gk} = Gitter-Kathodenkapazität
e) ein Ersatzschaltbild für Großsignalaussteuerung

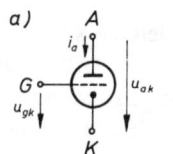

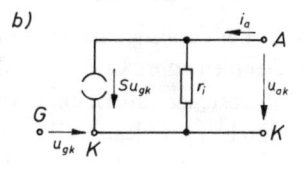

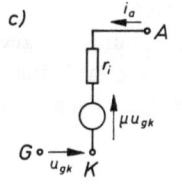

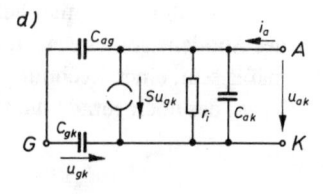

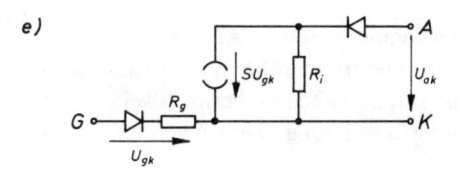

Die differentiellen Röhrendaten sind allgemein vom Arbeitspunkt abhängig.
Aus (6.25), (6.27) und (6.28) folgt für das zugrunde gelegte Modell

$$D = \text{const}; \quad S = \frac{3}{2}\frac{I_a^0}{U_{st}^0} = \frac{3}{2}(K^*)^{2/3}\sqrt[3]{I_a^0}; \quad r_i = \frac{2}{3(K^*)^{2/3} D \sqrt[3]{I_a^0}}. \quad (6.31)$$

6.3.3. Ersatzschaltbilder

Ebenso wie für Transistoren kann man auch für Röhren mehr oder weniger einfache Ersatzschaltbilder entwerfen. Bild 6.11a zeigt das Schaltungssymbol und die verwendeten Kleinsignalbezeichnungen. In Teilbild b ist das einfachste Ersatzschaltbild dargestellt. Der Widerstand zwischen Gitter und Kathode ist unendlich groß, so daß der Gitteranschluß G innerhalb der Röhre keine ohmschen Verbindungen zu den anderen Elektroden aufweist. Der Anodenstrom setzt sich nach (6.26) aus zwei Anteilen zusammen; der Stromanteil proportional u_{ak} fließt durch den Innenwiderstand r_i, den zweiten Stromanteil liefert die gesteuerte Stromquelle. Ersetzt man in dieser Schaltung die Stromquelle mit Innenwiderstand durch eine Spannungsquelle (vgl. Band II, Anhang A.3), ergibt sich unter Verwendung von (6.29) und (6.30) die in Teilbild c dargestellte Ersatzschaltung.

Wird die Triode bei höheren Frequenzen betrieben, sind die Röhrenkapazitäten zu berücksichtigen (Bild 6.11d).

Für Großsignalaussteuerung sollen die Kennlinien wieder stückweise durch Geraden approximiert werden. Wird die Gitterspannung bis zu positiven Werten ausgesteuert, fließt ein Gitterstrom. Das ist in der Ersatzschaltung des Bildes 6.11e durch einen idealen Gleichrichter mit Widerstand R_g berücksichtigt. Bei negativer Anodenspannung kann kein Anodenstrom fließen; das wird durch den idealen Gleichrichter auf der Anodenseite erreicht.

Dieses Bild kann man beispielsweise noch durch Berücksichtigung der Sättigung des Anodenstromes erweitern, vgl. Übungsaufgabe 6.5. Es wird jedoch stets zweckmäßig sein, einer Rechnung immer nur das einfachste Ersatzschaltbild zugrunde zu legen, das noch gerade die zu berücksichtigenden Eigenschaften beschreibt.

6.4. Mehrgitterröhren

Die im vorangegangenen Abschnitt behandelten Trioden sind zwar die einfachsten steuerbaren Elektronenröhren, sie weisen aber für Schaltungsanwendungen einige Nachteile auf. So haben sie beispielsweise eine verhältnismäßig kleine Spannungsverstärkung ($\mu \approx 100$) und einen geringen Innenwiderstand ($r_i \approx 50 \, k\Omega$); ferner

6.4. Mehrgitterröhren

besitzen sie infolge des geringen Abstandes zwischen Gitter und Anode eine relativ große Anoden-Gitterkapazität ($C_{ag} \approx 1 \ldots 10$ pF), die eine Rückkopplung des Ausganges auf den Eingang bewirkt.

Diese Nachteile können durch Anbringen weiterer Gitter vermieden werden. Die dadurch entstehenden Mehrgitterröhren lassen sich im Prinzip ebenfalls nach dem bei der Triode angewendeten Verfahren behandeln, nämlich wieder durch Einführung gitterloser Ersatzröhren. Für die Durchführung dieser Überlegungen sei auf die Literatur[1]) verwiesen, hier sollen nur die wichtigsten Ergebnisse für Pentoden angegeben werden.

Eine Pentode enthält außer einem Steuergitter G_1 noch ein Schirmgitter G_2 und ein Bremsgitter G_3 (Bild 6.12a). Üblicherweise erhält das Schirmgitter eine positive Gleichvorspannung, das Bremsgitter wird auf Kathodenpotential gelegt.

Durch das Schirmgitter wird die Kapazität zwischen Steuergitter und Anode verkleinert; das hat eine Verringerung der Rückkopplung über diese Kapazität zur Folge. Weiter ergibt sich auch eine Erniedrigung des Anodendurchgriffs und eine Erhöhung der Leerlauf-Spannungsverstärkung.

Das Bremsgitter dient dazu, einen Austausch von Sekundärelektronen zwischen Schirmgitter und Anode zu verhindern; darüber hinaus verringert es weiter die Kapazität zwischen Anode und Steuergitter ($C_{ag} \approx 10^{-2}$ pF). Die Leerlauf-Spannungsverstärkung liegt in der Größenordnung $\mu > 10^3$, der Innenwiderstand beträgt etwa $r_i \approx 1$ MΩ.

Für den Kathodenstrom gilt in Analogie zu (6.23) und (6.24) näherungsweise

$$-I_k = I_{g2} + I_a \approx \widetilde{K}(U_{g1k} + D_{g2} U_{g2k})^{3/2} \quad \text{für} \quad D_a < 1\ \text{‰}; \qquad (6.32)$$

dabei ist D_{g2} der Durchgriff des Schirmgitters und $\widetilde{K}$ näherungsweise eine Konstante. Der Kathodenstrom einer Pentode ist bei der angegebenen Beschaltung praktisch unabhängig von der Anodenspannung.

Da sowohl Anode A als auch Schirmgitter G_2 gegenüber der Kathode eine positive Vorspannung haben, geht der Kathodenstrom nur teilweise zur Anode, der Rest fließt über das Schirmgitter ab. Die Gesetzmäßigkeiten dieser Stromverteilung sollen hier nicht näher diskutiert werden.

---

[1]) z. B. H. Barkhausen, Lehrbuch der Elektronenröhren, Hirzel-Verlag Leipzig
H. Rothe, W. Kleen, Grundlagen und Kennlinien der Elektronenröhren, Akademische Verlagsgesellschaft, Leipzig
M. Knoll, J. Eichmeier, Technische Elektronik, Springer-Verlag Berlin

Bild 6.12b zeigt das Ausgangskennlinienfeld einer Pentode, $I_a(U_{ak})$ mit U_{g1k} als Parameter und U_{g2k} = const. Der Kennlinienverlauf ist qualitativ plausibel: ist die Anodenspannung wesentlich größer als die Schirmgitterspannung, wird der Kathodenstrom hauptsächlich zur Anode fließen; nach (6.32) wird damit der Anodenstrom näherungsweise unabhängig von der Anodenspannung. Ist dagegen die Anodenspannung merklich kleiner als die Schirmgitterspannung, fließt der Kathodenstrom im wesentlichen zum Schirmgitter, so daß sich mit abnehmender Anodenspannung ein steiler Abfall des Anodenstromes ergibt.

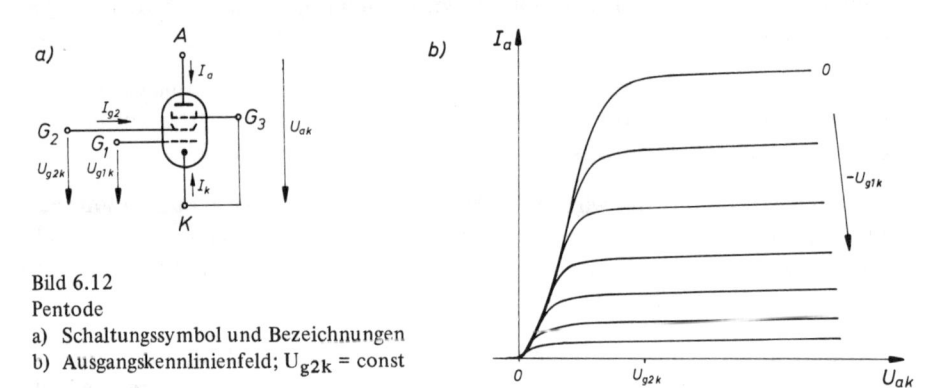

Bild 6.12
Pentode
a) Schaltungssymbol und Bezeichnungen
b) Ausgangskennlinienfeld; U_{g2k} = const

Abschließend sei noch eine Bemerkung über das Kleinsignal-Ersatzschaltbild einer Pentode angefügt. Solange die Pentode in dem fast horizontal verlaufenden Kennlinienbereich $U_{ak} > U_{g2k}$ betrieben wird, kann unter den eingangs angegebenen Betriebsbedingungen (Bremsgitter auf Kathodenpotential, U_{g2k} = const) formal das Ersatzschaltbild der Triode (Bild 6.11 b) mit geeignet gewählten Daten auch für die Pentode verwendet werden.

6.5. Übungsaufgaben

Übungsaufgabe 6.1

Man wiederhole, ausgehend von der Poissongleichung, die Ableitung des $U^{3/2}$-Gesetzes unter der Voraussetzung $x_m = 0$, $W_m = 0$ und $v_0 = 0$ (vgl. Abschnitt 6.2.2).

a) Man berechne und skizziere den Verlauf von Raumladung, Feldstärke und Elektronenenergie als Funktion des Ortes.

b) Man diskutiere die Resultate und vergleiche sie mit den entsprechenden Ergebnissen, die man mit den in Abschnitt 6.2.2 verwendeten Voraussetzungen erhalten würde.

Übungsaufgabe 6.2

Auch in Festkörpern können raumladungsbegrenzte Ströme auftreten, beispielsweise wenn von einer Metallelektrode Elektronen in einen „Isolator" injiziert werden. Man lege den Fall zugrunde, daß sich in Bild 6.2b zwischen den beiden Metallelektroden A und K ein Isolator befinde und berechne unter denselben Voraussetzungen wie in Übungsaufgabe 6.1 die Strom-Spannungskennlinie.

Anleitung: Es ist zu berücksichtigen, daß im Festkörper der Zusammenhang zwischen Stromdichte J und Ladungskonzentration n durch $J = q\mu_n nE$ gegeben ist; Diffusionsströme seien zu vernachlässigen.

Übungsaufgabe 6.3

Für eine Wolfram-Kathode sei die Austrittsarbeit $W_{OF} = 4,5$ eV und die Richardson-Konstante $A' = 100$ A/(cm $°K)^2$ gegeben.

a) Man stelle die Formel für die Emissionsstromdichte als Funktion der Temperatur und des äußeren Feldes auf.

b) Man gebe den Zahlenwert der Emissionsstromdichte für $T = 2500 \,°K$ an; α) ohne äußeres Feld, β) für ein äußeres Feld von 10^5 V/cm.

Übungsaufgabe 6.4

Man berechne für das in Abschnitt 6.3.1 behandelte Triodenmodell die Röhrenkapazitäten C_{ag}, C_{gk} und C_{ak}.

Übungsaufgabe 6.5

Man erweitere das in Bild 6.11e angegebene Ersatzschaltbild so, daß der Anodenstrom I_a den Sättigungswert I_{am} nicht überschreiten kann.

7. Rauschen

Für ideale Bauelemente sollten die bisher angegebenen Kennlinienbeziehungen auch noch für beliebig kleine Ströme und Spannungen gültig sein, so daß beispielsweise mit einem idealen Verstärker beliebig kleine Signale wahrgenommen werden könnten, sofern nur die Verstärkung hinreichend hoch bemessen wird. Tatsächlich treten aber Störungen auf, in denen zu geringe Signale untergehen. Schon durch die unregelmäßige Wärmebewegung der Ladungsträger in passiven Schaltungselementen werden solche Störungen hervorgerufen. Aktive Bauelemente, in denen die Bewegung von Ladungsträgern zu Steuerzwecken ausgenutzt wird, enthalten im allgemeinen noch zusätzliche Störungsquellen. Für alle diese unregelmäßigen Störamplituden hat sich von der akustischen Wirkung her die Bezeichnung „Rauschen" geprägt, unabhängig von dem Frequenzbereich, in welchem die statistischen Schwankungen auftreten. So wird beispielsweise mitunter eine Glühbirne, welche elektromagnetische Wellen im optischen Spektralbereich ohne feste Phasenbeziehungen ausstrahlt, als „Rauschquelle" bezeichnet.

7.1. Mittelwerte und statistische Schwankungen

Bei allen Rauschvorgängen überlagern sich regellose Schwankungen den gewünschten Strömen und Spannungen (Bild 7.1). Im Gegensatz zu den Signalgrößen sind sie keine vorgegebenen Funktionen der Zeit, man kann diese Schwankungen lediglich durch statistische Mittelwerte charakterisieren.

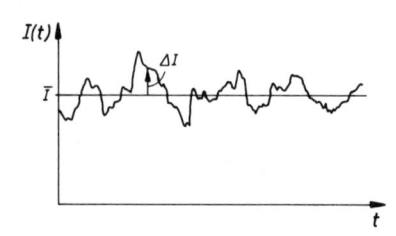

Bild 7.1
Strom mit statistischen Schwankungen als Beispiel für Rauschen

7.1. Mittelwerte und statistische Schwankungen

Nun ist der zeitliche Mittelwert $\bar{F}$ einer Größe $F(t)$ definiert durch

$$\bar{F} = \frac{1}{t_0} \int_0^{t_0} F(t)\, dt\,. \tag{7.1}$$

Dabei sind die Integrationsgrenzen geeignet zu bestimmen. Ist $F(t)$ eine periodische Funktion, so ist t_0 so zu wählen, daß eine ganze Zahl von Perioden umfaßt wird; mathematisch ausgedrückt heißt dies, daß

$$F(t_0 + t) = F(t)$$

sein muß. Bei nichtperiodischen Vorgängen wäre $t_0 \to \infty$ zu wählen. Das hätte zur Folge, daß man bei einer Spektralzerlegung der Funktion keine Fouriersumme, sondern ein Fourierintegral erhalten würde. Dies läßt sich formal vermeiden, indem man ein Modell zugrunde legt, in welchem sich der nichtperiodische Vorgang nach einer sehr großen Zeit t_0 periodisch wiederholt; in diesem Sinne ist im folgenden der Grenzübergang $t_0 \to \infty$ zu verstehen. Damit hat man eine einheitliche Darstellung für periodische und nichtperiodische Vorgänge gewonnen.

Wie läßt sich nun in möglichst einfacher Weise eine Maßzahl zur quantitativen Erfassung des Rauschens finden? Es ist naheliegend, hierfür die Abweichung ΔI vom Sollwert $\bar{I}$ einzuführen,

$$\Delta I(t) = I(t) - \bar{I}\,, \tag{7.2}$$

wobei $\bar{I}$ durch

$$\bar{I} = \lim_{t_0 \to \infty} \frac{1}{t_0} \int_0^{t_0} I(t)\, dt$$

gegeben ist. Nun ist $\overline{\Delta I}$ definitionsgemäß gleich null, da sich im zeitlichen Mittel Abweichungen in positiver und negativer Richtung gerade aufheben. Dagegen stellt der Mittelwert von $(\Delta I)^2$ die einfachste Maßzahl für die Schwankungserscheinungen dar. Durch Einsetzen in (7.1) erhält man mit (7.2) für den Mittelwert [1])

$$\overline{(\Delta I)^2} = \lim_{t_0 \to \infty} \frac{1}{t_0} \int_0^{t_0} (\Delta I)^2\, dt = \lim_{t_0 \to \infty} \frac{1}{t_0} \int_0^{t_0} \bigl(I(t) - \bar{I}\bigr)^2\, dt\,. \tag{7.3}$$

---

[1]) Es ist streng zu unterscheiden zwischen dem Mittelwert des Quadrates $\overline{F^2}$ und dem Quadrat des Mittelwertes $\bar{F}^2$ einer Funktion $F(t)$.

Vergleicht man (7.3) mit der allgemeinen Definition des Effektivwertes F_{eff} irgendeiner Zeitfunktion $F(t)$,

$$F_{eff}^2 = \frac{1}{t_0} \int_0^{t_0} F^2(t) \, dt, \qquad (7.4)$$

so sieht man, daß der Effektivwert $(\Delta I)_{eff}$ des Rauschstromes ΔI durch

$$(\Delta I)_{eff} = \sqrt{\overline{(\Delta I)^2}} \qquad (7.5)$$

gegeben ist. Damit kann man im einfachsten Fall das Rauschen durch Angabe eines Effektivwertes kennzeichnen.

Zur Berechnung dieser Effektivwerte ist es zweckmäßig, für die zu untersuchende Größe die Fourierdarstellung

$$I(t) = \sum_{p=0}^{\infty} \left[a_p \cos\left(\frac{2\pi}{t_0} pt\right) + b_p \sin\left(\frac{2\pi}{t_0} pt\right) \right] \qquad (7.6)$$

zugrunde zu legen; dabei gilt für die Koeffizienten aufgrund der Orthogonalitätsrelation der trigonometrischen Funktionen

$$\left.\begin{array}{l} a_0 = \dfrac{1}{t_0} \displaystyle\int_0^{t_0} I(t) \, dt = \overline{I} \\[2ex] a_{p \neq 0} = \dfrac{2}{t_0} \displaystyle\int_0^{t_0} I(t) \cos\left(\dfrac{2\pi}{t_0} pt\right) dt \\[2ex] b_p = \dfrac{2}{t_0} \displaystyle\int_0^{t_0} I(t) \sin\left(\dfrac{2\pi}{t_0} pt\right) dt \end{array}\right\} \qquad (7.7)$$

Mit (7.6) und der ersten Gleichung (7.7) ergibt sich nach (7.2) der Ausdruck

$$(\Delta I)^2 = \left\{ \sum_{p=1}^{\infty} \left[a_p \cos\left(\frac{2\pi}{t_0} pt\right) + b_p \sin\left(\frac{2\pi}{t_0} pt\right) \right] \right\}^2.$$

Einsetzen dieses Wertes in (7.3) und Ausführung der Integration liefert unter Berücksichtigung der Orthogonalitätsrelationen einen Zusammenhang zwischen dem mittleren Schwankungsquadrat und den Fourierkoeffizienten,

$$\overline{(\Delta I)^2} = \frac{1}{2} \sum_{p=1}^{\infty} (a_p^2 + b_p^2). \tag{7.8}$$

Elektronische Schaltungen übertragen allgemein nicht beliebige Frequenzen, sie sind vielmehr nur für eine bestimmte Bandbreite

$$B = f_O - f_U$$

ausgelegt, wobei f_O bzw. f_U obere bzw. untere Grenzfrequenz bedeuten. Das hat zur Folge, daß von den Rauschströmen nur diejenigen Frequenzkomponenten störend wirken, die innerhalb dieser Bandbreite B liegen. Nun sind nach (7.6) a_p und b_p die Amplituden der Komponenten mit der Frequenz

$$f = \frac{p}{t_0}.$$

Man hat also die Summation über p in Gleichung (7.8) nur über diejenigen Werte zu erstrecken, die eine Frequenzkomponente innerhalb der interessierenden Bandbreite $f_U < f < f_O$ liefern, also über den Bereich von $p = t_0 f_U$ bis $p = t_0 f_O$. Das sei im folgenden dadurch angedeutet, daß der Summationsindex p ohne Grenzen angegeben wird.

Die Zahl der innerhalb der Bandbreite B liegenden Frequenzkomponenten ist

$$p_O - p_U = t_0 B. \tag{7.9}$$

Bei Kenntnis der Fourierkoeffizienten kann man damit nach (7.5) und (7.8) den Effektivwert des Rauschstromes angeben.

7.2. Widerstandsrauschen

Nach den allgemeinen Vorbemerkungen des Abschnittes 7.1 sollen die einzelnen physikalischen Effekte diskutiert werden, die solche Schwankungserscheinungen hervorrufen.

Bereits die thermische Bewegung der Elektronen in einem ohmschen Widerstand verursacht ein Rauschen. Das kann man folgendermaßen einsehen: die Diskussion des Leitungsmechanismus in einem Metall hatte gezeigt, daß sich bei Anlegen eines elektrischen Feldes der thermisch ungeordneten Bewegung eine Vorzugsrichtung überlagert. In Abschnitt 1.5.1 wurde nur der mit dieser Vorzugskomponente verbundene Stromanteil berücksichtigt, es ergab sich für die Stromdichte die Gleichung (1.31). Um die momentane Stromdichte unter Berücksichtigung der thermischen Wärmebewegung zu finden, kann man diese Gleichung in einfacher Weise erweitern, indem man berücksichtigt, daß die einzelnen Elektronen (gekennzeichnet durch den Laufindex k) verschiedene Geschwindigkeiten $v^{(k)}$ haben können,

$$\mathbf{J} = -q \frac{1}{V} \sum_{k=1}^{nV} \mathbf{v}^{(k)} ; \qquad (7.10)$$

hierbei ist V das Volumen des betreffenden Körpers und n die Elektronenkonzentration.

Verfolgt man den Weg eines herausgegriffenen Elektrons, so sieht man, daß sich seine momentane Geschwindigkeit $v^{(k)}$ zusammensetzt aus der statistisch variierenden thermischen Geschwindigkeit $v_{Th}^{(k)}$ und der durch (1.32) gegebenen Driftgeschwindigkeit $\bar{v}$

$$\mathbf{v}^{(k)}(t) = \mathbf{v}_{Th}^{(k)}(t) + \bar{\mathbf{v}} .$$

Mit diesem Wert geht (7.10) über in

$$\mathbf{J} = -qn\bar{\mathbf{v}} - q \frac{1}{V} \sum_{k=1}^{nV} \mathbf{v}_{Th}^{(k)} . \qquad (7.11)$$

Der Vergleich mit (1.31) zeigt, daß die Gesamtstromdichte neben dem ohmschen Anteil eine statistisch schwankende Komponente aufweist, welche durch die thermische Bewegung der Elektronen verursacht wird.

Der Berechnung dieses Rauschstromes sei als konkretes Modell ein quaderförmiger Widerstand zugrunde gelegt, dessen Enden kurzgeschlossen sein mögen, so daß wegen E = 0 auch $\bar{v}$ = 0 ist. In Bild 7.2a ist die thermische Bewegung eines herausgegriffenen Elektrons angedeutet. Zur Vereinfachung der Rechnung sei angenommen, daß alle Elektronen dieselbe freie Weglänge λ' und denselben Betrag der thermischen Geschwindigkeit v_{Th} haben,

$$v_{Th} = \frac{\lambda'}{\tau'} ;$$

dabei kennzeichnet τ' die Zeit zwischen zwei Streuprozessen.

7.2. Widerstandsrauschen

Um den gesamten in Richtung der z-Achse fließenden Rauschstrom $i_R(t)$ zu finden, wird (7.10) mit der Fläche A multipliziert (Bild 7.2 a). Wegen $V = Al$ ergibt sich

$$i_R(t) = \sum_{k=1}^{nV} i^{(k)}(t) \qquad (7.12)$$

mit

$$i^{(k)}(t) = -\frac{q}{l} v_z^{(k)}(t) ; \qquad (7.13)$$

dabei ist

$$v_z^{(k)} = v_{Th} \cos \vartheta^{(k)}$$

die z-Komponente der thermischen Geschwindigkeit des k-ten Elektrons.

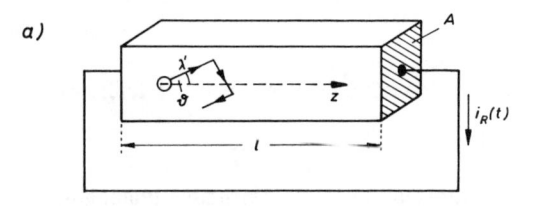

Bild 7.2
Zur Ableitung des Widerstandsrauschens
a) Modell
b) Beitrag $i^{(k)}(t)$ eines herausgegriffenen Elektrons zum Rauschstrom $i_R(t)$

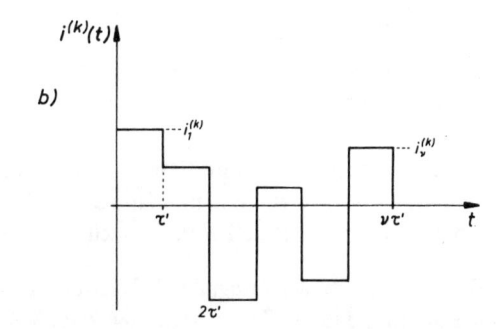

Nach (7.12) kann man den Gesamtstrom als Überlagerung der Strombeiträge der einzelnen Elektronen darstellen. Da die Geschwindigkeit zwischen zwei Streuprozessen konstant ist, fließt während dieser Zeit τ' auch ein konstanter Strom, so daß sich für $i^{(k)}(t)$ qualitativ der in Bild 7.2b gezeigte Verlauf ergibt. Dabei ist die Höhe des einzelnen Stromimpulses nach (7.13) durch

$$i_\nu^{(k)} = -\frac{q}{l} v_{Th} \cos \vartheta_\nu^{(k)} \qquad (7.14)$$

gegeben.

Um den Effektivwert des Rauschstromes zu finden, ist (7.12) zu quadrieren und über die sehr große „Periodendauer" t_0 nach (7.1) zu mitteln,

$$\overline{i_R^2} = \sum_{k,k'=1}^{nV} \frac{1}{t_0} \int_0^{t_0} i^{(k)} i^{(k')} dt .$$

Nun sind die Bewegungen der einzelnen Elektronen unabhängig voneinander, so daß zu einer vorgegebenen Zeit die einzelnen Produkte zum Teil negative, zum Teil positive Werte liefern werden. Bei einer hinreichend großen Anzahl von Elektronen werden sich diese Beiträge bei der Aufsummierung über k und k' im allgemeinen gegenseitig wegheben; nur in den Fällen, in denen k = k' ist, wird immer ein positiver Beitrag entstehen, so daß nur diese Glieder in der Doppelsumme übrig bleiben,

$$\overline{i_R^2} = \sum_{k=1}^{nV} \overline{i^{(k)\,2}} . \qquad (7.15)$$

(7.15) ist zugleich ein Beispiel dafür, wie man den resultierenden Effektivwert

$$\sqrt{\overline{i_R^2}}$$

„unkorrelierter", d.h. statistisch unabhängiger Rauschquellen

$$i^{(1)}, i^{(2)}, \ldots, i^{(k)}$$

findet: das Quadrat $\overline{i_R^2}$ des Effektivwertes ist die Summe der Quadrate $\overline{i^{(k)\,2}}$ der einzelnen Effektivwerte, „die Effektivwerte addieren sich quadratisch".

Als nächstes ist $\overline{i^{(k)\,2}}$ zu bestimmen. Macht man für $i^{(k)}(t)$ von der Fourierdarstellung (7.6) Gebrauch, kann man nach (7.8) das Schwankungsquadrat angeben, sofern man die Fourierkoeffizienten nach (7.7) ermittelt hat.

Die Auswertung der Integrale (7.7) läßt sich wesentlich vereinfachen, wenn man berücksichtigt, daß die Zeit τ' zwischen zwei Stößen sehr klein ist [1]). Da nach Bild 7.2b der Verlauf $i^{(k)}(t)$ stückweise konstant ist, kann man das gesamte Integral von 0 bis t_0 in einzelne Teilbereiche der Länge τ' zerlegen, in welchen

$$i^{(k)} = i_\nu^{(k)}$$

---

[1]) Aus (1.32) folgt für die in der Fußnote [2]) S. 25 angegebenen Zahlenwerte die Größenordnung $\tau' \approx 5 \cdot 10^{-14}$ s.

7.2. Widerstandsrauschen

konstant ist. Die trigonometrischen Funktionen ändern sich (für $f\tau' \ll 1$) praktisch nicht in diesem Zeitintervall, so daß sich statt des Integrals eine Summe

$$a_p = \frac{2\tau'}{t_0} \sum_{\nu=1}^{t_0/\tau'} i_\nu^{(k)} \cos\left(\frac{2\pi}{t_0} p\nu\tau'\right)$$

ergibt. Quadrieren führt auf

$$a_p^2 = \left(\frac{2\tau'}{t_0}\right)^2 \sum_{\nu,\nu'=1}^{t_0/\tau'} i_\nu^{(k)} i_{\nu'}^{(k)} \cos\left(\frac{2\pi}{t_0} p\nu\tau'\right) \cos\left(\frac{2\pi}{t_0} p\nu'\tau'\right)$$

Hier treten die Produkte zweier Stromanteile zu verschiedenen Zeiten (nämlich zu den Zeiten $t = \nu\tau'$ und $t = \nu'\tau'$) auf. Da diese Größen ebenfalls statistisch unabhängig voneinander sind [1]), mitteln sie sich bei der Summation allgemein heraus bis auf die Fälle, in denen $\nu = \nu'$ ist. Damit wird

$$a_p^2 = \left(\frac{2\tau'}{t_0}\right)^2 \sum_{\nu=1}^{t_0/\tau'} i_\nu^{(k)\,2} \cos^2\left(\frac{2\pi}{t_0} p\nu\tau'\right).$$

In völlig analoger Weise erhält man

$$b_p^2 = \left(\frac{2\tau'}{t_0}\right)^2 \sum_{\nu=1}^{t_0/\tau'} i_\nu^{(k)\,2} \sin^2\left(\frac{2\pi}{t_0} p\nu\tau'\right),$$

so daß sich aus (7.8) für die gesuchte Größe der Wert

$$\overline{i^{(k)\,2}} = \sum_p 2 \left(\frac{\tau'}{t_0}\right)^2 \sum_{\nu=1}^{t_0/\tau'} i_\nu^{(k)\,2}$$

ergibt.

Bei der Summation über ν ist nach (7.14) über die verschiedenen Werte von $\cos^2 \vartheta_\nu^{(k)}$

---

[1]) Der einzelne Streuprozeß ist unabhängig von vorangegangenen Streuungen, „erinnerungslöschende Stöße".

aufzusummieren. Da bei isotroper Streuung alle Streuwinkel gleich wahrscheinlich sind, kann man diese Größe unter dem Summenzeichen durch den Mittelwert über alle Richtungen

$$\overline{\cos^2 \vartheta} = \frac{1}{4\pi} \int_0^{2\pi} d\varphi \int_0^{\pi} \sin\vartheta \, d\vartheta \, \cos^2 \vartheta = \frac{1}{3}$$

ersetzen [1]). Damit wird der Summand unabhängig von k und ν, man erhält

$$\overline{i^{(k)\,2}} = \sum_p 2 \frac{\tau'}{t_0} \frac{1}{3} \frac{q^2}{l^2} v_{Th}^2 \; .$$

Summiert man über alle Werte von p auf, welche innerhalb der betrachteten Bandbreite B liegen, erhält man nach (7.9)

$$\overline{i^{(k)\,2}} = \frac{2}{3} \tau' \frac{q^2}{l^2} v_{Th}^2 \, B \; .$$

Man sieht, daß der quadratische Mittelwert des Rauschstromes proportional der Bandbreite ist, aber nicht von der Frequenz selbst abhängt. Ein solcher Fall wird als „weißes Rauschen" bezeichnet [2]).

Berücksichtigt man weiter, daß aufgrund des Gleichverteilungssatzes der Thermodynamik

$$\frac{m}{2} v_{Th}^2 = \frac{3}{2} kT$$

ist, vereinfacht sich dies nach Einführung der durch (1.32) definierten Beweglichkeit μ zu

$$\overline{i^{(k)\,2}} = 4 \frac{q\mu \, kT}{l^2} \, B \; .$$

Einsetzen dieses Wertes in (7.15) liefert das Quadrat des gesamten Rauschstromes

$$\overline{i_R^2} = nV4 \frac{q\mu \, kT}{l^2} \, B \; .$$

---

[1]) Im Gegensatz zu der durch (7.1) gegebenen zeitlichen Mittelung handelt es sich hier um eine Mittelung über alle Richtungen auf der Einheitskugel.

[2]) Hier wurde aus der Optik übernommen, daß im weißen Licht Komponenten aller Frequenzen des optischen Spektralbereichs vertreten sind.

7.2. Widerstandsrauschen

Setzt man hier noch $V = Al$ und führt unter Berücksichtigung von (1.33) den Widerstand

$$R = \frac{l}{\sigma A}$$

des gesamten Leiters ein (Bild 7.2a), erhält man die Nyquist-Formel für das Widerstandsrauschen

$$\sqrt{\overline{i_R^2}} = 2\sqrt{\frac{kT}{R} B} \ . \tag{7.16}$$

Diese Beziehung gilt unter weit allgemeineren Voraussetzungen als dem speziellen Modell zugrunde lagen.

Damit ist der Effektivwert des Stromes $i_R(t)$ in Bild 7.2a bestimmt. Ein Widerstand verhält sich demnach wie eine „Rauschstromquelle" mit dem Effektivwert (Kurzschlußstrom) $\sqrt{\overline{i_R^2}}$ und dem Innenwiderstand R. Bild 7.3a zeigt die zugehörige Ersatzschaltung [1]).

Bild 7.3
Ersatzschaltbilder für einen
rauschenden Widerstand

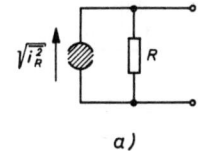

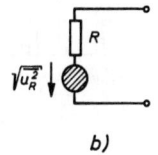

a)   b)

Wie jede Stromquelle kann man auch eine Rauschstromquelle nach dem in Band II, Anhang A.3 erläuterten Verfahren durch eine äquivalente Spannungsquelle ersetzen (Bild 7.3b), die im vorliegenden Fall den Effektivwert

$$\sqrt{\overline{u_R^2}} = 2\sqrt{R\, kT\, B} \tag{7.17}$$

hat.

Jedes Schaltungselement mit endlichem Wirkwiderstand stellt eine durch (7.16) bzw. (7.17) gekennzeichnete Rauschquelle dar. Reine Blindwiderstände wie ideale Induktivitäten oder ideale Kapazitäten sind dagegen rauschfrei.

---

[1]) Rauschquellen sollen durch Schraffierung gekennzeichnet werden. Die Pfeilrichtung ist willkürlich, die Zählrichtung muß aber für die spätere Berechnung von Schaltungen festgelegt werden.

7.3. Schrotrauschen

Eine weitere Ursache für statistische Schwankungserscheinungen ist mit der Elektronenemission verbunden. Der Strom I(t), der beispielsweise in einer Hochvakuumdiode fließt, ist selbst bei konstanter Spannung nicht konstant. Aus der Kathode treten immer nur einzelne Elektronen aus, die jeweils die Ladung (−q) tragen. Der Anodenstrom wird sich also aus einzelnen Stromimpulsen zusammensetzen, deren Dauer durch die Elektronenlaufzeit und deren Zeitintegral durch die Elementarladung gegeben ist (Bild 7.4).

Um das Frequenzspektrum dieses Rauschstromes zu erhalten, wird man für I(t) wieder die Fourierzerlegung (7.6) durchführen; dann liefert (7.8) das Schwankungsquadrat.

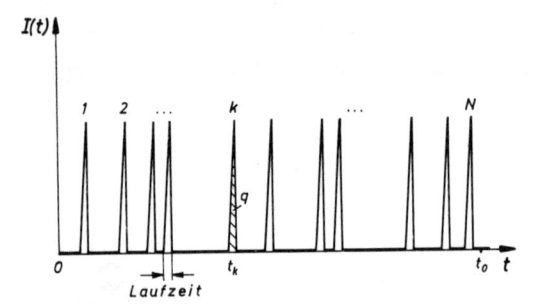

Bild 7.4
Stromimpulse durch Emission einzelner Elektronen aus der Kathode

Zur Berechnung der Fourierkoeffizienten nach (7.7) wird vereinfachend angenommen, daß die einzelnen Stromimpulse so kurz sind, daß sich während ihrer Dauer der Wert der trigonometrischen Funktionen nicht wesentlich ändert. Das bedeutet anschaulich gesprochen die Vernachlässigung von Laufzeiteffekten.

Unter diesen Voraussetzungen kann man während des einzelnen Impulses die trigonometrischen Funktionen vor das Integral ziehen, das verbleibende Zeitintegral über den Stromimpuls liefert den Wert q. Bezeichnet man mit t_k den Zeitpunkt des k-ten Impulses und mit N die Zahl der Impulse während der „Periodendauer" t_0, erhält man aus (7.7) für die Fourierkoeffizienten

$$a_{p \neq 0} = \frac{2}{t_0} q \sum_{k=1}^{N} \cos\left(\frac{2\pi}{t_0} p\, t_k\right).$$

Durch Quadrieren ergibt sich zunächst

$$a_{p \neq 0}^2 = \left(\frac{2q}{t_0}\right)^2 \sum_{k, k'=1}^{N} \cos\left(\frac{2\pi}{t_0} p\, t_k\right) \cos\left(\frac{2\pi}{t_0} p\, t_{k'}\right).$$

Da die Zeitpunkte t_k und t_k', zu denen die einzelnen Elektronen aus der Kathode austreten, unkorreliert sind [1]), werden die Produkte manchmal positive, manchmal negative Werte liefern, so daß wieder nur die Fälle $k = k'$ bei der Aufsummierung von null verschiedene Beiträge liefern. Damit wird

$$a_{p \neq 0}^2 = \left(\frac{2q}{t_0}\right)^2 \sum_{k=1}^{N} \cos^2\left(\frac{2\pi}{t_0} p\, t_k\right).$$

Analog erhält man

$$b_p^2 = \left(\frac{2q}{t_0}\right)^2 \sum_{k=1}^{N} \sin^2\left(\frac{2\pi}{t_0} p\, t_k\right),$$

so daß (7.8) mit (7.9) auf den Wert

$$\overline{(\Delta I)^2} = \frac{2q^2}{t_0} NB$$

führt. Berücksichtigt man weiter, daß nach (7.7) die mittlere Stromdichte durch

$$\overline{I} = \frac{qN}{t_0}$$

gegeben ist, ergibt sich die Formel für das Schrotrauschen

$$\sqrt{\overline{i_s^2}} = \sqrt{2qIB}, \tag{7.18}$$

wobei $\Delta I \to i_s$ ersetzt wurde und $I = \overline{I}$ den Gleichstrommittelwert darstellt.

7.4. Diodenrauschen

In Hochvakuumdioden kommt das Rauschen im wesentlichen durch den im vorangegangenen Abschnitt behandelten Schroteffekt zustande. Allerdings ist dabei zu beachten, daß der Effektivwert des Rauschstromes nur im Sättigungsbereich durch (7.18) beschrieben wird. Bei der Ableitung dieser Gleichung wurde explizite vorausgesetzt, daß keine Beeinflussung der Elektronen untereinander (keine „Korrelation") vorliegt. Diese Annahme ist im Gebiet des Raumladungsstromes nicht mehr streng erfüllt. Das läßt sich folgendermaßen plausibel machen:

---

[1]) Einschränkungen siehe Abschnitt 7.4.

Wie in Abschnitt 6.2.2 diskutiert, entsteht durch die Raumladung der emittierten Elektronen unmittelbar vor der Kathode eine Energiebarriere (Bild 6.4), deren Höhe nach (6.13) den Strom beeinflußt. Wenn infolge statistischer Schwankungen von der Kathode mehr Elektronen emittiert werden, vergrößert sich die Raumladung und damit die Höhe des Energieberges. Das bedeutet, daß weniger Elektronen die Energiebarriere überwinden können. Der hindurchgelassene Strom wird die vom Schroteffekt herrührenden Schwankungen nicht in voller Höhe mitmachen.

Dies wird durch Einführung eines „Schwächungsfaktors" Γ berücksichtigt, indem man im Raumladungsbereich (7.18) durch

$$\sqrt{\overline{i_s^2}} = \Gamma \sqrt{2qIB} \qquad (7.19)$$

ersetzt. Wie ohne Ableitung hingenommen sei [1]), ist Γ näherungsweise durch

$$\Gamma^2 = 1{,}93 \frac{kT_k}{qU_{st}} = 1{,}66 \cdot 10^{-4} \frac{T_k}{(^\circ K)} \frac{(V)}{U_{st}} \qquad (7.20)$$

gegeben. Hier bedeutet T_k die Kathodentemperatur, U_{st} ist bei der Diode gleich der Anodenspannung U_{ak}.

In Schaltungen stört das Diodenrauschen im allgemeinen nicht. Da im Sättigungsbereich das Schrotrauschen nach (7.18) nur von Bandbreite und Gleichstrom in sehr einfacher Weise abhängt, werden Dioden oft als Meßnormal bei Rauschmessungen verwendet.

7.5. Triodenrauschen

Beim normalen Betrieb arbeitet eine Triode im Raumladungsgebiet (vgl. Kennlinien des Bildes 6.10). Das Schrotrauschen wird durch (7.19) bestimmt; da kein Gitterstrom fließt, ist I gleich dem Anoden*gleich*strom I_a,

$$\sqrt{\overline{i_s^2}} = \Gamma \sqrt{2qI_a B} \; . \qquad (7.21)$$

Der Schwächungsfaktor Γ ist durch (7.20) gegeben, wobei die Steuerspannung U_{st} über Gleichung (6.25) mit dem Gleichstrom I_a zusammenhängt. Drückt man U_{st} nach (6.31) durch Steilheit S und Anodengleichstrom I_a aus, vereinfacht sich (7.21) mit (7.20) zu

$$\sqrt{\overline{i_s^2}} = \sqrt{2{,}6 \, k \, T_k \, SB} \; . \qquad (7.22)$$

---

[1]) vgl. H.Rothe, W. Kleen, Elektronenröhren als Anfangsstufen-Verstärker, Akademische Verlagsgesellschaft, Leipzig 1948, S. 274 ff.

7.5. Triodenrauschen

Diese Rauschstromquelle ist in die Trioden-Ersatzschaltung des Bildes 6.11b zwischen Anode und Kathode einzuzeichnen (Bild 7.5a). Hinsichtlich ihrer Wirkung im Anoden-Kathodenkreis kann man diese Rauschstromquelle auch durch eine Rauschspannungsquelle

$$\sqrt{\overline{u_s^2}} = \frac{1}{S} \sqrt{\overline{i_s^2}} \qquad (7.23)$$

im Gitterkreis ersetzen, wenn die Steuerspannung entsprechend geändert wird [1]) (Bild 7.5b).

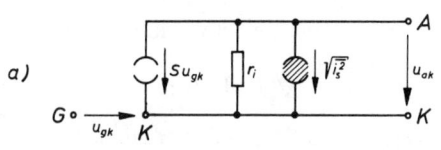

Bild 7.5
Ersatzschaltbilder einer rauschenden Triode
a) Rauschquelle im Anodenkreis
b) Rauschquelle im Gitterkreis

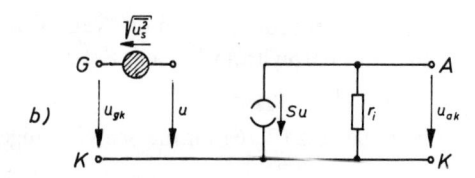

Als Maß für die Größe dieser Rauschspannungsquelle im Gitterkreis wird oft derjenige Widerstand $R_{äq}$ angegeben, der bei Raumtemperatur T_0 das gleiche Wärmerauschen zeigt („Äquivalent-Widerstand"). Setzt man die durch (7.17) und (7.23) gegebenen Rauschspannungen gleich, erhält man mit (7.22) für $R = R_{äq}$ den Ausdruck

$$R_{äq} = \frac{0{,}64}{S} \frac{T_k}{T_0} . \qquad (7.24)$$

Die häufig angegebene Faustformel

$$R_{äq} \approx \frac{2{,}5}{S} \qquad (7.25)$$

erhält man, wenn man in (7.24) das für Oxidkathoden (vgl. Abschnitt 6.1) näherungsweise gültige Verhältnis

$$\frac{T_k}{T_0} \approx 3{,}9$$

ansetzt.

---

[1]) Die Steuergröße u setzt sich hier aus einem Signalanteil u_{gk} und einem Rauschanteil $\sqrt{\overline{u_s^2}}$ zusammen.

7.6. Rauschen in Mehrgitterröhren

In Mehrgitterröhren tritt neben dem Schroteffekt eine weitere Rauschquelle auf, das „Stromverteilungsrauschen". Beispielsweise teilt sich in Röhren mit Schirmgitter der Kathodengleichstrom $-I_k$ auf in Anodenstrom I_a und Schirmgitterstrom I_{g2}. Ladungsträger, die von der Kathode ausgehen, werden entweder zum Schirmgitter oder zur Anode gelangen. Selbst wenn der Kathodenstrom $-I_k$ nicht schwanken würde, werden doch durch die statistische Verteilung des Stromes auf die beiden Elektroden Schwankungen in den Einzelströmen I_a und I_{g2} auftreten.

Wie hier — ebenfalls ohne Beweis — angegeben sei [1]), gilt bei Mehrgitterröhren allgemein für die Schwankungen im Strom der ν-ten Elektrode

$$\sqrt{\overline{i_{sv}^2}} = \sqrt{2 q I_\nu B \left[1 - (1 - \Gamma^2) \frac{I_\nu}{I_{ges}}\right]}. \qquad (7.26)$$

Dabei deutet der Index sv an, daß Schrot- und Verteilungsrauschen erfaßt sind. I_ν ist der Gleichstrom der ν-ten Elektrode, I_{ges} der Gesamtstrom [2]).

Bei der Pentode teilt sich der Kathodengleichstrom $-I_k = I_{ges}$ in Anodenstrom I_a und Schirmgitterstrom I_{g2} auf. Setzt man

$$-I_k = I_a + I_{g2},$$

erhält man aus (7.26) für die Schwankungen $\sqrt{\overline{i_a^2}}$ des Anodenstromes

$$\sqrt{\overline{i_a^2}} = \sqrt{2 q I_a \Gamma^2 B \frac{I_a}{-I_k} + 2q \frac{I_a I_{g2}}{-I_k} B}. \qquad (7.27)$$

In dieser Gleichung kennzeichnet der zweite Term unter der Wurzel das Stromverteilungsrauschen,

$$\sqrt{\overline{i_v^2}} = \sqrt{2q \frac{I_a I_{g2}}{-I_k} B}. \qquad (7.28)$$

Für die in Abschnitt 6.4 besprochene Pentodenschaltung (Bild 6.12) kann in Ersatzschaltungen das Rauschen ebenso wie bei Trioden behandelt werden [3]), vgl. Bild 7.5a. Analog zu Bild 7.5b kann man auch in den Gitterkreis eine Rauschspannungsquelle der Größe

$$\sqrt{\overline{u_a^2}} = \frac{1}{S} \sqrt{\overline{i_a^2}} \qquad (7.29)$$

legen. Für den äquivalenten Rauschwiderstand gilt nach (7.17) und (7.29)

$$R_{äq} = \frac{\overline{i_a^2}}{4 k T_0 B S^2}.$$

---

[1]) vgl. H. Rothe, W. Kleen, Elektronenröhren als Anfangsstufen-Verstärker, Akademische Verlagsgesellschaft, Leipzig 1948, S. 281.
[2]) Wendet man (7.26) auf eine Diode an ($I_\nu = I_{ges}$), ergibt sich wieder (7.19).
[3]) Es ist lediglich $\sqrt{\overline{i_s^2}}$ durch $\sqrt{\overline{i_a^2}}$ nach (7.27) zu ersetzen.

Da der durch (6.31) gegebene Zusammenhang zwischen Steilheit, Anodenstrom und Steuerspannung auch für Röhren mit Schirmgitter gilt, folgt mit (7.20) und (7.27)

$$R_{äq} = \frac{I_a}{-I_k} \left[\frac{0{,}64}{S} \frac{T_k}{T_0} + \frac{q}{2\,kT_0} \frac{I_{g2}}{S^2} \right]. \tag{7.30}$$

Die häufig zitierte Faustformel

$$R_{äq} \approx \frac{I_a}{-I_k} \left[\frac{2{,}5}{S} + 20\,\frac{I_{g2}}{S^2} \right] \tag{7.31}$$

ergibt sich hieraus für $T_k/T_0 \approx 3{,}9$.

7.7. Transistorrauschen

Im Prinzip spielen beim Transistor dieselben Rauschquellen eine Rolle, die auch schon bei Röhren besprochen wurden. Will man für praktische Anwendungen die einzelnen Rauschquellen in einem Ersatzschaltbild berücksichtigen, so ist streng darauf zu achten, daß die eingezeichneten Rauschquellen nicht korreliert sind, da sie nur dann bei der Berechnung der Schaltung in einfacher Weise zusammengefaßt werden können (das Quadrat des Effektivwertes ist dann die Summe der Quadrate der einzelnen Effektivwerte, vgl. Abschnitt 7.2).

Bild 7.6
Ersatzschaltbild eines rauschenden Transistors

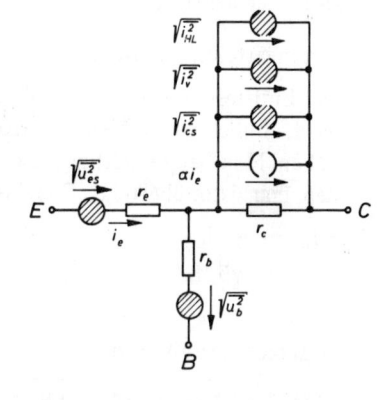

Die Rauscheigenschaften des Transistors können empirisch durch fünf nahezu unkorrelierte Rauschquellen beschrieben werden. In Bild 7.6 sind diese in die Transistor-Ersatzschaltung des Bildes 3.11b eingezeichnet.

1. Schrotrauschen des Emitters

Da die Ladungsträger vom Emitter in die Basis injiziert werden, ist ein Schrotrauschen nach (7.18) zu erwarten,

$$\sqrt{\overline{i_{es}^2}} = \sqrt{2q\,|I_e|B}\;.$$

Diese Rauschquelle wäre über den Emitterwiderstand r_e zu zeichnen. Ersetzt man sie durch eine Spannungsquelle nach dem in Band II, Anhang A.3 angegebenen Verfahren, erhält man

$$\sqrt{\overline{u_{es}^2}} = r_e\sqrt{2q\,|I_e|B} = \sqrt{2r_e\,kTB}\;, \qquad (7.32)$$

wobei von (3.18) Gebrauch gemacht wurde.

2. Schrotrauschen des Kollektors

Da der Kollektor im aktiven Bereich den Reststrom I_{c0} emittiert, ist auch hier ein Schrotrauschen nach (7.18) zu berücksichtigen,

$$\sqrt{\overline{i_{cs}^2}} = \sqrt{2q\,|I_{c0}|B}\;. \qquad (7.33)$$

Diese Rauschstromquelle ist parallel zum Kollektorwiderstand r_c einzuzeichnen.

3. Widerstandsrauschen

Nimmt man an, daß der Widerstand r_b in dem Bild 3.11b nur den Basisbahnwiderstand darstellt, hat man das Widerstandsrauschen nach (7.17) in der Form

$$\sqrt{\overline{u_b^2}} = 2\sqrt{r_b\,kTB} \qquad (7.34)$$

zu berücksichtigen.

4. Stromverteilungsrauschen

Der Emitterstrom I_e fließt teilweise zum Kollektor, teilweise zur Basis. Dies wird, ähnlich wie in Mehrgitterröhren, ein Stromverteilungsrauschen zur Folge haben. Man berücksichtigt diesen Rauschanteil, indem man (7.28) analog auf den Transistor überträgt. Dabei ist (vgl. Bild 3.7)

$$-I_k \to \gamma\,|I_e|$$
$$I_a \to \gamma\beta\,|I_e|$$
$$I_{g2} \to \gamma\,|I_e|(1-\beta)$$

zu setzen. Damit wird

$$\sqrt{\overline{i_v^2}} = \sqrt{2q\alpha\,|I_e|(1-\beta)\,B}\;. \qquad (7.35)$$

Diese Rauschstromquelle ist parallel zum Kollektorwiderstand r_c in das Ersatzschaltbild einzuzeichnen.

5. 1/f-Rauschen

Weiterhin tritt beim Transistor ein Rauschen auf, das nicht wie die bisher behandelten Rauschquellen von der Frequenz unabhängig ist, sondern mit 1/f bei niedrigen Frequenzen zunimmt. Es wird formal durch eine Rauschstromquelle

$$\sqrt{\overline{i_{HL}^2}} = \sqrt{\frac{K}{f}} \qquad (7.36)$$

beschrieben. Die Größe K hängt dabei näherungsweise quadratisch vom Strom ab [1]); darüberhinaus zeigt sich eine starke Abhängigkeit von der technologischen Oberflächenbehandlung des Bauelementes und somit eine erhebliche Exemplarstreuung. Aus diesem Grunde muß K experimentell bestimmt werden. Man führt dieses Rauschen zurück auf Oberflächenvorgänge und Leckströme, welche parallel zu den pn-Übergängen über Nebenschlüsse fließen.

Im Ersatzschaltbild kann diese Rauschursache pauschal durch eine Rauschstromquelle parallel zu r_c berücksichtigt werden. Bei guten Transistoren und nicht zu niedrigen Frequenzen ist das 1/f-Rauschen zu vernachlässigen.

Damit ergibt sich für den rauschenden Transistor die Ersatzschaltung des Bildes 7.6. Für praktische Anwendungen faßt man meist die Rauschquellen in geeigneter Form zusammen.

7.8. Übungsaufgaben

Übungsaufgabe 7.1

Man untersuche das Rauschen eines Widerstandes R = 20 kΩ bei der Temperatur T_0 und bei einer Bandbreite von B = 100 kHz.

a) Es sind die Effektivwerte der Rauschspannung und des Rauschstromes zu berechnen.

b) Welche Rauschleistung würde an einen gleichgroßen nichtrauschenden Widerstand abgegeben werden?

c) Parallel zu diesem Widerstand wird ein Widerstand der Größe R_0 = 50 kΩ geschaltet, welcher auf einer Temperatur von T = 120 °C liegt. Man bestimme die Effektivwerte der Rauschspannung und des Rauschstromes für diese Anordnung.

---

[1]) H.P. Kleinknecht, K. Seiler, „Das Rauschen von Halbleitern" in: Festkörperprobleme I, Vieweg & Sohn, Braunschweig.

Übungsaufgabe 7.2

Es ist zu zeigen, daß die effektive Rauschspannung an der Parallelschaltung eines Widerstandes R und einer Kapazität C bei unendlicher Bandbreite gleich $\sqrt{kT/C}$ ist.

Übungsaufgabe 7.3

Man ergänze das in Band II, Bild A.17 wiedergegebene h-Parameter-Ersatzschaltbild für einen Transistor in Emitterschaltung durch die in Bild 7.6 berücksichtigten Rauschquellen.

Literatur

R.B. Adler, A.C. Smith, R.L. Longini, Introduction to Semiconductor Physics. J. Wiley & Sons, N.Y.

H. Barkhausen, Lehrbuch der Elektronenröhren. Hirzel-Verlag, Leipzig.

C. le Can, K. Hart, C. de Ruyter, Schalteigenschaften von Dioden und Transistoren. Philips Technische Bibliothek.

H. Frank, V. Šnejdar, Halbleiter-Bauelemente. Akademie-Verlag, Berlin.

F.E. Gentry, F.W. Gutzwiller, N. Holonyak, E.E. von Zastrow, Semiconductor Controlled Rectifiers. Prentice Hall, N.J.

J.F. Gibbons, Semiconductor Electronics. McGraw Hill Book Company, N.Y.

T.S. Gray, Applied Electronics. The M. I. T. Press, Cambridge, Mass.

P.E. Gray, D. De Witt, A.R. Boothroyd, J.F. Gibbons, Physical Electronics and Circuit Models of Transistors. J. Wiley & Sons, N.Y.

R.A. Greiner, Semiconductor Devices and Applications. McGraw Hill Book Company, N.Y.

A.S. Grove, Physics and Technology of Semiconductor Devices, J. Wiley & Sons, N.Y.

W. Guggenbühl, M.J.O. Strutt, W. Wunderlin, Halbleiterbauelemente I. Birkhäuser Verlag, Basel.

A.K. Jonscher, Principles of Semiconductor Device Operations, G. Bell & Sons, London.

J.Lindmayer, C.Y. Wrigley, Fundamentals of Semiconductor Devices. D.van Nostrand Comp.,N.Y.

E.C. Lowenberg, Theory and Problems of Electronic Circuits. Schaum Publishing Co., N.Y.

J.L. Moll, Physics of Semiconductors. McGraw Hill Book Company, N.Y.

A. Nussbaum, Semiconductor Device Physics. Prentice-Hall, N.J.

R. Paul, Transistoren. Vieweg & Sohn, Braunschweig.

H. Rothe, W. Kleen, Grundlagen und Kennlinien der Elektronenröhren. Akademische Verlagsgesellschaft, Leipzig.

H. Rothe, W. Kleen, Elektronenröhren als Anfangsstufen-Verstärker. Akademische Verlagsgesellschaft, Leipzig.

G. Rusche, K. Wagner, F. Weitzsch, Flächentransistoren. Springer-Verlag, Berlin.

J.D. Ryder, Electronic Fundamentals and Applications. Prentice-Hall, N.J.

H. Salow, H. Beneking, H. Krömer, W. v. Münch, Der Transistor. Springer-Verlag, Berlin.

J.O. Scanlan, Analysis and Synthesis of Tunnel Diode Circuits. J. Wiley & Sons, N.Y.

K. Seiler, Physik und Technik der Halbleiter. Wissenschaftliche Verlagsgesellschaft, Stuttgart.

J.N. Shive, The Properties, Physics and Design of Semiconductor Devices. D. Van Nostrand Company, N.Y.

W. Shockley, Electrons and Holes in Semiconductors. D. van Nostrand Company, N.Y.

K.R. Spangenberg, Fundamentals of Electron Devices. McGraw-Hill Book Company, N.Y.

E. Spenke, Elektronische Halbleiter. Springer-Verlag, Berlin.

J.T. Wallmark, H. Johnson, Field-Effect Transistors. Prentice-Hall, N.J.

Sachwortverzeichnis

Abfallzeit 125, 127
abrupter pn-Übergang 36
Absorptionskonstante 93, 96
Äquivalent(rausch)widerstand 189, 190, 191
Äquivalentspannung 169
aktiver Bereich 106, 111, 124, 128, 129, 134
Aktivierungsenergie 4, 8, 33
Akzeptor 5, 15, 19, 32, 36
Akzeptorenkonzentration s. Störstellenkonzentration
α-Grenzfrequenz 119, 122, 123, 126
Anlaufstrom 158
Anode 99, 114, 137, 158, 160, 165, 169
Anodenbasis-Schaltung 113
Anoden-Gitterkapazität s. Röhrenkapazitäten
Anoden-Kathodenkapazität s. Röhrenkapazitäten
Anodenstrom 99, 137, 169, 171, 172, 175, 188, 190, 191
Anstiegszeit 125, 127, 128
Arbeitsgerade 78, 124, 130, 138
Arbeitspunkt 61, 63, 79, 90, 108, 111, 112, 114, 124, 129, 131, 136, 138, 170, 172
Atomfilmkathode 157
Ausgangskennlinienfeld 105, 108, 114, 124, 129, 135, 136, 138, 142, 144, 147, 152, 170, 174
Ausgangswiderstand 114, 116, 134
Austrittsarbeit 157, 158, 175

Bändermodell 6, 16, 27, 37, 44, 46, 49, 51, 58, 80, 85, 88, 91, 95, 100, 133, 134, 140, 151, 154, 164
Bahngebiet 42, 47, 50, 53, 59, 63, 94, 97, 103, s. auch Bahnwiderstand
Bahnwiderstand 45, 58, 69, 71, 76, 90, 95, 96, 101, 107, 108, 110, 113, 147, 192
Bandabstand 6, 37, 74, 81, 88, 154
Bandaufwölbung 28, 33, 38, 41
Bandbreite 179, 184, 185, 187, 188, 193, 194

Barkhausen-Formel 171
Basis(zone) 98, 102, 106, 113, 119, 125, 127
Basisschaltung 98, 105, 113, 115, 116, 117, 122, 124, 134, 135, 136
Basisstrom 100, 101, 111, 116, 130, 143, 192
Basiswiderstand 113, 123, 131, 192
Besetzungswahrscheinlichkeit 1, 15, 89
  s. auch Fermi- und Boltzmannverteilung
Beweglichkeit 25, 50, 57, 184
Bildkraft 163, 164
Bindungselektron 3
Bindungslücke s. Loch
Bipolartransistor s. Transistor
Boltzmannstatistik s. Boltzmannverteilung
Boltzmannverteilung 18, 37, 51, 52, 156
Bremsgitter 173

Channel 147, 150, 152
Charakteristik s. Kennlinie

Debye-Länge 42, 53
Defektelektron s. Loch
Defekthalbleiter 19
Defektleitung s. Löcherleitung
Diamantgitter 2
differentielle Kapazität 59, 65, 74
differentieller Widerstand 56, 65, 74, 112, 117, 171
Diffusionsfeldstärke 43
Diffusionskapazität 62, 69, 71, 74, 117, 120, 126
Diffusionskonstante 26, 50, 119, 126
Diffusionslänge 48, 53, 94, 95, 97, 104, 118, 119
Diffusionsspannung 33, 38, 45, 56, 58, 74, 84, 88, 100
Diffusionsstrom 26, 37, 43, 47, 50, 71, 100, 142
Diode 158, 187
Diodenrauschen 187
Donator 4, 15, 19, 32, 36
Donatorenkonzentration s. Störstellenkonzentration
Doppelschicht 41, 154

Sachwortverzeichnis

Dotierung 6, 19, 37
Drain 146, 152
Drainstrom 146, 151
Driftgeschwindigkeit 24, 180
Durchbruch 35, 47, 77, 80, 142
Durchbruchsspannung 83, 86, 92, 108, 130
Durchgriff 169, 171, 172, 173
Durchlaßbereich 35, 42, 44, 49, 51, 56,
    57, 58, 62, 63, 69, 76, 77, 88, 91, 98,
    100, 105, 107, 109, 117, 127, 128, 131,
    138, 140, 142
Durchlaßrichtung s. Durchlaßbereich

Early-Effekt 104, 113, 118, 133, 151
effektive Masse 8, 12, 14, 155, 157
effektive Zustandsdichte 11, 14
Effektivwert 178, 182, 185, 193, 194
Eigenhalbleiter 19
Eigenleitung 3, 33
Eigenleitungsdichte 19, 36, 50, 131
Eingangskennlinienfeld 104, 108, 113,
    114, 135, 136
Eingangswiderstand 114, 116, 134, 147
Einschalt-Verzögerung s. Verzögerungszeit
Einstein-Beziehung 28
Elektronendichte s. Elektronenkonzentration
Elektronenemission 154, 159, 163, 165,
    169, 173, 175, 186, 188, 190
Elektronenkonzentration 16, 22, 32, 34,
    37, 43, 45, 56, 128, 155, 160, 175
Elektronenleitung 4, 5, 19
Elektronenröhre 99, 154
Elektronenstromdichte 26, s. auch Stromdichte
Elektronenübergänge 2, 7, 20
Elektronenwellen 8
Emission s. Elektronenemission
Emitter(zone) 98, 102, 107, 140
Emitter(basis)sperrschicht 98, 100, 101,
    105, 107, 109, 112, 117, 118, 120, 124,
    131, 134
Emittergiebigkeit 106, 107, 119, 122,
    141
Emitterkapazität 117, 120, 126
Emitterschaltung 113, 115, 116, 117, 122,
    133, 134, 135, 136, 143, 194
Emitterstrom 99, 101, 112, 124, 126, 129,
    131, 134, 135, 141, 192

Emittervorwiderstand 131, 132, 133
Emitterwiderstand 99, 112, 116, 118, 120,
    123, 131, 192
Energieband 6
Energieniveau s. Termschema und Bändermodell
Energieniveaus von Störstellen 4, 8, 17
Entartung 1, 18, 87, 88
erinnerungslöschende Stöße 183
Ersatzröhre 169, 173
Ersatzschaltbild 69, 76, 77, 90, 108, 109,
    110, 112, 113, 115, 117, 118, 122, 131,
    134, 135, 136, 152, 171, 172, 174, 175,
    185, 189, 190, 191, 193, 194

fallende Charakteristik s. negativer Widerstand
Feldeffekttransistor 146
Feldstrom 25, 37, 43, 47, 52, 56, 71,
    149, 175
Fermienergie 15, 19, 37, 58, 88, 95, 154,
    156, 158
Fermiintegral 17
Ferminiveau s. Fermienergie
Fermistatistik s. Fermiverteilung
Fermiverteilung 15, 155, 156
Fourierentwicklung 177, 178, 182, 183,
    186
freie Weglänge 23, 180
Fremdatom 4, 6
Frequenzabhängigkeit 65, 74, 87, 90, 92,
    108, 117, 119, 147, 193
Frequenzvervielfachung 73

Gate 137, 146
Generation 20, 29, 81, 93, 107
Generationsrate 23, 30, 82, 94, 96
Giacoletto-Ersatzschaltbild 120
Gitter 99, 114, 165, 169, 173
Gitter-Anodenkapazität s. Röhrenkapazitäten
Gitterbasis-Schaltung 113
Gitter-Kathodenkapazität s. Röhrenkapazitäten
Gitter-Kathodenspannung 99, 171
gitterlose Ersatzröhre s. Ersatzröhre
Gitterstörungen s. Störstellen
Gitterstrom 100, 172

Gleichgewicht s. thermodynamisches
   Gleichgewicht
Gleichgewichtseinstellung 20
Gleichrichterkennlinie s. Kennlinie
Gleichspannungsstabilisierung 86
Gleichvorspannung s. Vorspannung
Glühkathode 154, 159
Gradient s. Konzentrationsgradient
Grenzfrequenz 87, 90, 108, 119, 122,
   147, 179
Großsignalverhalten 108, 109, 124, 171

Halbleiterrauschen 193
Haltestrom 138, 139, 144
Heizleistung 157
Hochfrequenztransistor 117, 123
Hook-Transistor 144
Horizontalsteuerung 139
h-Parameter s. Stromverstärkermatrix

Impulserzeugung und -regeneration 73
Impulsverhalten s. Schaltverhalten
induktives Verhalten 76
Injektion 48, 50, 52, 90, 100, 106, 107,
   109, 117, 118, 125, 140, 143, 146, 151,
   175, 192
Innenwiderstand 152, 171, 172, 173
integrale Kapazität 59
Intrinsicdichte s. Eigenleitungsdichte
Intrinsichalbleiter s. Eigenhalbleiter
inverser Betrieb 109
Inversionsdichte s. Eigenleitungsdichte
Ionisierungsrate 81
Isolator 2, 175
isotherme Kennlinie 77, 92
isotrope Streuung 184

Joulesche Wärme 77, 80, 129

Kapazitätsdiode 66
Kathode 99, 114, 137, 157, 158, 160, 163,
   165, 169, 175, 186, 190
Kathoden-Anodenkapazität s. Röhren-
   kapazitäten
Kathodenbasis-Schaltung 113
Kathoden-Gitterkapazität s. Röhrenkapa-
   zitäten
Kathodenstrom 173, 186, 190

Kathodentemperatur 157, 159, 175, 188,
   189, 191
Kennlinie 35, 49, 57, 69, 77, 82, 88, 91,
   93, 95, 109, 120, 140, 144, 158, 160,
   168, 175
Kennlinienfeld s. Eingangs- und Ausgangs-
   kennlinienfeld
kinetische Energie 7, 80, 154, 160
Kippspannung 138, 143, 144
Kleinsignalverhalten 76, 108, 111, 152,
   170, 174
Kniespannung 130
Kollektor(zone) 98, 102, 108, 127, 140
Kollektor(basis)sperrschicht 98, 103, 104,
   106, 108, 109, 112, 117, 118, 120, 128
   130, 133, 134, 151
Kollektorkapazität 117, 122, 123
Kollektorreststrom 106, 112, 131, 135,
   144, 145, 192
Kollektorrückwirkung 104, 113
Kollektorschaltung 113, 115, 116, 117, 134
Kollektorstrom 101, 124, 126, 128, 129,
   130, 131, 134, 135, 192
Kollektorverlustleistung s. Verlustleistung
Kollektorwiderstand 115, 118, 122, 192,
   193
Kompensation 33, 43
Kontinuitätsgleichung 29, 31, 47, 54, 63,
   81, 93
Konzentration s. Elektronen-, Löcher- und
   Störstellenkonzentration
Konzentrationsdreieck 128
Konzentrationsgradient 26, 28, 36, 47, 69,
   104, 125, 126, 128
Korrelation 182, 187, 191
Kurzschlußstrom 95, 96

Ladungsträgermultiplikation 80, 96, 106
Laplacegleichung 166
Laufzeit 162, 186
Lawinendurchbruch s. Ladungsträger-
   multiplikation
Lebensdauer 22, 34, 48, 50, 53, 74, 118,
   122
Leerlaufspannung 95, 96
Leerlaufspannungsverstärkung 171, 172,
   173
Legierungsgleichrichter 35
Legierungstransistor 111

Sachwortverzeichnis

Leistung 78, 96
Leistungsverstärkung 114, 117, 122, 123, 134, 135
Leitfähigkeit 2, s. auch spezifische Leitfähigkeit
Leitungsband 6, 85, 154
Leitungselektron 3
Leitungsmechanismen s. Stromflußmechanismen
Leitwertmatrix 116
linearer Bereich 148
linearer pn-Übergang 75, 92
Loch 3, 4
Löcherdichte s. Löcherkonzentration
Löcherkonzentration 17, 22, 34, 37, 45, 56, 128
Löcherleitung 5, 19
Löcherstromdichte 27, s. auch Stromdichte

Magnetfeld 26, 29
Majoritätsträger 19, 146, 152
Mangelleitung s. Löcherleitung
Massivkathode 157
Materialgleichungen 29
maximale Feldstärke 41, 45, 56, 86, 89
maximale Schwingfrequenz s. Schwing-Grenzfrequenz
Maxwellsche Gleichungen 29, 61
Mehrgitterröhren 172, 190
Metall 23, 154, 163
Metallkontakt 35, 49, 59, 74, 93, 94, 96, 102, 107, 146, 175
Minoritätsträger 19, 146
Mittelwert 177, 182, 183, 184, 187
mittleres Schwankungsquadrat 177
Multiplikation s. Ladungsträgermultiplikation
Multiplikationsfaktor 83, 92, 106

n-Channel s. Channel
negativer Sperrbereich 138
negativer Widerstand 78, 87, 90, 121, 138, 140, 143, 144
Neutralitätsbedingung 19, 42, 50
n-Halbleiter s. Überschußhalbleiter
Nichtentartung 1, 18, 19
n-Leitung s. Elektronenleitung
npn-Transistor 97, 100, 101, 106, 109, 140, 145

Nullpunktwiderstand 56
Nyquist-Formel 185

Oberfläche 96, 146, 154, 163, 164, 193
Oberflächenladung 41
Oberflächenrekombination 34
Oberschwingungen 64
Ohmsches Gesetz 25
Ohmsches Gesetz der Wärmeleitung 79
Oxidkathode 157, 189, 191

Paarerzeugung s. Generation
parametrische Diode s. Kapazitätsdiode
Pauli-Prinzip 1, 15
p-Channel s. Channel
Pentode 152, 173, 174, 190
periodisches Potential 11
p-Halbleiter s. Defekthalbleiter
Photoeffekt 2, 20, 23, 27, 30, 34, 93
Photoelement 93, 96
Photostrom 95
Pinch-off-Effekt 148, 150
pi-Übergang 57
Plancksches Wirkungsquantum 10
p-Leitung s. Löcherleitung
pn-hook-Transistor 144
pnp-Transistor 97, 101, 109, 134, 140, 145
pn-Übergang 35, 59, 66, 77, 87, 93, s. auch Transistor, Feldeffekttransistor, Thyristor, p^+n- und pn^+-Übergang
p^+n-Übergang 42, 56, 63, 69, 74, 75, 84, 86, 92, 93, 95, 146
pn^+-Übergang 56, 69
Poissongleichung 32, 39, 43, 58, 67, 150, 160, 166, 174
positiver Sperrbereich 138, 140, 144
Potential 27
Potentialtopf 9
potentielle Energie 7, 154, 160, 164, 168

Quasifermienergie 21, 28, 42, 51, 58
Quasifermiverteilung 20
quasifreie Ladungsträger 3, 4, 13
Quasineutralität 42, 50, 52, 54, 71, 103, 133
Quasiteilchen 4

Randbedingungen 39, 45, 48, 59, 64, 67, 72, 73, 75, 76, 94, 96, 102, 161, 166, 174
Randkonzentration 45, 47, 51, 52, 53, 58, 59, 63, 64, 69, 94, 97, 98, 100, 102, 125, 127, 128
Raumladung 27, 32, 36, 38, 42, 58, 60, 84, 133, 134, 148, 151, 159, 160, 163, 165, 174, 188
Raumladungsgesetz 162, 174
Raumladungskonstante 162, 169, 172, 173
Raumladungs(begrenzter)Strom 158, 159, 165, 175, 187
Rauschen 176, 190
Rauschleistung 193
Rauschnormal 188
Referenzdiode 86
Rekombination 21, 29, 49, 82, 106, s. auch Sperrschichtrekombination
Rekombinationskontakt s. Metallkontakt
Rekombinationsüberschuß 30
Relaxationszeit 20
Richardson-Dushman-Formel 157
Richardson-Konstante 157, 175
Röhre s. Elektronenröhre
Röhrenkapazitäten 171, 172, 173, 175
Rückkopplung 122, 123, 173
Rückwärtsdiode 91

Sättigungsbereich 106, 124, 126, 128, 148, 151, 152, 158, 163, 175, 187
Sättigungsstrom 49, 56, 77, 78, 148, 158, 160, 163, 165, 172, 175, 187
Schaltrichtung 138, 140
Schalttransistor 110, 111, 124, 134
Schaltungssymbol 69, 71, 108, 137, 152, 158, 165, 171, 174, 185
Schaltverhalten 69, 75, 87, 117, 144, s. auch Schalttransistor
Schirmgitter 173, 190
Schottky-Effekt 164
Schrotrauschen 186, 187, 188, 190, 192
schwache Injektion 52
Schwächungsfaktor 188
Schwing-Grenzfrequenz 123
Schwingungserzeugung 87, 122
Sekundärelektronen 173
Selbstaufheizung 77, 92
Source 146, 152

Spannungsreferenzdiode s. Referenzdiode
Spannungsversorgung s. Vorspannung
Spannungsverstärkung 99, 114, 117, 134, 135
Speicherdiode 70, 73
Speicherzeit 127, 128
Sperrbereich 35, 46, 53, 56, 57, 58, 60, 63, 67, 77, 80, 85, 88, 91, 98, 100, 106, 109 124, 126, 128, 134, 138, 140, 144, 146, 151
sperrfreier Kontakt 146
Sperrichtung s. Sperrbereich
Sperrschicht. 36, 39, 42, 50, 52, 58, 63, 80, 82, 85
Sperrschichtdicke 39, 41, 45, 56, 57, 60, 61, 68, 84, 103, 147, 149
Sperrschichtkapazität 60, 66, 68, 69, 71, 74, 75, 87, 90, 108, 117, 118, 120, 147
Sperrschichtrekombination und -generation 49, 82, 107, 141
spezifische Leitfähigkeit 25, 33, 34
spezifischer Widerstand s. spezifische Leitfähigkeit
Spin 1, 11, 15, 16
Stabilisierung 131, 135, 136
Stabilität 129
stationärer Zustand 2, 23, 125, 128
statische Kennlinie 78, 87, 91, 95, 166
statistische Schwankungen s. Rauschen
Steilheit 121, 152, 153, 171, 172, 188, 189, 191
Stetigkeitsbedingung 41
steuerbarer Gleichrichter s. Thyristor
Steuerelektrode s. Gate und Gitter
Steuergitter s. Gitter
Steuerspannung 169, 172, 188, 191
Steuerstrom 137, 144
Störkapazität 59, 147
Störleitung 6
Störstellen 5, 15, 20, s. auch Störstellenkonzentration
Störstellenkonzentration 16, 17, 36, 66, 75, 86, 92, 99, 107, 133
stoßfreie Zeit 23, 180, 182
Stoßionisation s. Ladungsträgermultiplikation
Streuung 23, 80, 100, 180, 183, 184
Stromdichte 24, 31, 47, 48, 52, 53, 58, 62, 63, 64, 69, 82, 95, 97, 101, 102, 103, 109, 134, 155, 159, 160, 161, 165, 175, 180

Stromflußmechanismus 2, 23, 42, 49, 57, 81, 88, 100, 107, 148, 151, 180
Stromflußwinkel 139
Strom-Spannungskennlinie s. Kennlinie und Kennlinienfeld
Stromverstärkermatrix 114, 123, 134, 135, 194
Stromverstärkung 105, 109, 114, 115, 116, 117, 118, 122, 131, 134, 141, 142, 144, 145
Stromverteilung 173
Stromverteilungsrauschen 190, 192
Substitutionssatz 121
symmetrischer pn-Übergang 52, 56

Teilchenstrom 26, 30, 49, 99
Temperaturabhängigkeit 32, 50, 57, 74, 77, 87, 92, 129, 130, 131, 135, 175, 193
Temperaturgradient 26
Temperaturkoeffizient (des Widerstandes) 32
Termschema 1, 2, 6
thermische Austrittsarbeit s. Austrittsarbeit
thermische Elektronenenergie 161, 184
thermische Elektronenquellen s. Glühkathode
thermische Geschwindigkeit 23, 180, 184
thermische Instabilität 77, 92, 129
thermische Rekombination und Generation s. Lebensdauer
thermodynamisches Gleichgewicht 15, 19, 23, 27, 29, 36, 88
Thyristor 137
Transistor 87, 97, 141, 143, 147, 151, 191, 194, s. auch npn- und pnp-Transistor
Transistorkennlinien 101, s. auch Ausgangs- und Eingangskennlinien
Transistorrauschen 191
Transistorschaltungen 113
Transitfrequenz 122
Transportfaktor 106, 119
Triode 99, 162, 165, 188
Triodenrauschen 188
Tunneldiode 87
Tunneleffekt 80, 85, 86, 164
turn-off-Spannung 153

Überschußhalbleiter 19, 34
Überschußleitung s. Elektronenleitung
$U^{3/2}$-Gesetz s. Raumladungsgesetz
Unipolartransistor s. Feldeffekttransistor
unkorrelierte Rauschquellen 182

Vakuumröhre s. Elektronenröhre
Valenzband 6, 85
Valenzelektron 2, 4, 6
Varactor s. Kapazitätsdiode
verbotene Zone s. Bandabstand
Verlustleistung 77, 129, 130
Verschiebungsstrom 32, 62, 118
Verteilungsfunktion s. Boltzmann- und Fermi-Verteilung
vertikale Steuerung 139
Verunreinigungen 6
Verzögerungszeit 125, 127
Vierpol 97, 108, 113, 115
Vierschichtenelement s. Thyristor
Vorspannung 61, 63, 98, 99, 101, 111, 119, 129, 131, 132, 133, 173

Wärmebewegung 24, 176, 179
Wärmeleitung 79
Wärmerauschen s. Widerstandsrauschen
Wärmewiderstand 79, 92
Wechselstromverhalten 59, 117, s. auch Kleinsignalverhalten, Frequenzabhängigkeit und Grenzfrequenz
weißes Rauschen 184
Wellenzahl 9
Widerstandsrauschen 179, 185, 192, 193, 194

Zenerdiode s. Referenzdiode
Zenerdurchbruch 86
Zündwinkel 139
Zündzeitpunkt s. Zündwinkel
Zustandsdichte 8, 14, 155
Zweiteilungssatz 121

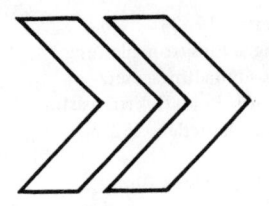

Halbleiterphysik

Eigenschaften homogener Halbleiter

Von Prof. Dr. Dietrich Geist. Mit 75 Abbildungen. — Braunschweig: Vieweg 1969. VIII, 182 Seiten. DIN C 5 (uni-text/Lehrbuch.) Paperback

Inhalt: Halbleiter — Grundbegriffe der Halbleiter — Grundlagen der Halbleitertheorie — Die Materialeigenschaften homogener Halbleiter — Nichtgleichgewichtsprozesse in Halbleitern.

„... Darüberhinaus kann dieses Buch jedem wärmstens empfohlen werden, der sich rasch einen soliden Überblick über die physikalischen Grundlagen der Halbleiterbauelemente verschaffen will." Nachrichtentechnik, Berlin

Sperrschichten und Randschichten, Bauelemente.

Von Prof. Dr. Dietrich Geist. Mit 100 Abbildungen und 12 Tabellen. — Braunschweig: Vieweg 1970. VIII, 228 Seiten. DIN C 5 (uni-text/Lehrbuch.) Paperback
ISBN 3 528 03503 X

Inhalt: Die Halbleiteroberfläche — Sperrschichten und Randschichten — Bauelemente — Messung fundamentaler Halbleitereigenschaften — Halbleiterpräparation — Symbole.

Für die wichtigsten Halbleiterbauelemente, Transistoren, Thyristoren und Dioden sind Sperrschichten und Randschichten von entscheidender Bedeutung. Sie werden in den ersten sieben Abschnitten dieses Bandes besprochen. Nach den Abschnitten über Bauelemente und die wichtigsten Meßverfahren behandelt das letzte Kapitel die Halbleiterpräparation.

vieweg

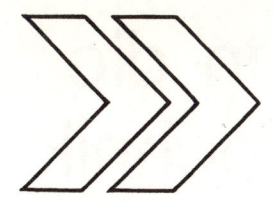

Elektromagnetische Wellen

Elektromagnetische Wellen I

Von Prof. Dr.-Ing. Hans-Georg Unger. Herausgegeben von G.K.M. Pfestorf. Mit 110 Abbildungen. — Braunschweig: Vieweg 1967. VIII, 251 Seiten. DIN C 5 (uni-text/ Lehrbuch — Kleines Lehrbuch der Elektrotechnik. Band VII.) Paperback
ISBN 3 528 04817 4

Inhalt: Allgemeine Begriffe und Regeln — Ebene Wellenfunktionen — Zylindrische Wellenfunktionen — Sphärische Wellenfunktionen — Übungsaufgaben.

„... Dieses Buch ist bei aller Kürze hervorragend klar geschrieben und wird von allen, die sich in die Probleme der Wellenausbreitung in linearen und isotopen Medien, vor allem im Bereich der Mikrowellentechnik, einarbeiten wollen, sehr geschätzt werden ..." ETZ, Berlin

Elektromagnetische Wellen II

Von Prof. Dr.-Ing. Hans-Georg Geist. Herausgegeben von G.K.M. Pfestorf. Mit 76 Abbildungen. — Braunschweig: Vieweg 1967. VI, 183 Seiten. DIN C 5 (uni-text/ Lehrbuch — Kleines Lehrbuch der Elektrotechnik. Band VIII.) Paperback
ISBN 3 528 04818 2

Inhalt: Störungs- und Variationsverfahren — Mikrowellenkreise — Verallgemeinerte Leitungsgleichungen — Hohlraumresonatoren — Wellen in gyrotropen Medien — Übungsaufgaben.

„... Die Fülle des Stoffes ist didaktisch gut dargestellt. Das Buch ist allen Studenten, Physikern und Ingenieuren zu empfehlen, die sich in die Theorie der elektromagnetischen Wellen der Hohlleiter und verwandter Anordnungen einarbeiten wollen. Außerdem ist es eine gute Grundlage für Entwicklung und Forschung." Archiv der elektrischen Übertragung, Stuttgart

vieweg

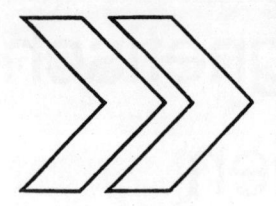

Einführung in die Regelungstechnik

Lineare Regelvorgänge

Von Prof. Dr.-Ing. Werner Leonhard. Mit 266 Abbildungen. — Braunschweig: Vieweg 1969. VIII, 233 Seiten. DIN C 5 (uni-text/Studienbuch.) Paperback
ISBN 3 528 0**3015** 1

Der Verfasser beschränkt sich absichtlich auf den sehr kleinen Bereich der elementaren Regelungstheorie. Er stellt diesen aber mit einer solchen Prägnanz und Klarheit dar, daß dieses Buch weit über seinen ursprünglichen Zweck, ein Hilfsmittel neben der Vorlesung zu sein, hinausgeht und eher als das Standartwerk der Einführung in die Regelungstechnik gewertet werden kann, auf das man in Deutschland schon lange wartet. Da es zusätzlich zu einem erstaunlich niedrigen Preis zu beziehen ist, kann es jedem, der sich ernstlich in die Regelungstechnik einarbeiten will, besonders nachdrücklich empfohlen werden.

Archiv für technisches Messen, München

Nichtlineare Regelvorgänge

Von Prof. Dr.-Ing. Werner Leonhard. Mit 114 Abbildungen. — Braunschweig: Vieweg 1970. VIII, 115 Seiten. DIN C 5 (uni-text/Studienbuch.) Paperback
ISBN 3 528 0**3017** 8

Inhalt: Stellglied mit zweiwertiger unstetiger Kennlinie — Stellglied mit dreiwertiger unstetiger Kennlinie — Darstellung von Regelvorgängen durch Zustandskurven — Beschreibung der Wirkungsweise unstetiger Regler anhand des Zustandsdiagrammes — Zeitlich optimale Regelung — Näherungsweise Stabilitätsprüfung eines nichtlinearen Systems mit Hilfe der Beschreibungsfunktion — Weitere Stabilitätskriterien für nichtlineare Regelsysteme.

vieweg